碳中和城市与绿色智慧建筑系列教材
教育部高等学校建筑类专业教学指导委员会规划推荐教材

丛书主编　王建国

建筑环境调控

Building
Environment Regulation

杨柳　罗智星　主编

中国建筑工业出版社

图书在版编目（CIP）数据

建筑环境调控 = Building Environment Regulation /
杨柳，罗智星主编 . -- 北京：中国建筑工业出版社，
2024.12. --（碳中和城市与绿色智慧建筑系列教材 /
王建国主编）（教育部高等学校建筑类专业教学指导委员
会规划推荐教材）. -- ISBN 978-7-112-30757-9

Ⅰ . TU-023

中国国家版本馆 CIP 数据核字第 2024EU5946 号

为了更好地支持相应课程的教学，我们向采用本书作为教材的教师提供课件，有需要者可与出版社联系。
建工书院：https://edu.cabplink.com
邮箱：jckj@cabp.com.cn　电话：（010）58337285

策　　划：陈　桦　柏铭泽
责任编辑：冯之倩　王　惠　陈　桦
责任校对：芦欣甜

碳中和城市与绿色智慧建筑系列教材
教育部高等学校建筑类专业教学指导委员会规划推荐教材
丛书主编　王建国

建筑环境调控
Building Environment Regulation
杨柳　罗智星　主编

*

中国建筑工业出版社出版、发行（北京海淀三里河路9号）
各地新华书店、建筑书店经销
北京海视强森图文设计有限公司制版
北京中科印刷有限公司印刷

*

开本：787毫米×1092毫米　1/16　印张：16$\frac{3}{4}$　字数：315千字
2024 年 12 月第一版　2024 年 12 月第一次印刷
定价：69.00元（赠教师课件）
ISBN 978-7-112-30757-9
（44491）

版权所有　翻印必究
如有内容及印装质量问题，请与本社读者服务中心联系
电话：（010）58337283　QQ：2885381756
（地址：北京海淀三里河路9号中国建筑工业出版社 604 室　邮政编码：100037）

《碳中和城市与绿色智慧建筑系列教材》编审委员会

编审委员会主任：王建国

编审委员会副主任：刘加平　庄惟敏

丛　书　主　编：王建国

丛　书　副　主　编：张　彤　陈　桦　鲍　莉

编审委员会委员（按姓氏拼音排序）：

　　曹世杰　陈　天　成玉宁　戴慎志　冯德成　葛　坚
　　韩冬青　韩昀松　何国青　侯士通　黄祖坚　吉万旺
　　李　飚　李丛笑　李德智　刘　京　罗智星　毛志兵
　　孙　澄　孙金桥　王　静　韦　强　吴　刚　徐小东
　　杨　虹　杨　柳　袁竞峰　张　宏　张林锋　赵敬源
　　赵　康　周志刚　庄少庞

《碳中和城市与绿色智慧建筑系列教材》
总序

建筑是全球三大能源消费领域（工业、交通、建筑）之一。建筑从设计、建材、运输、建造到运维全生命周期过程中所涉及的"碳足迹"及其能源消耗是建筑领域碳排放的主要来源，也是城市和建筑碳达峰、碳中和的主要方面。城市和建筑"双碳"目标实现及相关研究由2030年的"碳达峰"和2060年的"碳中和"两个时间节点约束而成，由"绿色、节能、环保"和"低碳、近零碳、零碳"相互交织、动态耦合的多途径减碳递进与碳中和递归的建筑科学迭代进阶是当下主流的建筑类学科前沿科学研究领域。

本系列教材主要聚焦建筑类学科专业在国家"双碳"目标实施行动中的前沿科技探索、知识体系进阶和教学教案变革的重大战略需求，同时满足教育部碳中和新兴领域系列教材的规划布局和"高阶性、创新性、挑战度"的编写要求。

自第一次工业革命开始至今，人类社会正在经历一个巨量碳排放的时期，碳排放导致的全球气候变暖引发一系列自然灾害和生态失衡等环境问题。早在20世纪末，全球社会就意识到了碳排放引发的气候变化对人居环境所造成的巨大影响。联合国政府间气候变化专门委员会（IPCC）自1990年始发布五年一次的气候变化报告，相关应对气候变化的《京都议定书》（1997）和《巴黎气候协定》（2015）先后签订。《巴黎气候协定》希望2100年全球气温总的温升幅度控制在1.5℃，极值不超过2℃。但是，按照现在全球碳排放的情况，那2100年全球温升预期是2.1~3.5℃，所以，必须减碳。

2020年9月22日，国家主席习近平在第七十五届联合国大会向国际社会郑重承诺，中国将力争在2030年前达到二氧化碳排放峰值，努力争取在2060年前实现碳中和。自此，"双碳"目标开始成为我国生态文明建设的首要抓手。党的二十大报告中提出，"积极稳妥推进碳达峰碳中和，立足我国能源资源禀赋，坚持先立后破，有计划分步骤实施碳达峰行动，深入推进能源革命……"，传递了党中央对我国碳达峰、碳中和的最新战略部署。

国务院印发的《2030年前碳达峰行动方案》提出，将碳达峰贯穿于经济社会发展全过程和各方面，重点实施"碳达峰十大行动"。在"双碳"目标战略时间表的控制下，建筑领域作为三大能源消费领域（工业、交通、建筑）之一，尽早实现碳中和对于"双碳"目标战略路径的整体实现具有重要意义。

为贯彻落实国家"双碳"目标任务和要求，东南大学联合中国建筑出版传媒有限公司，于2021年至2022年承担了教育部高等教育司新兴领域教材研究与实践项目,就"碳中和城市与绿色智慧建筑"教材建设开展了研究,初步架构了该领域的知识体系,提出了教材体系建设的全新框架和编写思路等成果。2023年3月,教育部办公厅发布《关于组织开展战略性新兴领域"十四五"高等教育教材体系建设工作的通知》(以下简称《通知》),《通知》中明确提出,要充分发挥"新兴领域教材体系建设研究与实践"项目成果作用,以《战略性新兴领域规划教材体系建议目录》为基础,开展专业核心教材建设,并同步开展核心课程、重点实践项目、高水平教学团队建设工作。课题组与教材建设团队代表于2023年4月8日在东南大学召开系列教材的编写启动会议,系列教材主编、中国工程院院士、东南大学建筑学院教授王建国发表系列教材整体编写指导意见;中国工程院院士、西安建筑科技大学教授刘加平和中国工程院院士、清华大学教授庄惟敏分享分册编写成果。编写团队由3位院士领衔,8所高校和3家企业的80余位团队成员参与。

2023年4月,课题团队向教育部正式提交了战略性新兴领域"碳中和城市与绿色智慧建筑系列教材"建设方案,回应国家和社会发展实施碳达峰碳中和战略的重大需求。2023年11月,由东南大学王建国院士牵头的未来产业(碳中和)板块教材建设团队获批教育部战略性新兴领域"十四五"高等教育教材体系建设团队,建议建设系列教材16种,后考虑跨学科和知识体系完整性增加到20种。

本系列教材锚定国家"双碳"目标,面对建筑类学科绿色低碳知识体系更新、迭代、演进的全球趋势,立足前沿引领、知识重构、教研融合、探索开拓的编写定位和思路。教材内容包含了碳中和概念和技术、绿色城市设计、低碳建筑前策划后评估、绿色低碳建筑设计、绿色智慧建筑、国土空间生态资源规划、生态城区与绿色建筑、城镇建筑生态性能改造、城市建筑智慧运维、建筑碳排放计算、建筑性能智能化集成以及健康人居环境等多个专业方向。

教材编写主要立足于以下几点原则:一是根据教育部碳中和新兴领域系列教材的规划布局和"高阶性、创新性、挑战度"的编写要求,立足建筑类专业本科生高年级和研究生整体培养目标,在原有课程知识课堂教授和实验教学基础上,专门突出了碳中和新兴领域学科前沿最新内容;二是注意建筑类专业中"双碳"目标导向的知识体系建构、教授及其与已有建筑类相关课程内容的差异性和相关性;三是突出基本原理讲授,合理安排理论、方法、实验和案例分析的内容；四是强调理论联系实际，强调实践案例和翔实的示范作业介绍。总体力求高瞻远瞩、科学合理、可教可学、简明实用。

本系列教材使用场景主要为高等学校建筑类专业及相关专业的碳中和新兴学科知识传授、课程建设和教研学产融合的实践教学。适用专业主要包括建筑学、城乡规划、风景园林、土木工程、建筑材料、建筑设备，以及城市管理、城市经济、城市地理等。系列教材既可以作为教学主干课使用，也可以作为上述相关专业的教学参考书。

本教材编写工作由国内一流高校和企业的院士、专家学者和教授完成，他们在相关低碳绿色研究、教学和实践方面取得的先期领先成果，是本系列教材得以顺利编写完成的重要保证。作为新兴领域教材的补缺，本系列教材很多内容属于全球和国家双碳研究和实施行动中比较前沿且正在探索的内容，尚处于知识进阶的活跃变动期。因此，系列教材的知识结构和内容安排、知识领域覆盖、全书统稿要求等虽经编写组反复讨论确定，并且在较多学术和教学研讨会上交流，吸收同行专家意见和建议，但编写组水平毕竟有限，编写时间也比较紧，不当之处甚或错误在所难免，望读者给予意见反馈并及时指正，以使本教材有机会在重印时加以纠正。

感谢所有为本系列教材前期研究、编写工作、评议工作、教案提供、课程作业作出贡献的同志以及参考文献作者，特别感谢中国建筑出版传媒有限公司的大力支持，没有大家的共同努力，本系列教材在任务重、要求高、时间紧的情况下按期完成是不可能的。

是为序。

丛书主编、东南大学建筑学院教授、中国工程院院士

前言

建筑从诞生之日就是人类的"庇护所"，人类建造建筑的初衷是在恶劣的自然环境中营造出一个安全、舒适的"内部空间"。当人们通过建筑材料、构件的组合连接以及空间的跨越和围合，就完成了建筑的"空间营造"，同时也就基本决定了建筑内部的"环境"。长期以来建筑的"空间营造"就是"建筑环境调控"最基本、最重要的手段。"空间营造"是建筑无需额外耗能便可以调节内部环境的方法，也是通过建筑本身的设计来实现环境调控的方法，曾是推动建筑学自主发展的重要动力，常被称为"被动式环境调节"。它不仅促使全球范围内涌现出适应各自气候条件的建筑形态，还构成了地域建筑文化中持久且核心的元素。

火的燃烧是自古以来人类对"建筑环境调控"的另一种手段。从火塘、火炕、壁炉到电灯、锅炉和空调，它们都是以直接或间接燃烧消耗能源的方式调节建筑环境，或是将能源转化为环境调控装置的动力。这就是我们常说的"主动式环境调控"。对于极端气候的建筑环境调控，建筑能源消耗是必须的，是人类生存必然的选择。对于健康舒适的建筑环境，被动式和主动式建筑环境调节从不矛盾，而是相辅相成、缺一不可的。

在工业革命前，建筑设计是主要的环境调控手段，但20世纪的现代建筑却放弃了"空间营造"的建筑环境调控策略，转向了严重依赖能源的暖通空调系统、人工照明系统，导致建筑成为全球能源消耗和温室气体排放的主要来源。建筑设计也逐渐摒弃了利用建筑形态来适应和调节气候的传统策略与方法，导致建筑设计与气候之间的内在联系日益减弱，建筑学也因此偏离了其原本所具备的一个重要内在驱动力。

随着新质生产力和"双碳目标"的提出，建筑高质量发展成为时代的急迫要求。建筑的热环境、光环境、声环境和空气品质等室内环境的调控，回归被动式和主动式调控相平衡的本源，将传统的建筑环境调控策略与先进的材料科学、智能化技术等融合，更加高效地对建筑环境进行调控，这也正是本教材编写的初衷与基本思路。本教材从绪论开始，逐步深入到人与建筑环境调控的关系、气候适应型建筑、建筑热环境调控、光环境调控、声环境调控、通风与空气品质调控、建筑围护结构、建筑节能新技术以及建筑环境智能调控等多个方面。每一章节都详细探讨了相关的原理、方法和最新的技术进展，特别强调了在碳中和背景下的新方法和策略。

参编的教师们在近两年的时间内广泛收集资料、集思广益、严谨写作、反复校对，最终编写了这本对建筑环境调控介绍较为全面的教材。本教材内容广泛、深入浅出，并兼顾学科前沿。希望读者在阅读和学习后能够对建筑环境调控的设计方法、技术策略有较为全面的了解。本教材的编写分工如下：

第 1 章　杨柳、罗智星

第 2 章　朱新荣、杨柳

第 3 章　朱新荣、杨柳

第 4 章　杨柳、罗智星

第 5 章　翟永超、王雪

第 6 章　王雪、翟永超

第 7 章　罗智星、杨柳

第 8 章　罗智星、杨柳

第 9 章　乔宇豪

第 10 章　于瑛

全书由杨柳和罗智星负责统稿。

为了保证教材的质量，本书的主编特将稿件呈送华南理工大学孟庆林教授主审。孟教授对本教材提出了很多建设性的意见，对本教材编写质量的提高起到了重要作用。

本教材旨在继承传统建筑智慧的基础上，面向未来碳中和建筑设计，从建筑空间、形体、围护结构和构件的设计出发，详细讲授建筑设计中的环境调控方法。截至 2024 年 11 月，已建成配套核心课程 5 节并上传至虚拟教研室，建成配套建设项目 10 项、教材配套课件 10 个，很好地完成了纸数融合的课程体系建设。

在成书过程中，编者得到了多方面的支持和帮助。西安建筑科技大学建筑学院张天然、曹璐、蔡宜恬、李泽婷、闻晨昕、黄黛君、靳闲亭、张童哲、朱曦、孙震、王迪、聂星卓、李华琳、王迪、肖圆伟等多位研究生在全书统稿中协助完成了大量工作。中国建筑工业出版社陈桦编审、王惠副编审、冯之倩编辑为本教材的出版提供了很多帮助和辛勤工作。我们对以上人员给予的帮助表示诚挚的谢意。

限于编者的学识，教材中的错误及疏漏难以避免，请读者不吝赐教，以便及时进行修改。

目录

第 1 章 绪 论 ... 1

- 1.1 建筑与环境的关系 ... 2
- 1.2 建筑环境的基本概念 ... 5
- 1.3 建筑环境调控的目标与内涵 ... 6
- 1.4 建筑环境调控的原则与方法 ... 6
- 1.5 碳中和与建筑环境调控 ... 8
- 本章小结 ... 12
- 思政小结 ... 13
- 思考题 ... 13

第 2 章 人与建筑环境调控 ... 14

- 2.1 人对建筑环境的需求 ... 15
- 2.2 人的物理环境需求与建筑能耗 ... 33
- 2.3 人的物理环境需求与碳排放 ... 34
- 本章小结 ... 37
- 思政小结 ... 37
- 思考题 ... 38
- 参考文献 ... 38

第 3 章 气候适应型建筑 ... 40

- 3.1 气候调控原理与策略 ... 41
- 3.2 气候适应的环境调控潜力及设计策略 ... 43
- 3.3 碳中和背景下的气候适应性建筑 ... 48

本章小结	65
思政小结	66
思考题	66
参考文献	67

第 4 章
建筑热环境调控 68

4.1	建筑热环境调控原理 69
4.2	建筑热环境调控基本方法 81
4.3	面向碳中和的建筑热环境调控新方法 88
	本章小结 91
	思政小结 91
	思考题 91
	参考文献 92

第 5 章
建筑光环境调控 93

5.1	建筑光环境调控原理 94
5.2	建筑光环境调控基本方法 100
5.3	面向碳中和的建筑光环境调控新方法 110
	本章小结 121
	思政小结 121
	思考题 122
	参考文献 122

第 6 章
建筑声环境调控 123

6.1	建筑声环境调控原理 124
6.2	建筑声环境调控基本方法 138
6.3	吸声材料与隔声材料的碳排放 145
	本章小结 148
	思政小结 149
	思考题 149
	参考文献 149

第 7 章
建筑通风与空气品质调控 150

7.1	建筑通风设计 151
7.2	建筑空气品质调控基本方法 162
7.3	面向碳中和的建筑通风与空气品质调控新方法 170
	本章小结 172
	思政小结 172
	思考题 172
	参考文献 173

第 8 章
建筑围护结构 174

8.1	建筑围护结构设计原理 175
8.2	建筑围护结构节能设计 184
8.3	建筑围护结构减碳设计 200

本章小结 202
思政小结 202
思考题 203
参考文献 203

第 9 章
建筑节能新技术 204

9.1 建筑可再生能源利用 205
9.2 建筑储能 215
9.3 建筑新型用能末端 224
本章小结 230
思政小结 231
思考题 232
参考文献 232

第 10 章
建筑环境智能调控 233

10.1 建筑环境智能调控系统 234
10.2 建筑环境调控系统常用传感器 238
10.3 建筑环境调控系统常用执行器 244
10.4 建筑环境调控系统现场控制器 247
10.5 建筑环境智能调控方法 250
思政小结 253
思考题 254
参考文献 254

第 1 章 绪 论

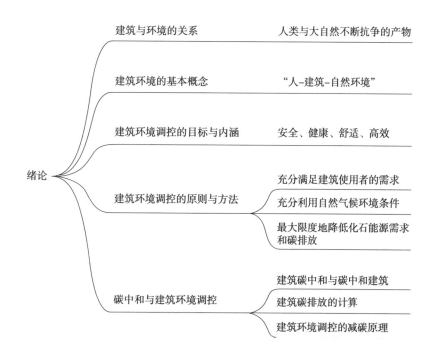

1.1 建筑与环境的关系

建筑出现的原因是为人们提供"遮蔽所",既阻挡动物的攻击,又能躲避室外严酷气候的侵袭。根据古人类学的发现,最早的人类发源地可能在热带雨林周边比较温暖潮湿的地区,因为这些地带全年温度约29℃,在生理上最适合无衣着、无住所的远古人类生存。现在的地球上,除了人类以外,灵长猿猴类动物都集中分布在热湿气候区,进一步印证了人类起源的假说。

人类皮肤的平均表面温度维持在33℃左右,而人类所穿的衣服与皮肤间的温度维持在(32 ± 1)℃左右,相对湿度维持在(50 ± 10)%左右。有人认为这种体质是遗传自生活在热带雨林气候下的远古人类的热感觉,因为这种体表温度在平均气温29℃左右的热带雨林中刚好可保持适量的皮肤散热,以维持最佳的日常新陈代谢机能。现代环境生理学认为,人类在穿单薄长裤、衬衫(衣着量0.6clo,clo为热力学单位,表征人的衣着的热阻)时,感到最舒适的热环境约在(25 ± 2)℃与相对湿度(45 ± 20)%的范围。假如不穿服装(衣着量0 clo)的情况下,则在日常活动中感到舒适的热环境就接近于29℃了,也就接近于远古人类发源的热带雨林周边区域的气候了。

为了拓展生存范围,远古的"裸猿"向不适于裸体生活的寒带、雨林和沙漠迈进。

除了穿起避寒的衣物之外,人类是以"穴居"与"火塘"的"遮蔽所"征服了寒带气候。所谓"穴居"就是将居住空间向地下挖,用来防风避寒的居住形式,而"火塘"则是取暖用的设施,这两种避寒工具通常同时存在,成为人类拓展寒冷气候生活圈的重要手段。这种下挖式的"穴居"主要依靠地下土壤的低热量传导和高蓄热的作用,达到了保温的居住目的。同时室内的"火塘"所散发的热量既能加热室内空气,也能把热量储存在土壤内,还能把火焰的热量通过热辐射传导到人体,这是一种一举多得的建筑采暖智慧。

只要不是终年炎热的热带地区,"穴居"与"火塘"在亚热带较干燥地区均适用。全球北纬20°以北地区,由亚热带到寒带,均有"穴居"与"火塘"并存的居住遗迹被发现。例如,距今6000多年前的西安半坡遗址中就发现了半地穴式房屋与火塘的遗迹,如图1-1(a)、图1-1(b)所示。而在我国中西部广大地区,至今还有数千万人居住在窑洞中,这也是"穴居"的另一种形式,甚至窑洞的采暖也是依靠"火塘"演变而来的土灶或火炕。而在北极地区,爱斯基摩人的Igloo冰屋,如图1-2所示,也是一种"穴居"与"火塘"的组合。在北美洲的西北高原居住的汤普生族(Thompson)印第安人则建造了完全由泥土覆盖、只用一座木梯由顶部通风口进出的"土屋",如图1-3所示。

发源于热带雨林周边的"裸猿",以"构木为巢"的"干栏建筑"进入了蛊毒瘴疠的热带雨林环境。"干栏建筑"就是以竹木结构将建筑支撑在高

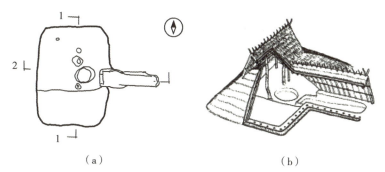

图 1-1 西安半坡半地穴式房屋与火塘的遗迹及西安半坡半穴居遗址复原图
（a）西安半坡半地穴式房屋与火塘的遗迹；（b）西安半坡半穴居遗址复原图

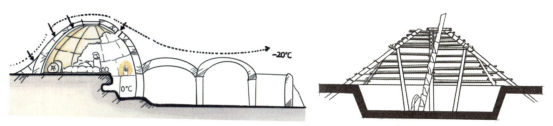

图 1-2 爱斯基摩人的 Igloo 冰屋　　　图 1-3 汤普生族（Thompson）印第安人土屋

处，上层住人、下层圈畜的房屋。《韩非子·五蠹篇》载："上古之世，人民少而禽兽众，人民不胜禽兽虫蛇。有圣人作，构木为巢，以避群害，而民悦之"。图 1-4 介绍了浙江余姚河姆渡遗址的"干栏建筑"。西晋张华所著《博物志》中记载："南越巢居，北朔穴居，避寒暑也"。可见"干栏建筑"既可避免洪水猛兽，同时又具有良好的通风性能，可促进蒸发冷却，达到除湿的功能，是在热湿气候中建筑适应性的智慧体现。在古代"干栏民居"中，常把牲畜豢养在"干栏建筑"下面，一方面可以保护家畜财产，另一方面也可以借家畜的警觉来提示盗匪的偷袭，形成了有效的防卫系统。如图 1-5 所示的印尼 Sulawesi 岛 Bugis 族高脚屋就是一种典型的热带"干栏民居"。

图 1-4 浙江余姚河姆渡遗址的"干栏建筑"　　图 1-5 印尼 Sulawesi 岛 Bugis 族高脚屋

面对干燥的荒漠气候，人类以"帐篷"与"夯土"扎根其中。由于干燥气候的荒漠会使人大量失水，因此，人类必须同时对抗烈日与干旱才能存活。因此，游牧民族以"帐篷"为机动临时住家，在寒带荒漠气候中采用完全封闭形式的帐篷，如图1-6所示为内蒙古呼伦贝尔草原转移式蒙古包；在热带荒漠，如北非摩洛哥撒哈拉沙漠，则采用紧贴地面的低矮帐篷，如图1-7所示。这种帐篷以绳索张拉编织布匹而成，具有阻挡风沙的功能，在良好天气可以掀起帐篷，变成"天幕帐篷"；而在沙暴天气，又可以匍匐固定于沙丘之后，变成防风型的低矮帐篷。这些帐篷可以在几十分钟内完成收起、装运、移动的整套动作，便于人们的迁徙，逐水草而居。

图1-6　内蒙古呼伦贝尔草原转移式蒙古包　　　　图1-7　北非摩洛哥撒哈拉沙漠中的帐篷

在有固定水源的荒漠边缘区域，"夯土"则是提供人们定居的一切建材，而"夯土建筑"更是取之于土、筑之于土、归之于土的生态循环建筑。由于"夯土建筑"必须具有厚重的夯土承重墙体，因此有很好的蓄热功能，是一种冬暖夏凉的构造措施。图1-8介绍了在中东沙漠气候中叙利亚的蜂巢型土砖民居。在干燥的荒漠地区，常常出现"帐篷"与"夯土建筑"并存的居住形态。例如在炎热的荒漠地区，人们在酷热的白天居住在"夯土建筑"中避暑；在晚上则为了避免夯土中蓄积大量的太阳辐射再放热，则搬至通风良好的"帐篷"内居住。居住在寒冷的荒漠地区的人们，夏季全家带着牲畜与"帐篷"逐水草而居，以便迁徙；到了冬季，则回到定居点居住在厚重的"夯土建筑"中，以躲避严寒，如图1-9所示为新疆喀什古城夯土民居及帐篷。

 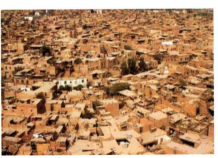

图1-8　中东沙漠气候叙利亚的蜂巢型土砖民居　　　　图1-9　新疆喀什古城夯土民居及帐篷

在我国的历史演变中，这些"穴居""干栏"及"帐篷"逐渐发展为不同的建筑类型。"穴居"在我国广大农耕民族生活地区演变成了"合院"，以起到战争防卫与保温保暖的作用；在湿热的南方，"干栏"从长江流域到东南、华南、西南，直至整个中南半岛与南亚各海岛，发展成为"百越民居"；在蒙古高原、新疆与青藏高原等荒漠地区，"帐篷"与"夯土"成为少数民族主要的居住形式。

总之，建筑是人类与大自然（首先是其他动物、其次是恶劣的气候环境）不断抗争的产物。不同的气候条件，如温度、湿度、降雨量、风向和日照，决定了建筑的形式、朝向、材料、保温隔热和通风设计等。在功能上，建筑是人类作为生物体适应气候变化而生存的生理需要；在形式，建筑是人类启蒙文化的反映。建筑与环境相互适应、相互共生。在现代人工环境调控技术尚未出现的时代，在现今还未能采用现代技术的地区，地区之间巨大的气候差异是造成世界各地建筑形态差异的重要原因。

1.2 建筑环境的基本概念

建筑的功能是创造一个微环境来满足居住者的安全和生活生产过程的需要。建筑环境主要指室内环境，包括建筑室内的热湿环境、光环境、声环境和空气质量等物理环境。但由于室外环境通过建筑影响室内环境，而且建筑在建造和使用过程中也消耗大量能源并产生碳排放等，对环境造成很多负面影响，因而建筑室外环境也是建筑环境研究的重要内容之一。特别是建筑室外的气候环境，是影响建筑设计、建筑建造、建筑运行管理等方面的重要因素，是建筑环境调控的主要原因之一，因此建筑室外气候也是建筑环境需要重点研究和分析的内容。

建筑环境学是一门反映"人—建筑—自然环境"三者之间关系的学科，是了解人和生产过程需要何种室内外环境，掌握室内外环境形成的特征和影响因素，通晓改变或控制特别是室内环境的基本原理与方法，为创造人工环境提供理论基础的学科。

建筑环境调控是在建筑环境学的基础上，对建筑环境进行全面、系统地研究，以绿色、低碳、可持续为目标，充分关注与建筑设计领域的结合，做到对环境、气候、心理等要素有序组织和协调，建立相应的基本原理和方法。有别于建筑环境工程学，建筑环境调控更重视一般原理的设计实践，关注通过建筑设计来解决相应的环境问题，利用被动式控制的方法来调控建筑空间的环境指标，以及解决绿色低碳等可持续问题。

建筑环境调控也有别于传统的建筑物理学，如果说后者是系统论述建筑热工、声学、光学的一般原理和方法，是研究基本定量及计算的学科；那么前者更强调这些基本原理在建筑实践中的应用，尤其关注与自然气候紧密相关的建筑物理现象，以及建筑学领域中与人居舒适更紧密的问题。

1.3 建筑环境调控的目标与内涵

建筑从诞生的那一刻就是人类对室外自然环境适应的产物，更是对室内环境调控的物质手段。随着技术与文明的进步，在生存问题解决后，人类追求的是舒适的建筑环境。而到了21世纪的第三个十年，根据马斯洛需求层次理论，建筑环境调控的目标主要包括（图1-10）：

图1-10 建筑环境调控的目标

（1）安全：能够抵御暴风、骤雨、地震等各种自然灾害引起的危害或人为的侵害。

（2）健康：通过建筑设计、建筑材料选择等营造出适合人们身体、心理健康发展的室内热环境、光环境、声环境和空气质量等物理环境。

（3）舒适：在保障人们健康的基础上，室内物理环境能够使人安乐舒服。

（4）高效：用最小的能源消耗和碳排放量营造出满足人们安全、健康、舒适需求的建筑环境。

建筑设计的思维模式往往在建筑美学、环境条件、人的要求和技术可行性之间跳跃，建筑师在此过程中捕捉关于建筑立意的火花。建筑环境调控是在现代科学发展日益成熟的条件下，也将成为建筑师新的立意点和设计灵感的来源，并逐渐发展成富有理性主义的、充分考虑建筑绿色低碳、可持续发展的现代建筑设计理论。

1.4 建筑环境调控的原则与方法

现代建筑学的外延不断扩大，其内涵也在外延的基础上不断深化和发展。建筑学不再止步于建筑功能、建筑技术和建筑形象的"建筑三要素"，而更关注社会、人文和现代科技对建筑学的冲击和影响，尤其作为以环境创造为目标的现代建筑学，建筑环境调控既应该创造良好的建筑环境，又应该使建筑绿色低碳发展。因此，在建筑设计过程中，建筑环境调控应遵循以下原则：

（1）充分满足建筑使用者的需求。"以人为本"是建筑环境调控的第一原则。使用者直接感知到的舒适度是建筑环境调控的核心问题，同时也要重视建筑环境安全健康和高效的目标。

（2）充分利用自然气候环境条件。因地制宜地利用自然环境，发展与自然环境协调、融合、共生的建筑。运用适宜的技术手段，将自然气候引入建筑，充分利用自然气候中的太阳光、风、雨水和冷热来调节室内环境，是建筑环境调控的原则之一。

（3）最大限度地降低化石能源需求和碳排放。在气候与资源环境成为全球议题的今天，绿色低碳建筑的发展需要回归环境调控作为建筑学的自主核心，重新激活建造体系在地域气候环境与资源组成中的敏感性、适应性与可调节性，以建筑构形而不是一味依赖动力设备来调适气候环境；发展通过建筑空间形态实现能量的合理获取、输送与转化，建立起房屋建筑与地区资源总体之间的平衡。

追溯建筑学科的起源，维特鲁威在《建筑十书》中提出的"建筑环境三元模型"实际上界定了三个层次的热力学系统：外部能量系统（气候）、环境调控系统（建筑）和人体反应系统（舒适）。如图1-11所示，这个环环相扣的三元模型说明古典建筑学从一开始就认为这三个系统互为关联、相互作用。各地的乡土建筑一直将适应气候、调控环境、获得舒适作为建房造屋的过程和目的。

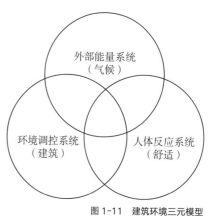

图1-11 建筑环境三元模型

随着现代意义的科学发展和不同学科领域的逐渐细分，各个系统被分隔开来，分属于不同的学科领域，气候学、建筑学、生理学或者还有更多，各自有独立的目标与知识边界，彼此分立，互不搭界。建筑环境调控最基本的研究从三个层次的热力学系统展开，互相关联，共同构成建筑环境调控的方法体系。在建筑环境调控的实践中一定要注重三元模型最基本的原理和概念，尤其要对三个部分进行综合与协调，使其相互交融，形成建筑环境调控最基础的方法论（图1-12）。

第一，建筑环境调控的中心就是对人体的舒适及相关理论、方法和应用的研究。对此项研究比较系统的科学家有丹麦学者房格尔（Povl Ole Fanger），其对舒适环境与人体的相互关系方面有比较全面的理论研究和实验，并得出了具有里程碑意义的研究结果。我国在此方向的工作，最早从建筑热工学出发，之后逐步开始从建筑学视角关注人与环境舒适度的建立、评价及分析，形成了人体热舒适的中国理论体系。

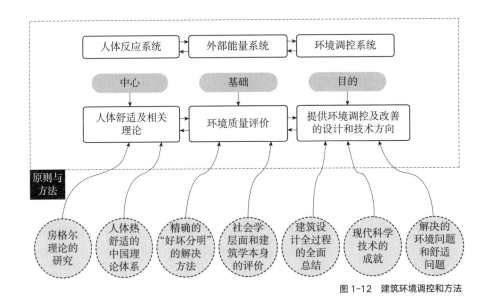

图1-12 建筑环境调控和方法

第二，建筑环境调控的基础是以环境质量评价为方法，为人居环境的改善作定性及定量的分析，客观反映建筑环境及环境调控的效果。建筑环境调控就是为建筑环境控制及改善提出精确的、"好坏分明"的解决方法，并在环境调控过程中进行社会学层面和建筑学本身的评价。

第三，建筑环境调控的目的是提供环境调控及改善的设计和技术方向，建立一整套全面、完整的应用体系。这套体系通过对建筑设计全过程的全面总结，融入现代科学技术的成就，进而通过设计本身来解决通常需要设备才能解决的环境问题和舒适问题。这是建筑环境调控的实质所在，也是研究建筑环境调控的最终目标。

我们需要在当代的技术发展和价值体系中，再度建立起人体反应系统、外部能量系统、环境调控系统的连续性，使其拥有共享的知识边界，寻求当今可持续发展目标下环境调控的建筑学路径，使"绿色建筑"回归建筑学的自主性本体。

1.5 建筑环境调控与建筑碳中和

1.5.1 建筑碳中和与碳中和建筑

在经济和社会不断发展的今天，全球极端气候变化及资源能源短缺问题愈演愈烈，也逐渐成为威胁人类发展的重大问题。在此背景下，2015年《巴黎协定》中明确提出到21世纪末将全球升温控制在2℃甚至1.5℃以内的愿景目标，并对全球碳排放尽快达峰提出了要求，同时对21世纪下半叶实现净零碳排放提出具体目标。国家领导人在第75届联合国大会上宣布中国将提高国家自主贡献力度,采取更加有力的政策和措施,力争于2030年前达到碳排放峰值,争取2060年前实现碳中和。建筑行业作为三大用能领域之一,更应以宏观的眼光在能源转型和碳中和的过程中关注如何构建建筑零碳化发展的路径,找寻建筑零碳化场景发展的同时满足社会经济发展和人民生活满意的愿景,实现建筑行业的碳达峰和碳中和。

碳达峰是指某个地区或行业年度碳排放量达到历史最高值,然后经历平台期进入持续下降的过程,是碳排放量由增转降的历史拐点,标志着碳排放与经济发展实现脱钩。达峰目标包括达峰年份和峰值。碳排放与经济发展密切相关,经济发展需要消耗能源。碳中和是指在一定空间范围内,其排放的碳与通过自然过程和人为过程固定的碳在数量上相等,即达到净零排放状态。建筑碳中和是指建筑在其全生命周期内,建筑向环境排放的总碳量与通过可再生能源利用、碳汇增加等措施吸收或抵消的碳量相平衡的状态,如图1-13所示。

一直以来,建筑被认为是用能终端。要实现建筑零碳排放,首先要降低建筑运行的能源消耗,于是高性能围护结构得到普遍重视,但考虑到成本投入和建筑类型,建筑仅依靠自身的传统设计很难实现运行零碳排放,即便是采用一定比例的可再生能源,受限于场地、建筑外表面积等因素,也难以从整体上实现零碳排放。因此,在当前各机构发布的零碳建筑(Zero Carbon Building)或净零碳建筑(Netzero Carbon Building)标准中可以看到,大部分认可并采用了外部抵消措施。2021年8月,IPCC发布第六次评估报告(AR6)第一工作组(WGI)报告,规范了碳中和的定义,即"碳中和是指一定时期内特定实施主体(国家、组织、地区、商品或活动等)人为二氧化碳排放量与人为二氧化碳移除量之间达到平衡"。建筑是一类特殊的产品,引入外部抵消的方式符合碳中和的定义,并且能够更清晰地表述现阶段建筑实现零碳排放状态的技术路径。因此,人们将基于高性能建筑、引入外部抵消措施、计划或已经实现特定时间段零碳排放状态的建筑定义为碳中和建筑。虽然目标一致,但"碳中和""零碳"以及"净零碳"在定义倾向上还是存在些许差异。

加拿大绿色建筑委员会(Canada Green Building Council,CaGBC)给出零碳建筑的定义是"在建筑现场生产的可再生能源和采购的高质量碳补偿措施完全抵消建筑材料和运营相关的年度碳排放的高效节能建筑"。该定义中,碳中和与零碳建筑是完全一样的概念,而世界

图1-13 建筑碳达峰碳中和

绿色建筑理事会（World Green Building Council）定义的净零碳建筑则是"高效节能的建筑，完全由现场或场外可再生能源提供动力"。此时的碳中和范围比净零碳大，即碳中和建筑实际上包含了建筑自身实现的零碳排放（运行阶段）和借助外部抵消措施实现的零碳排放（运行阶段或建筑的全生命周期）。

"碳中和"建筑、"零碳"建筑和"净零碳"建筑定义的差别来源于各地区不同的气候条件、资源禀赋以及建筑技术和经济发展水平等。因此，"碳中和"建筑的评价体系应充分考虑当前的建筑节能要求、建筑新技术发展水平和发展趋势、碳交易市场的建设情况等因素。同时，兼顾各地气候及经济发展水平，使之符合当前形势下我国城乡建设低碳发展的基本要求，并且能够支撑新技术的应用，推动建筑领域减碳目标的实现。

1.5.2 建筑碳排放的计算

建筑碳排放计算的方法主要有三种，包括物料平衡法、实测法和排放系数法。

1）物料平衡法

物料平衡法是一种根据质量守恒原理进行的定量分析方法，也称为投入产出法。该方法通过统计资源和能源在产品或服务生产过程中的投入量以及产出物质的排放量，针对性地调节生产，有助于优化资源利用和环境治理。使用这种方法进行碳排放测算可以获得较准确的结果，但需要详细分析生产过程的投入和产出，因此计算相对复杂且工作量较大。物料平衡法适用于宏观领域的研究。

2）实测法

实测法是通过监测工具和测量设施来测量目标气体的参数（如浓度、流量、流速等），然后利用这些数据来估算目标气体的排放总量的方法。虽然实测法在数据代表性和精确性较高时是可靠的，但它也存在一些局限性，包括受到采集条件的限制，需要大量时间、人力和资金投入，数据获取困难，以及结果精确度受样本数据的代表性和测定精度等因素影响。此外，实测法只适用于微观领域的研究对象。

3）排放系数法

排放系数法是指将单位产品或服务生产过程在正常技术标准和管理条件下所产生的碳排放量的统计平均值作为基础数据，即碳排放因子，通过将收集到的碳排放源的活动数据与对应的碳排放因子相乘，可以得到产品或服务的碳排放量。目前，许多国内外学者、权威组织和机构通过实地调研整理了各种类型的碳排放因子数据库，具有一定的参考价值。碳排放系数法具有清晰的测算思路，数据获取相对简单，应用方便，因此是目前国际上最常用的碳排放测算方法之一。这种方法适用于宏观领域和微观领域的研究。

不同碳排放测算方法比较见表 1-1。

不同碳排放测算方法比较　　　　　　　　　表 1-1

测算方法	优点	缺点
物料平衡法	1. 结果精确度较高 2. 碳排放源清晰明确	1. 数据收集成本高 2. 流程复杂，工作量大
实测法	结果精确度高	1. 需要耗费大量的人力、物力 2. 结果精度受样本代表性的影响
排放系数法	1. 数据获取较容易 2. 应用广泛 3. 权威碳排放因子数据库种类多	1. 精确度一般 2. 碳排放因子数据来源广泛，数据质量参差不齐

1.5.3　建筑环境调控的减碳原理

减碳原理是指通过建筑环境调控的手段减少建筑在整个生命周期中的碳排放，从而降低建筑对环境的影响。从古至今，建筑环境调控经历了漫长的演进过程，直到大概 100 年前，建筑的采暖、降温和照明还属于建筑师的工作。舒适的温度和照明条件是通过对建筑物自身和一些设备的设计来获得的。如采暖是通过紧凑的设计和壁炉或火塘来实现，降温是通过沿风向开窗及遮阳来实现，而照明则是通过窗、油灯或蜡烛来实现。

到了 20 世纪 60 年代，情况出现了惊人的变化。工程师设计的机械设备成了建筑物采暖、降温和照明的主要手段，并且得到了广泛的认可。建筑环境调控的实现方式从基于被动式设计策略的"空间调节"变成依赖耗能设备对环境调节的"空气调节"。

这一变化有其内在的合理性，因为"空间调节"具有波动性、动态性和非稳定性，在一年中或一天中的部分时间、部分空间并不一定都能满足人对建筑环境的舒适要求；而"空气调节"则实现了全天候的建筑环境"舒适"的稳定性。当然这种通过"空气调节"实现"稳定的舒适环境"也是要付出巨大代价的：一方面"空气调节"的手段需要通过机械设备消耗大量能源、产生大量碳排放，对资源的消耗和环境影响越来越明显，到如今建筑运行过程中消耗的能源与产生的碳排放已经超过全社会的 20% 以上；另一方面，这种"稳定的舒适环境"无法给习惯了环境性能波动的人类带来"健康"，因为缺少建筑环境波动的刺激，人们长期居住在这种"稳定的舒适环境"中身体常常会感到疲劳，容易患上"空调病"等病态建筑综合征。

因此，在强调建筑绿色低碳可持续发展的今天，人们应该回归空间范式的环境调控，即在设计过程中通过有效的空间组织、合理的体形和构造设计，以空间形态和建造体系实现对室内外环境舒适度、能耗与碳排放的性能化调控。如通过优化建筑物的形状、朝向和布局，利用自然通风、自然采光和蓄势等被动设计手段，减少对人工能源的依赖，降低碳排放；还可通过改善建筑围护结构的保温性能，减少热量损失，降低取暖和制冷需求，从而减少能源消耗和碳排放；也可通过增加绿化（如屋顶花园、垂直绿化等）和使用反射材料降低建筑物表面的温度，减少空调使用，从而降低碳排放；或通过选用低碳材料（如再生材料、天然材料）和优化建筑设计，减少建筑材料的碳足迹；还可以在建筑物上安装太阳能光伏板、风力发电设备等可再生能源系统，替代部分化石燃料的使用，减少建筑运行中的碳排放。此外，建筑物还可以通过植被、碳吸附材料等方式吸收和封存二氧化碳，从而实现碳中和。总之，建筑环境调节在回归"空间调节"的过程中并非是要完全排斥"空气调节"，而是需要通过"空间调节"最大限度地降低建筑对能源的需求，最大限度地利用天然能源来实现稳定、持久的建筑环境的舒适，以实现建筑降碳的目标。这些原理综合作用，可以显著降低建筑物的碳排放，促进建筑行业的可持续发展。

本章小结

（1）建筑与环境的演化关系：建筑起源于人类对"遮蔽所"的需求，用以防御自然灾害和野生动物。不同气候带的人类适应环境采取了不同的居住形式，如热带雨林周边的"裸猿"采用构木为巢的干栏建筑，寒带地区通过穴居和火塘抵御严寒，而面对干燥的荒漠气候，则以帐篷与夯土建筑适应环境。这些早期居住形式为后来各类建筑类型的发展奠定了基础。

（2）建筑环境的基本概念：建筑环境学探讨"人—建筑—自然环境"之间的关系，旨在通过理解和掌握室内外环境形成的特征和影响因素，创造适宜的人工环境。建筑环境调控强调通过设计实践，充分利用自然气候条件，同时降低能源需求和碳排放，以实现绿色、低碳、可持续的建筑环境。

（3）建筑环境调控的目标与内涵：基于马斯洛需求层次理论，建筑环境调控旨在创造安全、健康、舒适、高效的室内外环境。这不仅包括解决生理需求，也涵盖对环境友好的设计思考，如合理利用自然资源、减少能源消耗和碳排放，以及提升居住者的心理舒适度。

（4）建筑环境调控的原则与方法：建筑环境调控应遵循以人为本、充分利用自然条件和最大限度降低化石能源需求等原则。其方法论基于对建筑、环境、人体三者相互作用的全面理解，通过设计优化建筑形态和建筑空间，实现建筑对环境的自然调节作用，进而减少对机械设备的依赖。

（5）碳中和与建筑环境调控：随着全球对碳排放控制的重视，建筑碳中和成为了实现环境可持续发展的重要目标。通过采用物料平衡法、实测法和排放系数法等计算方法，以及强调建筑设计和操作中的减碳原理，建筑领域正逐渐向碳达峰和碳中和目标迈进。这要求建筑在设计、建造和运营过程中采取有效措施减少碳排放，从而实现环境与经济的双赢。

思政小结

建筑的演变既是人类对抗自然环境挑战的历史缩影，也是对不同气候环境适应的演变历程。建筑环境学与建筑环境调控旨在实现建筑设计与环境调控的有机结合，以创造安全、健康、舒适和高效的建筑环境为目标。2021年10月，中共中央国务院发布的《关于完整准确全面贯彻新发展理念做好碳达峰碳中和工作的意见》当中明确指出："大力发展节能低碳建筑。持续提高新建建筑节能标准，加快推进超低能耗、近零能耗、低碳建筑规模化发展。大力推进城镇既有建筑和市政基础设施节能改造，提升建筑节能低碳水平。逐步开展建筑能耗限额管理，推行建筑能效测评标识，开展建筑领域低碳发展绩效评估。"从以上意见内容可以看出，要落实"双碳"目标就要坚定不移走生态优先、绿色低碳的高质量发展道路。在应对全球极端气候变化和能源资源短缺挑战的同时，建筑行业需要通过引入外部抵消措施、优化设计方法和施工工艺等手段，以实现碳排放的减少和环境品质的提升。本章所述碳中和与建筑环境调控当中的建筑碳排放的计算方法和建筑环境调控的减碳原理成为关键工具和理论基础。

思考题

1. 城市化进程加速了建筑行业的发展，同时也增加了碳排放的压力。你认为未来的建筑应该如何规划和设计，以实现碳达峰和碳中和的目标？

2. 在现代社会中，人们对建筑环境的需求和偏好发生了变化。如何平衡人们对舒适建筑环境的需求与减少碳排放的目标？

3. 在实现碳达峰和碳中和的过程中，建筑技术扮演着重要角色。你能否列举一些可行的技术措施帮助建筑行业实现碳减排目标？

4. 列举你所了解的建筑碳排放计算方法，并简要说明其优缺点。

第 2 章 人与建筑环境调控

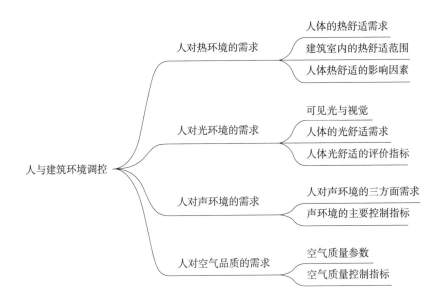

2.1 人对建筑环境的需求

物理环境是人们生存环境的基本组成部分。起先，人类祖先为躲避室外严酷气候的侵袭和动物的攻击，构筑洞穴、庇护所。随着时代发展，人们对建筑环境的需求不仅是安全要求，还包括环境的舒适要求和健康要求。建筑环境一般是指室内外空间的热环境、光环境和声环境，以及空气品质和电磁辐射环境等。

人们在所处的各种室内外空间环境中，总伴随有热、光、声等因素的刺激，就是热觉刺激、视觉刺激、听觉刺激以及振动、冲击的刺激等。这些刺激量在达到一定的低限值时才能被人们感觉和引起反应。各种颜色的可见光，只有在它们都有足够的发光强度时才能被识别、判断。声波传播到人耳必须引起足够的压力交替变化，才能产生听觉。因此，环境条件的绝对阈值是没有感觉和有感觉之间的临界值，而一定的刺激量差则可以判断出环境条件的差别，如图 2-1 所示。由于人们维持正常的生理、心理功能以及能够有效地从事各种活动的能力取决于所处的环境条件，而人们对于物理环境刺激的精神和物质的调节机能有一定的限度，所以要设法调整、控制物理环境的刺激量（例如环境温度、相对湿度、气流速度、日照、采光以及噪声等），使环境的刺激量处于最佳范围，该范围表示主要物理环境因素的舒适范围及相关数值，如图 2-2 所示。

需要注意的是，环境参数刺激量并非越大越好，人对物理环境刺激的舒适程度存在最佳范围，当进一步增加刺激量时，舒适度并不会继续增大。这可以用韦伯—费希纳定律来说明。

德国生理学家韦伯通过对重量差别感觉的研究发现了差别感觉阈限定律，即差别阈限和原来的刺激强度的比例是一个常数，可用式（2-1）表达。ΔI 是差别阈限，I 是原来的刺激强度，K 是一个常数，这个常数叫韦伯常数、韦伯分数或韦伯比率。

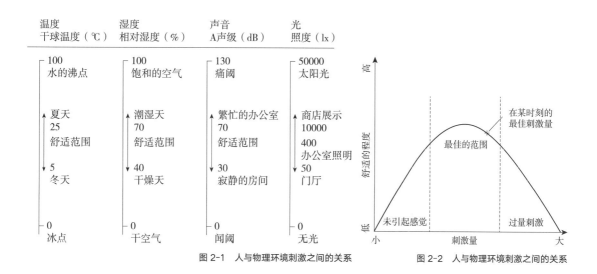

图 2-1 人与物理环境刺激之间的关系　　图 2-2 人与物理环境刺激之间的关系

$$K = \frac{\Delta I}{I} \quad (2\text{-}1)$$

费希纳进一步发展了韦伯的理论。费希纳用差别阈限作为感觉的单位，测量了一个刺激所包含的差别阈限值，认为它就是这个刺激所引起的心里强度，发现感觉的强度阈与刺激强度的对数成正比，刺激的物理强度按对数级增加时，所引起的心理强度按算数级增加。总结出韦伯—费希纳定律，见式（2-2）。S 表示感觉强度。

$$S = K \times \lg I \quad (2\text{-}2)$$

韦伯—费希纳定律是一项著名的心理学定律，即当人们受到某种刺激时，其反应的感觉程度与该刺激的大小之间的关系可用定量表示出来。这一定律的适用范围非常广泛。在建筑物理与建筑环境工程领域内，声、光、色彩等环境指标都能按照这一定律确定，因此在实际中可用它作为方便的度量手段。

在环境工程中，除了与人们的感觉关系最深的视觉和听觉外，还有许多像痛觉、味觉、触觉等感觉，这些感觉的量都与其各自成因的刺激量有关。显然，当刺激量增加，感觉量也必然增加，但其关系却不是简单的正比关系。一般来说，按照韦伯—费希纳定律，有着"感觉的增量与刺激的增量之比与刺激的绝对量成反比"的关系，如图2-3所示。

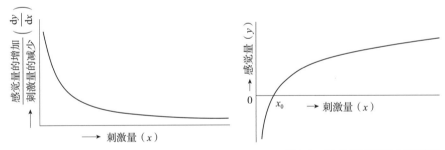

图 2-3 人与物理环境刺激之间的关系

当刺激增加时，其增量越大，感觉量也越大，但感觉量的增加程度有逐渐减弱的趋势。只要给定适当的刺激基准值，就可由此式求出某一刺激值所对应的感觉值。人对物理环境的需求主要包括热环境、光环境、声环境以及空气质量等几个方面，每种环境的主要评价指标见表2-1。

人对物理环境的需求　　　　　　　　　　表 2-1

环境因素	主要环境指标
有关热的方面	温度、湿度、辐射环境、风速
有关光的方面	照度、炫光、色彩、能见度
有关声的方面	噪声、振动、可听度
有关空气的方面	气流速度、灰尘、有害物、离子浓度、臭气

2.1.1 人对热环境的需求

大多数科学家认同人类起源于东部非洲热带丛林。在人类向高纬度地区逐渐迁徙的漫长历史过程中，真正对人类的生存起保障作用的三项重要发明是：生火取暖，缝制衣服和建造原始遮蔽物。火的发明不仅改善了人类的营养状况，而且改变了人类的生存环境。服装的出现弥补了生火取暖的不足，进一步扩大了人类的生存空间。建筑雏形（原始的巢居和穴居）的出现为人类提供了一个遮风避雨、防寒避暑的安全遮蔽物。服装和建筑为人类抵御自然环境侵袭提供了两道防线，使人能在各种复杂的环境中工作和生活。由此，可以认为"人体—服装—建筑—环境系统"是一个不可分割的统一体。

1）人体的热舒适需求

人实际上就是一架"生物机器"，人以食物为燃料，产生热这一副产品。这种代谢过程与汽车十分相似——汽车以汽油为燃料，也产生热这种主要的副产品（图2-4）。无论是哪种机器，都必须有散热的机制，以防自身过热。

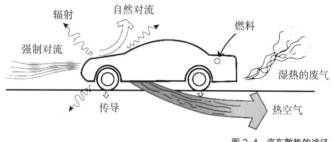

图2-4 汽车散热的途径

温血动物和人都需要相当稳定的温度。人体的温度维持在37℃，这一温度的任何微小变化都足以造成严重的后果——升高5.56~8.33℃或下降11.11℃就会导致死亡。人体中有若干机制，用以保证散失的热与获得的热相当，从而维持37℃这一平衡温度。

从肺中呼出暖湿的空气会散失部分热，但人体的大部分热流还是通过皮肤完成的。皮肤通过调节血流量来控制热流。夏季皮肤内血流活跃，热量散失也就多；而冬季贴近表皮的血流相当少，从而皮肤能起到保温的作用。因而，冬季的皮肤温度比夏季要低得多。皮肤中有汗腺，它们能控制蒸发作用所散失的热量（图2-5）。

毛发也是控制热量散失的重要机制，虽然我们身上不再长毛皮，但我们的肌肉能够令毛发竖起以增加隔热的效果。当我们起鸡皮疙瘩时，这种原始的机制就会显露出它的存在了。在与外界直接发生接触数日之后，皮肤可以适应极热或极冷的环境。

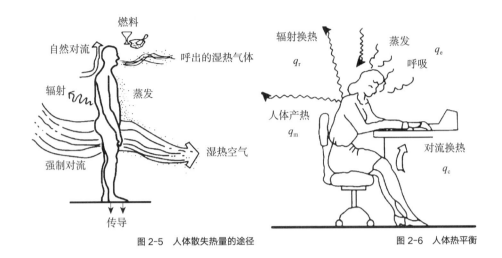

图 2-5 人体散失热量的途径　　　　图 2-6 人体热平衡

图 2-6 显示了我们的体温调节途径。改变血流的总量是办法之一，在越暖的环境下血流的总量越大。过多的热散失被称为"体温过低症"（Hypothermia），而热散失不足则被称为"体温过高症"（Hyperthermia）。图 2-7 显示了我们的体温调节机制在不同环境温度下所能达到的不同效果。曲线 1 是环境温度改变时一个休息的人所产生的热量。曲线 2 显示了通过传导、对流以及辐射所导致的热量散失。由于这些热量散失的机制是由温差控制的，所以当环境温度提高时，热量的散失随之减少。当环境温度达到人的体温 37℃，就没有任何通过传导、对流以及辐射的热量散失。幸而除此以外我们还有其他不依赖环境温度的散热机制。实际上，通过蒸发的散热在高温下工作得更好。曲线 3 显示的是相对湿度固定为 45% 的环境温度变化的情况下，人体通过蒸发散热的情况。

如图 2-8 所示，人体可以处于各种不同的热平衡状态，然而只有能使人体按正常比例散热的热平衡才是舒适的。所谓按正常比例散热，指的是对流换热占总散热量的 25%~30%，辐射散热占 45%~50%，呼吸和无感觉蒸发散

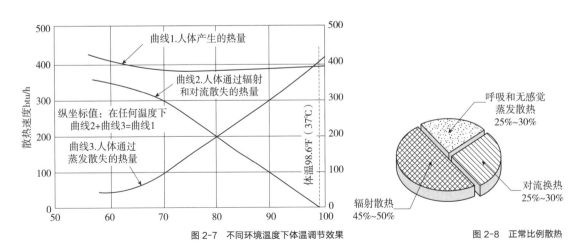

图 2-7 不同环境温度下体温调节效果　　　　图 2-8 正常比例散热

热占 25%~30%。

当劳动强度或室内热环境要素发生变化时，本来正常的热平衡就可能被破坏，但并不至于立即使体温发生变化。这是因为人体有一定的生理调节能力。当环境过冷时，皮肤毛细血管收缩，血流减少，皮肤温度下降以减少散热量；当环境过热时，皮肤血管扩张，血流增多，皮肤温度升高，以增加散热量，争取新的热平衡。这时的热平衡称为"负荷热平衡"。在负荷热平衡下，虽然散失的热与获得的热仍相当，但人体却已不在舒适状态。不过只要分泌的汗液量仍在生理允许的范围之内，则负荷热平衡是可以忍受的。

但是人体生理调节能力是有一定限度的，它不可能无限制地通过减少输往体表血量的方式来抵抗寒冷环境，也不可能无限制地借助蒸发汗液来适应过热环境。因此需要对建筑室内热环境进行调控，以保证人体的健康卫生状态。

2）建筑室内的热舒适范围

从生理的角度讲，人对室内气候环境有一个明确而持续的要求，室内热环境需要维持在一个相对稳定的热舒适范围。国际标准 ISO7730 将热舒适定义为："人对热环境感觉满意的一种心理状态"。美国 ASHRAE 55 标准规定热舒适是指 80% 的人群感觉满意的物理环境，如图 2-9 所示。

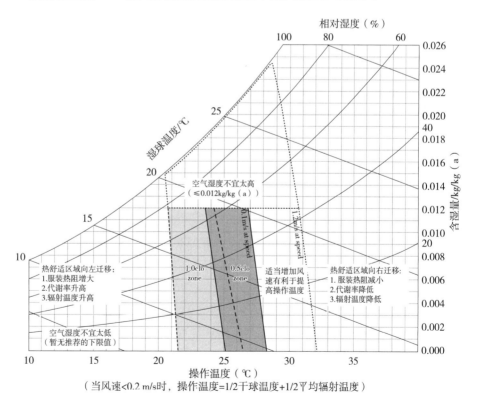

图 2-9 ASHRAE 55—2023 标准的热舒适区

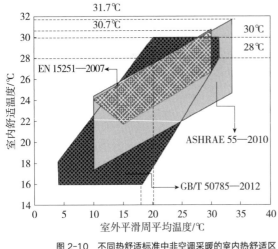

图 2-10 不同热舒适标准中非空调采暖的室内热舒适区

当用空调工程的焓湿图表示时,热舒适就变成一个由空气温度、相对湿度物理参数限定的特定区域(如图 2-9 所示的灰色区域)。所以从热舒适定义中看,它没有任何物理量的限定,因为人的热舒适是受到外界环境、个人的活动状况、生理、心理等多种变量影响的复杂问题。

不同标准中热舒适区的差异较大,且主要表现在热适应模型和热舒适区的带宽以及可接受温度的上、下限等方面。热舒适区的带宽决定了相同室外温度下人们可接受温度的范围,实际上反映了热适应对热舒适的影响程度。各热舒适标准中可接受温度的上、下限也有所差异,如图 2-10 所示。

3)人体热舒适的影响因素

人体热舒适是一个复杂的不确定因子,它受到许多不可测量和随机因素的影响,但是热舒适区的界限是以生理反应为依据的。在生理学上认为人处于舒适状态时,人体的热调节机能处于最低活动状态,主要影响因素有物理因素和个人因素。物理因素包括空气温度、平均辐射温度、湿度以及空气流速。个人因素主要指服装和活动水平。具体介绍参见"4.1.1 人居热环境的六大影响因素"。

在调节人体热平衡方面,男性、女性之间有所区别。在产热方面:肌肉含量是产热多少的关键,而男性的肌肉含量通常多于女性,与此同时男性还具有更高的代谢率,因此不论是在休息状态还是运动状态,一般男性的产热量远高于女性;在体温调节方面:女性的皮肤厚度更薄,其体温调节能力也不如男性强。女性的体表温度在相同的环境温度下更低,也即女性对受冷刺激的响应更剧烈,产生冷不舒适的概率更高。ASHRAE 和 ISO 标准对于热感知的设定依赖于"普通人"假设的平均值,但实际上由年龄、性别、新陈代谢、身体组成的差异所引起的个体差异和体温调节能力的差异也不应该被忽视。

除此之外,还有其他一些能引起人体局部不舒适的环境参数,如吹风、头部和脚踝之间较大的温度梯度以及辐射温度的不对称、瞬时热的影响、非热因素的影响等。人体各个部位对热的敏感性不同,对身体局部热刺激会导致其他部位热感觉及整体热感觉发生变化,且不同部位造成的影响程度不同。相关研究表明,躯干部位如胸部、背部和臀部的权重系数大于四肢的权重系数。当人体暴露在不对称辐射环境中,局部身体部位的热感觉对人体热舒适尤为重要。基于这一点,人们提出通过加热或冷却人体局部部位代替加

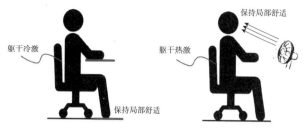

图 2-11 个性化热舒适系统方案

热或冷却整个环境来满足室内人员的热舒适要求。如图 2-11 所示，在办公室环境中，手脚是寒冷时热不适的来源，头部是炎热时热不适的来源，于是采取局部措施对手脚加热或对头部降温以创造健康舒适的室内环境。

2.1.2 人对光环境的需求

视觉功效实验证实人眼在天然光下比在人工光下具有更高的视觉功效，这说明人类在长期进化过程中，眼睛已习惯于天然光形成的光环境。此外，由于天然光可以有效地杀灭室内的细菌和微生物，防止潮湿、发霉，可以增强人体的免疫力，所以天然光形成的光环境要比人工照明形成的光环境更健康、更舒适。

天然光环境也是营造室内气氛、创造意境的重要手段。在城市高速发展，人工环境越来越充斥人类生活空间的今天，人们对大自然的渴望愈加强烈。利用天然光富于变化的特点，在建筑中创造出丰富的天然光语言，给静止的空间增加动感，给无机的墙面予以色彩，不仅能表现建筑空间的艺术魅力，也能满足人类对天然光与生俱来的渴望和追求。

1）可见光与视觉

光是一种能直接引起视感觉的光谱辐射，其波长范围为 380~780nm。波长大于 780nm 的红外线、无线电波等，以及小于 380nm 的紫外线、X 射线等，人眼均是感觉不到的，如图 2-12 所示。光是客观存在的一种能量，而且与人的主观感觉有密切联系。因此，光的度量必须和人的主观感觉结合起来。为了做好光环境调控，应该对光的度量、材料的光学性能、人眼的视觉特性等有必要的了解。

视觉就是由进入人眼的辐射所产生的光感觉而获得的对外界的认识。图 2-13 是人的右眼剖面图，其中锥体和杆体感光细胞处在视网膜最外层，光线照射到它们就产生光刺激，并把光信息传输至视神经，再传至大脑，产生视觉感觉。它们在视网膜上的分布是不均匀的：锥体细胞主要集中在视网膜的中央部位，称为"黄斑"的黄色区域；黄斑区的中心有一小凹，称"中央窝"；

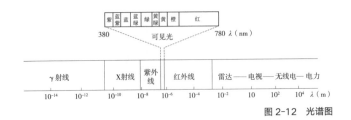

图 2-12 光谱图

在这里,锥体细胞达到最大密度,在黄斑区以外,锥体细胞的密度急剧下降。与此相反,在中央窝处几乎没有杆体细胞,自中央窝向外,其密度迅速增加,在离中央窝 20° 附近达到最大密度,然后又逐渐减少,如图 2-14 所示。

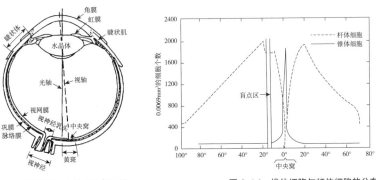

图 2-13 人的右眼剖面图

图 2-14 椎体细胞与杆体细胞的分布

2)人体的光舒适需求

光舒适的定义从字面上来理解就是某个光环境能使人产生舒适愉悦的感觉,但是感觉是不能用任何直接的方法来测量的,且舒适的感觉包括生理和心理上的,它具有很强的主观性。近年来,国内外许多学者都在研究光舒适问题,如何评价光环境是否满足人们的光舒适及找出影响光舒适的因素成为建筑光学领域研究的热点问题之一。研究学者对光舒适的评价指标数量也在逐年增长,截至 2015 年指标数量已高达 34 个,如图 2-15 所示。

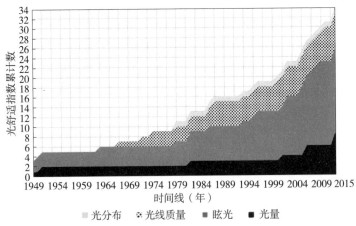

图 2-15 光舒适评价指标数增长趋势及累计总和

在相同条件的光环境下,不同的使用者对于光舒适的感受和容忍度都会有差别,所以很难通过统一的标准去定量评估光舒适。另外,室内的光环境是由天然光和人工照明两部分组成的,因而,采光量、光分布、光源亮度、采光质量、色温等因素与使用者的光舒适都密切相关。

3)人体光舒适的评价指标

不同国家根据各自的国情积极探索适合自己国家的评价指标,但光舒适的研究主要围绕以下几个方面进行:①采光数量;②光分布;③采光质量;④眩光指数。其中,每个方面又可细分为许多更具体的指标,见表2-2。

国内外光舒适主要评价指标　　表 2-2

采光数量	光分布	采光质量	眩光指数
全天然采光时间百分比	亮度均匀性	显色性	亮度
采光系数	照度均匀性	色温	亮度比
照度	—	—	有效照度比

(1)采光评价指标

①采光系数

采光系数(Daylight Factor,DF)公式见式(2-3),是指在室内参考面上的一点,由直接或间接地接收来自假定和已知天空亮度分布的天空漫射光而产生的照度与同一时刻该天空半球在室外无遮挡水平面上产生的天空漫射光照度之比。它是以全阴天天空为背景的,全部采用全阴天对室内光环境进行评估会产生一定的误差。

$$DF = \frac{E_\mathrm{n}}{E_\mathrm{w}} \cdot 100\% \qquad (2-3)$$

式中,E_n 和 E_w 分别指室内和室外照度值。

②全天然采光时间百分比和有效天然采光照度

全天然采光时间百分比(Daylight Autonomy,DA)使用功能规定最小照度阈值,计算全年中测点超过室内最小照度要求的累计小时数与室内需要照明总小时数的比率。其中,DA 值越高,该空间的自然采光性能表现越好。DA 相比采光系数来讲具备了有效性和整体性的优势,但是 DA 没有考虑高照度引起的视觉不舒适,因此该指标存在一些局限。

有效天然采光照度(Useful Daylight Illuminances,UDI)可根据天然采光照度对工作人员视觉上的影响评价该照度是否"有效"。UDI 分三个等级,其中照度在 100~2000lx 为正常,照度小于 100lx 为照度过低,照度大于 2000lx 为照度过高。若是照度大于 2000lx,则可能出现眩光问题。UDI

可衡量自然光有效利用率，定量评估自然光照度水平，并有效预测眩光产生。

③照度

研究表明，对于工作面而言，要将其控制在适当的照度水平，以提高视觉的舒适度。我国《建筑照明设计标准》GB/T 50034—2024 对不同建筑类型的照明标准值作出具体要求，见表2-3。

建筑照明标准值　　　　　　　　　　　　　　　表2-3

房间或场所	参考平面及其高度	照度标准值（lx）
普通办公室	0.75 水平面	300
高档办公室	0.75 水平面	500
会议室	0.75 水平面	300
视频会议室	0.75 水平面	750
接待室、前台	0.75 水平面	200
服务大厅	0.75 水平面	300
设计室	实际工作面	500
文件整理、复印、发行室	0.75 水平面	300
资料、档案室	0.75 水平面	200

④采光均匀度

采光均匀度（Uniformity of Daylighting）表示工作面最低照度与平均照度的差异程度，主要是用来评价光分布均匀程度的评价指标，其定义为参考平面上的采光系数最低值与平均值之比。《建筑采光设计标准》GB 50033—2013 规定：顶部采光时，Ⅰ～Ⅳ采光等级的采光均匀度不宜小于 0.7。

（2）眩光评价指标

当人们遇到强烈的亮度对比时会感到不舒适，此时出现的就是眩光问题。常见的天然光眩光指数评价指标包括：亮度比和不舒适眩光指数。

①亮度比（Luminance Ratio）

亮度比是指场景中最亮和最暗部分的亮度之比。在高度对比的场景中，比如明亮的光源和周围的暗区域，亮度比就会很大。大的亮度比可能导致眩光问题，因为视觉系统在适应亮光时可能使暗区域显得更加模糊或难以辨认。在办公室内，若某点亮度过高，就容易增加眼睛的负担，使眼睛疲劳，降低工作效率。长期的经验表明，在工作房间里，工作台周围的亮度应当尽可能低于工作台的亮度，但是不要低于工作台亮度的 1/3。不舒适的亮度比会让人对室内空间形象产生不好的感觉。

②不舒适眩光指数（Discomfort Glare Index，DGI）

为了更好地量化眩光影响，通常采用不舒适眩光指数来计算，《建筑采光设计标准》GB 50033—2013 中也给出了相应的窗的不舒适眩光指数的计算公式和窗的不舒适眩光指数标准值，见表 2-4。

窗的不舒适眩光指数值　　　　表 2-4

采光等级	眩光感觉程度	窗亮度（cd/m^2）	眩光指数值（DGI）
Ⅰ	无感觉	2000	20
Ⅱ	有轻微感觉	4000	23
Ⅲ	可接受	6000	25
Ⅳ	不舒适	7000	27
Ⅴ	能忍耐	8000	28

2.1.3　人对声环境的需求

声音与人如影随形。在建筑中，人们听到的声音不仅与声源发出的声音有关，还与建筑布局、空间、材料、构造等所形成的环境因素有关。建筑声学即是研究建筑中声音环境的学问，研究如何在建筑设计和营建中创建良好的声音环境。

1）人对声环境的三方面需求

（1）听音需求

听音需求包括听到声音的清晰度问题以及音质问题。清楚地听到声音是诸多建筑空间最基本的功能，例如，报告厅、教室、礼堂、影院、会议室、审判庭、演播室、录音室等听音空间，以及体育场馆、候机（车、船）室等需要播放语音信息的空间。如果建筑空间设计不合理、界面及材料控制不良，常常会造成声音（尤其是语言声）清晰度下降，使听音信息受到损失，甚至听音内容无法理解。不良的语言清晰度会损失听音信息，不但使听众极不舒适，甚至会造成事故。例如，在体育场馆中，比赛或集会时人群密集，广播的清晰度极为重要；清晰度除了受到室内声传播影响外，还与室内安静程度有关。室内噪声过大，遮蔽了声源，信噪比过低时，也会听不清。例如，某临近交通干线的学校教室中，传入室内的车辆行驶噪声使学生难以听清教师讲课。

良好的音质与室内的声场环境密切相关。良好的建筑条件包括空间尺寸、体形角度、材料布置等，能够使声音更优美、更动听；反之，则会破坏声音的美感。例如，被誉为世界三大顶级音乐厅的奥地利维也纳金色大厅、美国波士顿交响音乐厅、荷兰阿姆斯特丹皇家音乐厅，就是以音质优美著称的。

（2）安静需求

安静令人舒适、健康，有助于人们集中精力，而噪声和嘈杂声令人心烦意乱，使人烦恼。人类在数百万年的进化过程中，自然环境基本都是安静的，只有近100多年来工业化出现以后，噪声才逐渐蔓延开来，不断污染着人们周围的环境。合理的建筑设计能够有效降低噪声干扰，创造安静的建筑空间。

（3）私密性需求

在各自的空间中，人们需要私密性。例如，两户邻居的家庭生活，既不应相互看到，也不应相互听到，否则不仅尴尬，还容易产生矛盾。建筑师对视线私密性相对比较重视，一般在平面图纸上就可以清楚分辨，但是，对于听觉私密性往往不那么一目了然，必须具有一定建筑声学专业基础。建筑隔声是私密性的根本保障。建筑隔声因不同传递声原理分为两大类：一类是空气声隔声，指的是声源发出声音后，先经过空气传播，再撞击结构构件引起构件振动，之后再向另一空间辐射声音的传递降低过程，例如说话声、电视声即属于空气声；另一类是撞击声隔声，指的是声源直接撞击结构构件引起振动，振动再向另一空间辐射形成声音传递降低过程，例如楼上的脚步声、孩子跑跳声、拖拽家具滑动声等。

2）声环境的主要控制指标

（1）听音需求的相关指标

如果将人类听到声音的过程拆分为三个环节，即声源发出声音，而后传播，最后被人耳接收。那么，听音的需求也可以从这三个环节进行拆解。

如图2-16所示，以吉他为例，在吉他演奏过程中，声音的产生源于弦线的振动。弦线振动的幅度和力度会影响周围空气分子的位移量，更用力的弦线振动使空气分子移动更远，产生更大的压力变化，从而产生更大的声功率，使声音更响亮。弦线振动的频率决定了吉他发出的音调，较长的弦线振动频率较低，产生低音；较短的弦线振动频率较高，产生高音。吉他手可以通过调节弦线的张力和长度，以及改变演奏技巧，调节吉他发出声音的音调和频率。

在吉他演奏过程中，当弦线振动时，产生的声波将在周围的空气中形成压力变化。这些压力变化形成声压波，通过空气传播到周围的环境中。我们用声压来描述声音在介质中产生的压力变化，声压越大，音量越高，但声压过高会使声音变得模糊或不清晰。空气是最常见的声音传播介质，其分子密度较低，声波传播速度约为343m/s。声波在空气中传播时，声压通常较固体

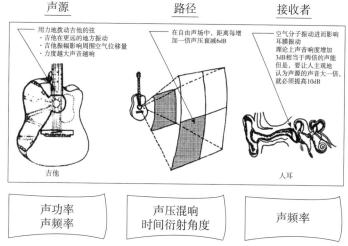

图 2-16 人类听到声音的过程

和液体介质中的声压低。

当吉他手在一个大而空旷的音乐厅演奏时，声音会在整个空间中反射和回响，导致长时间的混响。这意味着吉他声音会持续一段时间在空间中反射，直到逐渐衰减。在这样的环境中，听众可能会感受到更加丰富、柔和的音色，但也可能会影响到声音的清晰度和分辨率。音乐厅的设计和特性，如房间尺寸、形状、墙壁材料以及声学设计等，都会影响混响时间的长短，如图 2-17 所示。

当吉他手在一个拥挤的小型音乐场所演奏时，周围有很多物体和人群。在这种情况下，声音会遇到许多边缘和障碍物，导致较大的衍射角度。这意味着即使在观众位置的背后，也能够听到吉他声音，因为声音通过衍射可以绕过物体传播到阴影区域。因此，音乐厅的布局和环境也会影响衍射角度的大小，进而影响听众的听觉体验。

当吉他手在普通房间演奏时，由于房间内的墙壁材料较为普通，吸声效果较差，声音在被吸收之前可能会发生更多的反射。这导致混响时间相对较短，音乐听起来更加干净利落，音符之间的间隔更为明显，但与高档音乐厅相比可能缺少一定程度的宏伟感和氛围。

声音在传播过程中还会有声能的损失。在自由场中，声音传输的距离每增加一倍，声音便减少 6dB。最终，声音被人耳接收并被大脑识别。虽然健康的耳朵可以听到从 20~20000Hz 的整个范围（图 2-18），但我们大多数人所遭受的累积听力损失会随着时间的推移而缩小这个范围。受日常音乐音量和持续噪声（超过 80dB）的影响，20 多岁的人听不清 17000Hz 以上的声音，50 多岁的人听不清 10000Hz 以上的声音。

（2）安静需求的相关指标

噪声是我们日常生活中普遍存在的环境因素，过高的噪声水平不仅影响

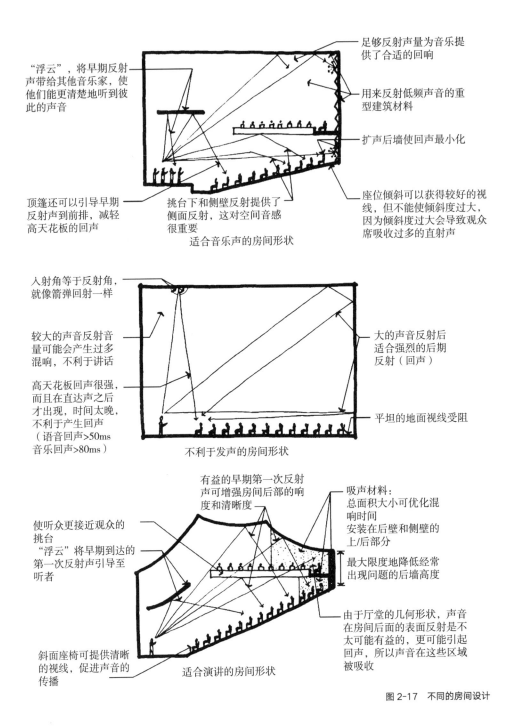

图 2-17 不同的房间设计

睡眠品质和工作效率，还可能对健康产生负面影响。医学证明，长期噪声会影响睡眠和健康，容易引发神经衰弱、失眠等精神障碍，甚至诱发血压、心脏、胃肠等慢性疾病，尤其对怀孕期间胎儿的健康、婴幼儿听力的发育、儿童专注力的培养、脑力工作者的安眠休整、疾病患者的康复静养等，都将造成极大的潜在危害。

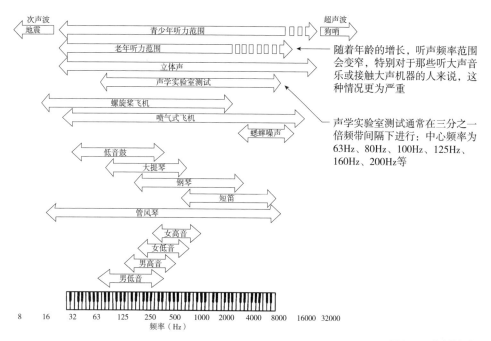

图 2-18 声音的频率

为减少民用建筑受噪声影响，保证建筑室内良好的声环境，《民用建筑隔声设计规范》GB 50118—2010 分别对住宅建筑、学校建筑、医院建筑、旅馆建筑、办公建筑和商业建筑的允许噪声级作出要求。从构件的空气声隔声性能、撞击声隔声性能和吸声材料的降噪系数入手制定了不同类型建筑的隔声标准。

（3）私密需求的相关指标

美国标准化协会（ASTM）提出用隔声等级（Sound Transmission Class, STC）评估建筑材料或构件在阻止声音传播方面的能力。较高的 STC 值意味着建筑构件能够更有效地隔离声音，提供更高水平的私密性和隐私保护。当一个房间里的谈话是敏感的，不应该被相邻的房间里的人听到时，其建筑构件的 STC 值不应该低于 55，如图 2-19 所示。

2.1.4 人对空气品质的需求

人类超过 80% 的时间在室内度过，建筑是人们工作、生活、交流、休憩的重要场所，与每个人的生活息息相关，建筑的健康性能直接影响人的健康。但由于建筑环境污染使人身心受到伤害的病例逐渐增多，主要有呼吸道炎症、头痛、疲乏、注意力不集中、黏膜或皮肤炎症等症状，被称为病态建筑综合征（Sick Building Syndrome, SBS），已引起国内外环境专家和卫生专家们的广泛重视。据 WHO 估计，目前世界上有近 30% 的新建和整修的建筑

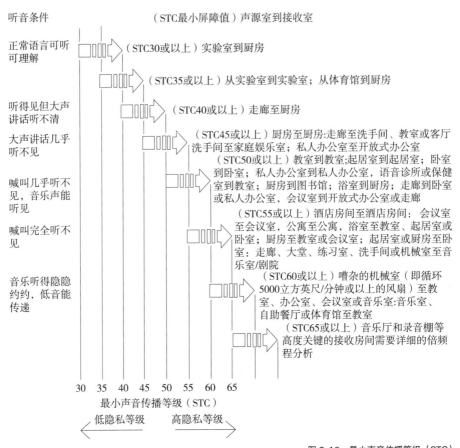

图 2-19 最小声音传播等级（STC）

物受到病态建筑综合征的影响，有 20%~30% 的办公室人员常被病态建筑综合征所困扰。建筑环境的优劣直接影响人的身心健康，随之建筑室内空气污染问题、建筑环境舒适度差、适老性差、交流与运动场地不足等由建筑引起的不健康因素凸显。

1）空气质量参数

建筑室内空气质量参数一般可分为物理性、化学性、生物性和放射性参数。其中，物理性参数主要包括温度、相对湿度、空气流速和新风量。化学性参数主要指甲醛、挥发性有机化合物（VOCs，包括烷烃类、芳香烃类、烯烃类、卤代烃类、酯类、醛类、酮类等300多种有机化合物，如苯、甲苯、二甲苯等）、半挥发性有机化合物（SVOCs，包括多溴联苯醚、多环芳烃等）和有害无机物（氨、NO、SO 等）。生物性参数主要指菌落总数。放射性参数主要为氡。另外，由于PM2.5、油烟、纤维尘等颗粒物特性较为复杂，依据其本身粒径等物理特性及所负载物质（包括重金属、病毒等）不同，对人体常表现为复合型影响，很难定义为单一的物理、化学或生物性参数。

建筑室内空气污染类型及来源见表2-5。

建筑室内空气污染类型及来源　　　　表2-5

污染来源	污染类型	行业
周边大气、土壤污染等导致的室内空气污染	建筑结构性污染	环境+建筑
建筑本身材料、构件污染		建材+建筑+建材
通风空调等设备污染		建筑+设备
生活所需产品等引入污染（活动家具等）	生活用品性污染	产品（制造）+建筑
人员本身及活动产生污染（吸烟等）	人员行为性污染	公共卫生+建筑

2）空气质量控制指标

（1）源控制——甲醛、VOCs等污染物浓度

从较宏观角度考虑，甲醛、苯源头控制主要方法包括：降低或避免室外大气影响、控制装饰装修中的材料、家具使用等造成的建筑结构性污染；控制家具、打印机、燃料、洗涤剂、消毒剂等生活用品性污染；控制吸烟等造成的人员行为性污染。但从具体污染控制分析，尽管一般认为甲醛和苯均属于装修污染，但从以上分析来看，其来源还是有较大差异的，因此源控制方法会有较大差异。考虑到我国目前的污染现状，总体上现阶段控制甲醛、VOCs的主要任务是控制建筑室内装饰装修材料和家具质量等。

（2）源控制——PM2.5等颗粒物污染物浓度

颗粒物控制主要方法包括：降低或避免室外大气影响，采用通风净化方式控制进入室内空气的颗粒物浓度；控制室内源，采用局部排风或空气净化器净化室内空气。考虑到我国目前的污染现状，总体上现阶段控制颗粒物的主要任务是控制室外灰霾对建筑室内的影响和控制厨房污染。

（3）源控制——氡污染物控制

氡来源于地壳中广泛存在的铀镭系，是由镭、钍等放射性元素蜕变而来。氡对人体的危害主要有两个方面，即体内辐射和体外辐射。体内辐射主要来自于放射性辐射在空气中的衰变，从而形成一种放射性物质氡及其子体，氡子体进入人体的呼吸系统后会对其造成辐射损伤，长期吸入高浓度的氡可诱发肺癌。另外，氡对脂肪具有很高的亲和力，长期暴露会造成神经系统破坏。体外辐射主要是指天然石材中的辐射体直接照射人体后产生的一种生物效果，会对人体内的造血器官、神经系统、生殖系统和消化系统造成损伤。

室外空气的氡水平通常很低，室外平均氡水平为 5~15Bq/m³。室内的氡水平较高，矿山、岩洞和水处理设施等地方的氡水平最高。对多数人而言，接触的大部分氡来自室内。氡通过水泥地面与墙壁连接处的裂缝、地面的缝隙、空心砖墙上的小洞以及污水坑和下水道进入室内。室内氡的浓度取决于：①地基岩石和泥土中铀的含量；②氡进入室内的途径；③室内外空气的交换速度，其受到房屋的构造、居住者的通风习惯和窗户的密封程度等因素的影响。

氡控制的主要方法：第一是在土壤氡浓度高的区域对建筑采用防氡工程，对建筑基础层进行处理；第二是加强室内通风，降低氡浓度。

（4）通风控制指标

通风分为自然通风、机械通风和多元通风。自然通风是指利用自然手段（热压、风压等）来促进空气流动而进行的通风换气方式。机械通风是指利用机械手段（风机、风扇等）来驱动空气进行流动交换的方式。多元通风系统是一个能够在不同时间、不同季节利用自然通风和机械通风不同特性的综合系统，是一个结合了机械通风和自然通风的混合系统。

在室内空气污染方面，通风主要有两个目的：提供室内人员所需的新鲜空气量，同时控制室内污染物浓度。但由于一些情况下室外特定污染物浓度高于室内污染物浓度或相关规定的浓度，这使得通风需要根据实际情况进行，这样才能实现控制室内空气污染的目的。目前，国内关于通风量确定的方法或原则主要根据《公共建筑节能设计标准》GB 50189—2015、《工业建筑供暖通风与空气调节设计规范》GB 50019—2015 和《室内空气质量标准》GB/T 18883—2022 中的相关规定，主要是根据人员数量确定最小新风量。

美国 ASHRAE 62.1—2022 标准对通风量的确定有规定设计法和性能设计法两种方法，其中性能设计法与室内人数以及室内污染状况有关。通风是否满足需求与换气效率、人员数量以及室内污染均相关。考虑到源控制是污染控制优先考虑的方法，在通风量计算中鼓励低污染材料应用，并在计算中明确提出，这对于低污染建材应用具有较明显的推动作用。可采取以下方法进行通风量设计：

建筑人员工作区的设计最小新风量按下式计算：

$$Q_f = \frac{Q_b}{E} \quad (2\text{-}4)$$

式中　Q_f——人员工作区的设计最小新风量，m³/h；

　　　Q_b——人员呼吸区的设计最小新风量，m³/h；

　　　E——换气效率。

人员呼吸区的设计最小新风量按下式计算：

$$Q_b = Q_{b1} \times P + Q_{b2} \times A \quad (2-5)$$

式中 Q_{b1}——人员呼吸区的设计最小新风量，m³/（h·人）；

Q_{b2}——单位地板面积所需的最小新风量，m³/（h·m²）；

P——室内人数，人；

A——人员呼吸区的地板面积，m²。

2.2 人的物理环境需求与建筑能耗

为了创造出舒适环境，必须使空间中的热、光、声等因素保持舒适性，而且在此舒适环境中，为了维持人们的活动就需要投入能量。所应供给的能量有水、电、煤气、煤和石油等；所应排除的则有污水、臭气、灰尘、污染空气和废热等。此外，还有采光上需要的阳光辐射能、人工照明利用的电能、使用空间的人体所散发的热量、为了换气而引进新风所带入的热量等。为了创造舒适环境而供给的能量，也并非全部有效地发挥作用，其中某些部分在建筑物中又再转化为不需要的能量，而这些不需要的能量以煤烟、灰尘、污水等形式被排除出去，最后又还给大自然。所以说，创造舒适建筑环境的过程使大自然受到了损害。

不同空间和时间尺度上的建筑能耗如图2-20所示。

为了在调控建筑环境，减少能源消耗，近年来全世界很多国家都在开展建筑节能工作，从高能耗建筑到低能耗建筑，再到超低能耗。近年来又提出近零能耗和零能耗建筑的目标，未来还会有负能耗建筑。

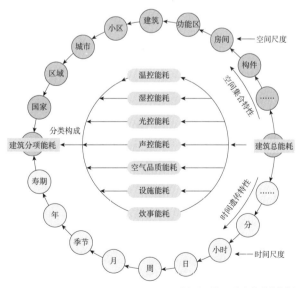

图2-20 不同空间和时间尺度上的建筑能耗

建筑环境调控与自然环境图如图 2-21 所示，高性能建筑发展历程如图 2-22 所示。

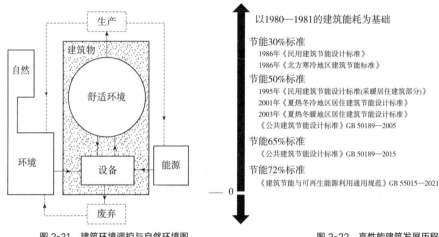

图 2-21 建筑环境调控与自然环境图　　　　图 2-22 高性能建筑发展历程

2.3 人的物理环境需求与碳排放

1973 年的能源危机提高了人们对能源问题的认识，也改变了人们对能源问题的态度。能源问题又与全球变暖息息相关。图 2-23 展示了从 1850—2023 年的全球平均温度，以 1961—1990 年的平均温度为基线，1850 年的温度比基线约低 0.4℃，自 1990 年以后，平均气温上升了 0.8℃以上，也就是说当前的全球平均温度比世界工业化之前上升了约 1.2℃。

在多维度数据支持下，基于碳排放近实时量化，可以构建全球 CO_2 排放数据模型，获得全球主要排放体（美国、英国、欧盟、日本、俄罗斯、印度等）2019—2022 年逐日 CO_2 排放特点及趋势。

从图 2-24 可以看出，2019—2022 年间，全球 CO_2 排放量呈现出明显的先降后升的"V"字形变化趋势。受新冠肺炎疫情影响，各国正常经济活

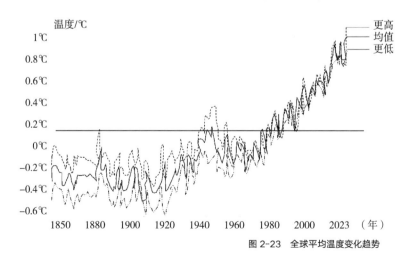

图 2-23 全球平均温度变化趋势

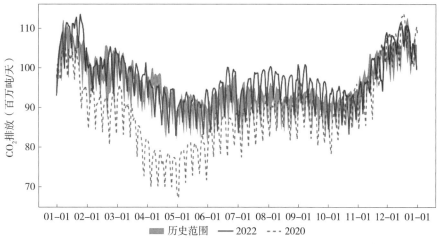

图 2-24 全球每日 CO_2 排放量

动与社会稳定运行受到极大的干扰与限制，进而导致与生产活动密切相关的 CO_2 排放在 2020 年出现大幅下降趋势，从 2019 年的 353.4 亿吨大幅减少至 2020 年的 334.3 亿 t。2021 年以来，随着开放政策的相继实施，世界各国的经济逐步复苏，CO_2 排放量因此大幅增加。2021 年，全球 CO_2 排放量达 355.3 亿 t，相比 2020 年增加 6.3%（21.0 亿 t），相比 2019 年增加 0.5%（1.9 亿 t）。2022 年，全球 CO_2 排放量约为 360.7 亿 t，相比 2021 年增加 1.5%（5.4 亿 t），相比 2020 年增加 7.9%（26.4 亿 t），相比 2019 年疫情前水平增加 2.1%（7.3 亿 t）。

2020 年的统计数据显示，建筑业及其施工活动在全球能源消费总量及相应 CO_2 排放中占据了不容忽视的比例，这一事实深刻揭示了该行业在全球气候变化应对中的核心角色与重大责任（图 2-25）。在全球经济蓬勃发展与城市化浪潮不断推进的背景下，建筑业作为能源消耗与碳足迹的主要贡献者，其节能减排的紧迫性和战略意义愈发显著。为实现全球碳中和的宏伟蓝图，建筑业必须毅然决然地踏上绿色、低碳、可持续的发展征途。这意味着要全面深化技术创新，不断探索和应用新型建筑材料与施工工艺，以提升建筑的能效标准，减少能源消耗。同时，积极推广被动式建筑设计理念，充分利用自然资源，如自然光、通风等，降低建筑运行过程中的能耗。

进一步而言，建筑业减排的努力不应仅局限于设计和施工阶段，而应贯穿建筑物的全生命周期，包括后续的运营和维护。在这一过程中，需要不断探索并实施创新的技术和策略，以最大限度地降低能源消耗和碳排放。这包括但不限于推广智能化建筑管理系统，以实现能源使用的精细化控制和优化；采用高效的建筑材料和建筑工艺，提升建筑的能效标准；推动可再生能源在建筑物中的广泛应用，如太阳能光伏板、风能发电等。此外，倡导循环利用和废物减量也是至关重要的，通过优化建筑废弃物的处理和再利用，可

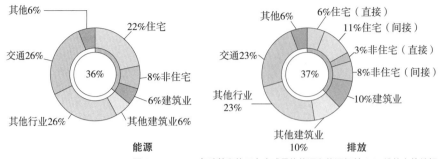

图 2-25 2020年建筑和施工在全球最终能源和能源相关 CO_2 排放中的份额

以减少对自然资源的依赖,进一步降低碳排放。

如图 2-26 国际能源署(IEA)的数据显示,建筑采暖和制冷能耗分别占建筑总能耗的 34% 和 5%。随着人类生活水平的提高和世界气候环境的恶化,在未来几十年里,全球建筑能源需求预计还将继续增长。

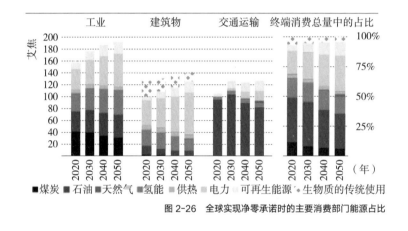

图 2-26 全球实现净零承诺时的主要消费部门能源占比

目前,人们普遍认为,舒适的建筑物理环境设计是通过三个层面来完成的,如图 2-27 所示。第一层面是建筑本体设计,通过它来减少冬季热量损失和夏季热量获取,并提高采光的效率。这一层面的决策内容是确定采暖、降温和采光的需求量,不佳的决策最终会使设备能耗成倍增加。

第二层面包括被动采暖、降温和自然采光等技术的应用。与第一层面类似,在这一层面上的正确决策也可以大幅度减轻机械设备的压力。第一层面和第二层面都是靠对建筑物自身的建筑设计来完成的。第三层面主要是利用机械设备来满足前两个层面所不能满足的需求量。图 2-28 中也列出了在这三个层面上应分别考虑的典型问题。

对第一层面和第二层面的重视可以轻而易举地使机械设备能耗以及碳排放大幅降低。更进一步说,考虑这两个层面的建筑,形式上往往也更有趣,

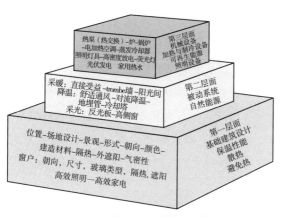

图 2-27 建筑物理环境三个层面的设计   图 2-28 三个层面设计应用时需考虑的典型问题

因为不同于被隐藏起来的机械设备，像遮阳板这样的建筑构件对室外视觉效果而言具有相当大的审美价值。

实践证明，无论是北方的吐鲁番生土民居、黄土高原窑洞，南方的徽州民居、广州骑楼；还是西南的干栏民居、西藏高原的藏族房，总是能在炎热的夏季或者寒冷的冬季仅通过建筑空间与围护结构的巧妙组合，实现在非常低的运行能耗下的可接受热环境，民间俗称"冬暖夏凉"，亦即现代标准所说的"低能耗、低排放"。

本章小结

在人类历史的早期阶段，人们建造简单的棚屋、洞穴或其他避难所，以保护自己免受野兽、恶劣天气以及其他危险情况的威胁。随着文明的发展和社会的进步，建筑的功能逐渐从单纯的避难所演变为提供舒适和便利的居住空间的需求。从人类对建筑环境的需求为切入点，本章主要内容如下：

（1）系统地介绍了人们对建筑在物理方面的需求，包括热环境、光环境、声环境以及空气品质四个方面；

（2）阐明了人类对于舒适居住环境的追求与建筑能源消耗之间的密切关系；

（3）结合当今气候危机的时代背景下，进一步从减少碳排放的角度出发，对建筑师满足人类建筑环境需求的方式方法提供建议。

思政小结

国家发展和改革委员会、住房和城乡建设部在《加快推动建筑领域节能降碳工作方案》中明确表示，建筑领域是我国能源消耗和碳排放的主要领域之一，加快推动建筑领域节能降碳，对实现碳达峰碳中和、推动高质量发展意义重大。应当持续提高建筑领域能源利用效率，降低碳排放水平，加快提升建筑领域绿色低碳发展质量，不断满足人民群众对美好生活的向往。

国家领导人多次强调"要推动将健康融入所有政策，把全生命周期健康管理理念贯穿城市规划、建设、管理全过程各环节"。现阶段我国已初步建立了健康建筑标准体系，制定了人性化、个性化的健康人居环境解决方案，不仅能有效隔绝外界环境污染、保障人民群众健康、提升人民群众的获得感、幸福感、安全感，还可以推动建筑产业的发展和创新，更可以为城市带来长期的经济效益和社会效益。

思考题

1. 体育活动后，人体有哪些降温的策略？利用哪些原理，可以帮助人体实现快速降温？

2. 列举室内光环境不舒适的几个例子（不少于三个）。

3. 请你记录家庭电表，统计全年用电情况，基于家庭成员的生活习惯，结合时间、季节等因素，分析家庭用电特点。

参考文献

[1] 柳孝图. 建筑物理 [M]. 3 版. 北京：中国建筑工业出版社，2010.
[2] 木村建一. 建筑设备基础理论 [M]. 北京：中国建筑工业出版社，1982.
[3] 黄建华，张慧编. 人与热环境 [M]. 北京：科学出版社，2011.
[4] Lechner N. Heating, cooling, lighting：Sustainable design methods for architects[M]. John wiley & sons，2014.
[5] 杨柳. 建筑物理 [M]. 5 版. 北京：中国建筑工业出版社，2021
[6] Thermal Environmental Conditions for Human Occupancy：ANSI/ASHRAE Standard 55-2004[s]. Atlanta Engineers AC，2023.
[7] 谈美兰. 夏季相对湿度和风速对人体热感觉的影响研究 [D]. 重庆：重庆大学，2012.
[8] 中华人民共和国国家质量监督检验检疫总局，中国国家标准化管理委员会. 热环境的人类工效学 通过计算 PMV 和 PPD 指数与局部热舒适准则对热舒适进行分析测定与解释：GB/T 18049—2017[S]. 北京：中国建筑工业出版社，2017.
[9] Carlucci S, Causone F, De Rosa F, et al.A review of indices for assessing visual comfort with a view to their use in optimization processes to support building integrated design[J].Renewable & Sustainable Energy Reviews，2015，47：1016-1033.
[10] 穆艳娟. 基于光舒适的办公建筑光环境优化节能模型研究 [D]. 南京：东南大学，2015.
[11] 中华人民共和国住房和城乡建设部，国家市场监督管理总局. 建筑照明设计标准：GB/T 50034—2024[S]. 北京：中国建筑工业出版社，2024.
[12] 中华人民共和国住房和城乡建设部，中华人民共和国国家质量监督检验检疫总局. 建筑采光设计标准 GB 50033—2013[S]. 北京：中国建筑工业出版社，2013.

[13] 中华人民共和国建设部，中华人民共和国国家质量监督检验检疫总局.建筑隔声评价标准 GB/T 50121—2005[S].北京：中国建筑工业出版社，2006.

[14] 王清勤，孟冲，张寅平.健康建筑：从理念到实践[M].北京：中国建筑工业出版社，2019.

[15] 龙恩深.建筑能耗基因理论与建筑节能实践[M].北京：科学出版社，2009.

[16] Met Office Hadley Centre.Average temperature anomaly，Global[DB/OL].

[17] 清华大学地球科学系领衔发布《全球逐日二氧化碳排放报告 2023》[EB/OL].

[18] Fatih Birol. Net Zero by 2050 A Roadmap for the Global Energy Sector[R/OL].

[19] Luo W, Kramer R, Kort Y D, et al. Effectiveness of personal comfort systems on whole-body thermal comfort：A systematic review on which body segments to target[J]. Energy and Buildings，2022，256：111766.

[20] Michael Ermann. Architectural Acoustics Illustrated[M] Wiley.2015.

第 3 章 气候适应型建筑

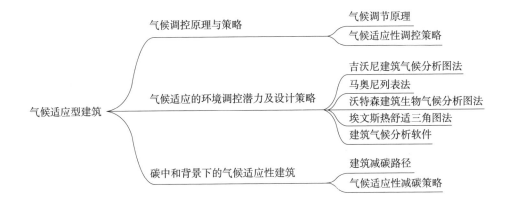

3.1 气候调控原理与策略

"气候适应性"一词源自生物学领域,生物的气候适应性(Climate Adaption)是指在外界气候条件变化的情况下,依赖自主调节能力对温度、湿度、风、光、雨、雪等外界气候元素的协调应对。气候适应调节在解决能源问题和可持续发展问题中占据很大分量(图 3-1)。

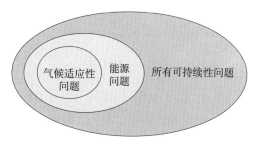

图 3-1 气候适应调节与可持续发展

在建筑学领域,气候适应性研究并不限于气候因素对室内物理环境和舒适度的影响,还涉及建筑设备和使用者行为调控的可能性以及全生命周期的能耗等问题。因此建筑语境下的气候适应性并不完全与生物学中的"Climate Adaption"相对应,而是更贴近"Climate Response",后者被译作"气候响应"或"气候应答"。气候响应意味着有能力对气候这一刺激因素作出积极应对。气候适应建筑运用空间和质量作为室内外气候环境间的介质,通过建筑形式、平面、结构、表皮、组件和材料的整体设计来响应气候,实现能量的相互交换,并满足人体舒适度需求。

教学视频 2

3.1.1 气候调节原理

一般情况下,建筑的室外气候与室内热舒适环境总是存在不同程度的或冷或热的偏差,人们把试图通过"环境调节"手段缩小这种环境差异的方法称为"气候调节",可以用下面的数学关系式形象表示:

$$室外气候条件 - 热舒适环境 = 气候调节 \qquad (3-1)$$

调节的手段包括通过建筑本身调节的被动式方法和通过环境设备调控的主动式方法。在建筑设计中,通过建筑自身调控的被动式方法获得热舒适是建筑师首要考虑的问题,也是经济、节能的设计手法。在建筑调控的能力以外就需要环境设备调控来获得热舒适,可以表示为:

$$需要的气候控制 - 建筑的被动式调控 = 设备的主动式调控 \qquad (3-2)$$

在建筑设计过程中考虑气候的影响,采取建筑的被动式调控手段获得热舒适,并与其他设计因素协调考虑,是建筑气候设计的核心。因此,气候设计的目标是创造出低能耗、高舒适建筑,即在不降低人体热舒适要求的前提下,通过合理利用有利气候资源,消除不利因素影响,从而减少利用建筑设备的人工调节，属于被动式建筑设计范畴。

图 3-2 表示了建筑设计手段调节室外气候并获得热舒适的潜力，波动幅度最大的曲线代表室外气候，波动幅度居中的曲线代表通过室外环境规划使室外气候波动程度有一定的降低，波动幅度最小的曲线代表建筑的被动式技术控制气候的能力，室外气候的波动程度有了进一步的降低。图中横坐标轴表示设备调控下的室内微气候环境，是一条稳定的直线。可以看出，由于建筑的调控措施减少了设备部分需要调节的那部分偏差。

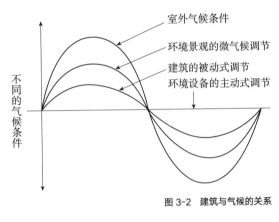

图 3-2 建筑与气候的关系

3.1.2 气候适应性调控策略

建筑热状况是建筑室内热环境因素和室外气候组成要素之间相互作用的结果，图 3-3 表示了一个单房间建筑和室外的热量交换过程。建筑物借助围护结构使其与外部环境隔开，从而创造出房间的微气候。气候设计的"可用资源"是该建筑所处地区相对室内气候来说的"宏观气候"要素，它是与室内相互作用的太阳、风、降水、植被以及空气和地面温度组成的自然能量流。房屋围护结构围合成的室内微气候环境随室外气候的变化而作相应的变化，围护结构成为调节室内和室外热量交换的动态调节系统。调节又分"静态调节"和"动态调节"两种。"静态调节"指建筑中固定不变的设计做法，如围护结构的保温、隔热设计，建筑朝向等。"动态调节"指利用可改变的调节的设计做法，如可移动遮阳板、保温板，改变门窗的开启引导自然通风等。

建筑通过三种基本传热方式，即围护结构的传导方式、空气对流方式以及与表面的辐射换热方式，与室外热环境进行热量传入或传出的交换过程，形成四个基本的热量控制途径：①希望室外热量传入室内；②拒绝室外热量传入室内；③尽量保持室内热源热量；④尽快排出室内热源热量。

将这四个热量传递的控制途径和三种传热方式加上一个绝热变化（即空气总热量不变的变化）过程组合在一起就构成了被动式建筑气

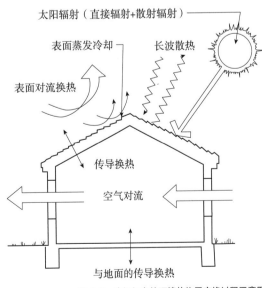

图 3-3 房间与室外环境的热量交换过程示意图

候控制的基本策略，见表3-1。这些基本控制策略在建筑上使用时又可以具体形成太阳能利用技术、自然通风利用与设计、建筑遮阳以及蓄热利用等技术手段。

气候控制策略　　　　　　　　　　　表3-1

季节	热量控制途径	传导方式	对流方式	辐射方式	蒸发散热
冬季	增加得热量	—	—	利用太阳能	
	减少失热量	减少围护结构传导方式散热	减少风的影响		
			减少冷风渗透量		
夏季	减少得热量	减少传导热量	减少热风渗透	减少太阳得热量	—
	增加失热量	—	增强通风	增强辐射散热量	增强蒸发散热

3.2 气候适应的环境调控潜力及设计策略

气候、室内热舒适状况与建筑设计三者的关系是气候设计过程需要明确的问题。过去几十年中，国内外众多学者一直致力于将三者有机结合起来，发展整体系统的设计方法。这种方法和设计工具可以让建筑设计者在方案设计初期理解建筑所在地的气候环境，提供适宜的气候调节策略，并基于低能耗建筑设计原则，以当地典型气候为设计依据，将自然通风、夜间通风、降低室温、蒸发散热、太阳能利用或采暖空调等调节方法的适用范围表示在图表上，称为"生物—气候分析图"（Bio-climatic Chart）。

最早的气候适应性建筑设计方法由美国学者欧尔焦伊（Olgyay）于1953年提出。他在《设计结合气候：建筑地方主义的生物气候研究》一书中系统地提出了"生物气候分析"方法，即依照人体热舒适要求和室外气候条件进行建筑设计，并将这种分析方法用图表的形式表现出来。图3-4中显示了人体热舒适区（阴影部分）与空气温度、平均辐射温度、风速、太阳辐射之间

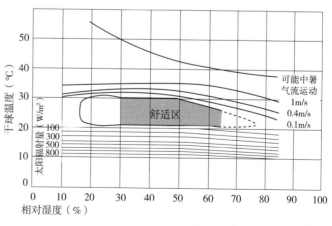

图 3-4 欧尔焦伊生物气候分析图

的关系。横坐标表示相对湿度，纵坐标表示干球温度。热舒适区域指在静风情况下，平均辐射温度和空气温度相等时，轻体力活动下穿惯常衣服的办公人员的舒适温度。欧尔焦伊将舒适区的温度下限（21℃）确定为需要遮阳的温度界限，即当干球温度高于21℃时则需要遮阳。舒适区的上边界线是需要通风的界限，当室外空气温度和相对湿度的组合超过舒适区上界限时，需要组织一定速度的气流满足热舒适。

常用的热舒适指标，如PMV（Predicted Mean Vote）即预测平均评价，表征人体热反应的评价指标。欧尔焦伊用图表示四个环境量和热舒适的关系。常用的热舒适指标关注的是人的主观热感觉，使用单一指标。而气候设计则需要了解气候对热舒适的影响程度以及每个气候要素的影响大小。欧尔焦伊提出将影响热舒适的环境因素分别表示在一张综合的图表中，同时反映温度、湿度、空气流速及辐射对人体舒适的影响，并看到每个环境因素的影响程度。

欧尔焦伊建筑气候分析方法分为四个步骤：

（1）收集当地气候资料。气候参数必须反映年变化特点，包括温度、相对湿度、太阳辐射和风速风向等。

（2）统计整理气象参数，将各气候要素按月平均值排列，制成表格。

（3）将列表的数据绘制在生物气候分析图上。

（4）提出设计对策。提出建筑形式、朝向、开口的位置和尺寸、遮阳设施、玻璃面积等具体措施，使其在室外环境条件不利时给予一定补偿，如在寒潮期取得最大得热量，而在酷热期将得热量减少到最低程度。

欧尔焦伊首次将建筑设计方法与室外气候分析、室内人体舒适三者系统地结合起来，提出从人体热舒适的角度谈建筑设计和室外气候分析方法。尽管很多学者认为方法本身存在推测性，但其开创性地提出了"生物气候设计学"的思想，曾对欧美建筑师产生了深刻影响，在建筑学向科学性和技术性发展的今天依然有重要意义。

欧尔焦伊提出的生物气候分析方法的局限性在于：其分析是以室外气候条件为基准，而不是根据建筑内部的预期气候条件。该方法只适用于室内与室外气候状况差别不大的房间，通常在轻质围护结构自然通风房间才成立。对于干热地区，建筑物多为厚重型围护结构，采用夜间通风时，白天室内最高温度可能远低于室外最大温度值，夜间室内温度又高于室外。基于室外气候条件的设计方法不能得到理想的室内气候状况。对于大型商业建筑这种自身内热源和湿热源非常大、室内气候完全有别于室外气候的情况，欧尔焦伊生物气候方法显得无能为力。

学者们在欧尔焦伊的生物气候图基础上，逐渐完善气候设计方法，开发了气候分析软件。目前比较成熟、应用广泛的气候设计方法包括：①吉沃尼建筑气候分析图法（Milne and Givoni 1979）；②马奥尼列表法（Mahoney Koenigsberger and Szokolay 1982）；③沃特森建筑生物气候分析图法（Donald Watson 1983）；④埃文斯热舒适三角图法（J. Evans 1999）。

3.2.1 吉沃尼建筑气候分析图法

吉沃尼（Givoni）发展了早期的欧尔焦伊"生物—气候设计方法"，其通过对室外典型气候的分析可以预测室内热环境状况。为了便于应用，吉沃尼针对不同的温度振幅和水蒸气压力组合成的环境状况，把凭借通风、降低室温、蒸发散热等方式调解的适用范围均表示在一个焓湿图（Psychrometric Chart）上，发展了新的建筑气候设计分析图，图3-5中用通风表示的区域代表了用通风的方法达到舒适的范围。用热能表示在无通风的情况下，凭借改变室内温度获得舒适的条件范围；用蒸发冷却表示适宜用蒸发散热达到舒适要求的范围。

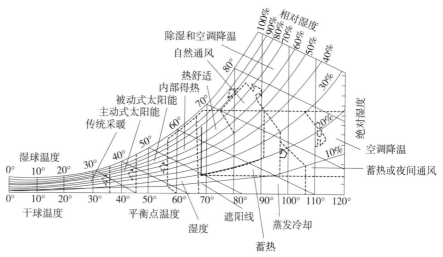

图3-5 吉沃尼建筑气候分析图

吉沃尼的建筑气候设计分析方法也存在一些局限性，如只适于室内热源很少的住宅类建筑等。

3.2.2 马奥尼列表法

马奥尼列表法是由柯尼斯伯格（Otto Koenigsberger）等人对热带地区建筑发展研究时提出的一种建筑气候设计方法。在考虑人体热舒适时，采用了有效温度法。

该方法通过一系列表格分析，最后得出针对热带地区建筑设计的气候应对对策，因此被称为"马奥尼列表法"，其分析过程包括四个阶段：气候参数分析、热舒适分析、气候指标分析和设计方法建议。马奥尼列表法分析实用性强，对建筑设计有很强的指导性，它能够直接得出考虑地区气候条件对方案构思影响的指导原则和设计策略。

马奥尼列表法的局限也在于其主要是针对热气候地区的分析方法，而对寒冷地区的气候分析过于粗略，相应的设计对策也很少直接给出室外气候分析指标和建筑设计具体措施之间的关系。此外，马奥尼列表法也没有考虑太阳辐射对建筑热作用的影响。

3.2.3　沃特森建筑生物气候分析图法

沃特森建筑生物气候分析图法的基本原理和吉沃尼建筑气候分析图法相同，只是在考虑气候控制手段时，将设备调控的主动式调节手段和建筑的被动式调节手段表示在一张分析图上，便于设计者分析比较和决策。沃特森建筑生物气候分析图法综合性强，比吉沃尼建筑气候分析图法更详细。

3.2.4　埃文斯热舒适三角图法

由于对热舒适进行分析并提出相应的建筑气候设计对策涉及很多参数，所以很多学者致力于发展不同的图表来使这种分析变得简单明了，并能够清楚地表达这些变量对环境设计的影响。这些变量通常是指空气温度和相对（或绝对）湿度。例如前面所述的欧尔焦伊生物气候分析方法、吉沃尼建筑气候分析图法等。

埃文斯认为上述方法都侧重于对处于稳定环境下静坐的人的舒适范围研究，因此不适于温度周期波动较大的气候条件。比如说干热气候或大陆性气候，温度波动常常成为影响热舒适的主要因素。被动式建筑及自然通风房间温度波动与舒适性空调房间的最大区别在于其具有较大的温度变动，因此温度波动的变化大小和舒适感的关系成为建筑气候设计的重要问题。据此，埃文斯建立了室外温度变化和被动式建筑设计的关系，并提出针对被动式建筑设计的温度波动与人体舒适的关系的分析方法——"热舒适三角图法"（图3-6），用于分析温度变化和人体热舒适的关系，强调典型日的温度变化，用月平均最高、最低温度代表。横坐标为平均温度（等于月最高温度与最低温度的平均值），纵坐标为平均温度波动值。

埃文斯针对室外温度变化与被动式建筑设计的关系，提出一系列被动式措施的应用，并对具体措施的使用效果进行了分析，具体见表3-2。

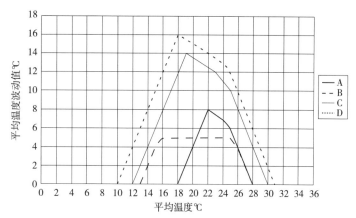

图 3-6 热舒适三角图

室外温度变化与被动式建筑设计的关系　　　　　　　　　　表 3-2

被动式措施	适用条件	使用效果
自然通风	平均温度超过舒适区高限，且温度波动值低于 10℃	热舒适
建筑蓄热	平均温度处于热舒适区，但温度波动值超过热舒适范围，可使用蓄热性材料（如砖、石、混凝土等），与良好遮阳设计相结合	使室内温度波动值比室外的温度波动降低 1/4
室内得热	平均温度低于热舒适区下限，可增加建筑的保温和气密性、室内人为的热量（如设备、人、照明灯）	使室内温度提高 4~10℃
利用太阳能	南向透明玻璃窗与蓄热性好的材料和良好的保温设计相结合	可提高室温达 10℃
选择性通风降温	日温度波动范围大于 14℃ 时，选择夜间通风的降温措施	使室温降低约 3℃，温度波动值降低 50%~65%
蒸发冷却	当日温度波动范围大于 14℃ 时，可利用蒸发冷却降温	热舒适
增湿	对温度波动较大的大陆性或沙漠性气候，尽管平均温度处于舒适范围，但绝对湿度很低；对寒冷地区的冬季采暖建筑，室外温度和绝对湿度非常低，当这种干燥的冷空气进入较暖的房间内，在绝对湿度不变的情况下，相对湿度常会降低到 15% 甚至以下	热舒适

3.2.5 建筑气候分析软件

气候分析过程也可以借助计算机软件来进行。苏黎世瑞士联邦技术学院建筑物理研究所研制开发的 Climate Surface 软件是以建筑能耗分析为目的的软件，适合于建筑设计初期阶段对建筑的能耗进行评估分析。该软件分析模型的核心是自由温度（Free-running Temperature）的概念，即在无任何采暖、制冷设备的条件下室内空气的温度。显而易见，该温度越接近人体的舒适温度区（一般认为在 20~26℃），房间所需的采暖、制冷的能耗就越小。

Climate Consultant 软件是加利福尼亚大学（UCLA）开发的一款被动式设计软件，能够读取多种气候数据格式，用清晰、直观的二维或三维图表现各种基本气候条件，如太阳运行轨迹、温度变化等，也能进行一些被动式设计策略的判断。可利用焓湿图来分析遮阳、建筑的蓄热性、夜间通风、直接蒸发冷却、自然通风冷却、室内得热、被动式太阳能利用、高低热容材质、人工加湿、防风、传统空调、传统采暖共 12 项设计策略的适用性，并能计算各项措施的有效程度。

Weather Tool 工具是 Ecotect 附带的一个工具，可以用于可视化的分析、编辑每小时的气候数据等。它可以读取很多种类的气候数据格式，同样也可以手动输入气候数据。它提供了很多可视化的分析可能，包括二维或者三维的图形图表，例如风玫瑰、太阳轨迹图等。通过焓湿图的分析可以很方便地看出各种被动式设计措施在各种气候条件下的潜力。Weather Tool 工具对气候反映设计有兴趣的建筑师和城市规划工作者来说是一个非常实用的工具。

此外，还有如 Ladybug 等众多气候分析工具。总的来说，这些软件可以归结为两类，第一类是直观简单的气候数据阅读显示分析工具，通过简单分析来显示各种主动式系统和被动式系统的效率，并计算能耗和碳排放，这类软件比较适合建筑师使用，能很方便地在方案创作的时候简单且定性地分析方案的能耗或减排情况。第二类是专业的空调系统设计辅助工具，这类软件要求进行精确的设置，使用者要具备较强的暖通空调专业工程知识，诸如 eQUEST、DeST 和 EnergyPlus 等。

3.3 碳中和背景下的气候适应性建筑

建筑碳排放在全生命周期范围内发生，建筑碳中和从时间和空间两个维度扩展了气候适应性建筑的内涵，从宏观场地环境到微观建筑构件、从建材生产到拆除处理、从建筑设计到工程技术，均需纳入碳排放考量。在实践层面，建筑师倾向从可操作的角度进行具体解析，将碳排放控制指标分解并与建筑设计指标关联，通过碳足迹理论从建筑形体、日照朝向、通风采光、开窗遮阳、屋顶绿化，到结构材料、雨水收集、废热回用、能源设备等各个设计层面推进碳中和策略。

3.3.1 建筑减碳路径

建筑领域碳排放主要包含两大部分：一是建筑运行阶段基于能源消耗的碳排放，大约占我国建筑业碳排放总量的 21.7%；二是在建材生产及建筑建造施工运输等阶段的隐含碳排放，大约占我国碳排放总量的 28.2%（图 3-7）。

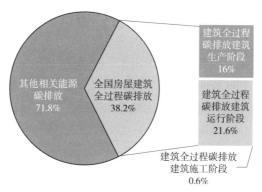

图 3-7　2021 中国房屋建筑全过程碳排放占比

运行阶段的碳排放占建筑全生命周期碳排放比例最大。运行阶段碳排放主要是由建筑能耗构成，影响建筑能耗的因素有很多，比如建筑设备利用效率、运营管理水平、围护结构的热工性能等。其中，围护结构对建筑能耗的影响显著，优化围护结构的性能可以大大降低建筑运行能耗。运行阶段减少碳排放措施比较多，主要是从建筑节能、可再生能源利用、提升建筑电气化水平等方面展开。建筑节能即提升建筑保温隔热性能、提高设备能源利用效率、提高建筑节能运行管理水平等，对低碳建筑具有很重要的作用。此外，太阳能利用等气候设计策略是减小建筑供暖能耗的重要途径。

对于建筑隐含碳排放，主要由建筑围护结构生产建造、运输与拆除阶段碳排放构成。影响隐含碳排放的因素有建材用量、建造体系、建筑寿命等，其中建材用量对建筑隐含碳排放的影响最显著。对于生产建造与拆除阶段，可以降低碳排放的路径有提升建筑寿命、发展低碳建造体系、增加绿化面积、推广绿色低碳建材、节省建筑用材等。当对建筑物进行正确的结构设计和细节设计后，建筑物的使用寿命可达 100 年以上。建筑构件在全生命周期内需要进行更换，应该增加建筑构件的使用寿命，减少更换次数。应用装配式建筑施工技术，可以有效避免项目建设对自然环境造成的破坏，有利于实现低碳环保目标。在低碳环保理念下，装配式建筑在能源节约、环境保护、经济发展等方面发挥了重要的作用。

在城市建筑与园林绿地日益紧张的大背景下，建筑绿化技术因其显著生态效益越来越受到世界各国的重视。绿化能够充分利用光能并将其转化成生物质能，在增加城市碳汇的同时兼顾观赏美化。普及建筑绿化、增加城市绿量是发展城市低碳建设关键且十分迫切的任务。同时，应该使用低碳建材，比如钢材（回收）等，以及具有固碳能力的绿色建材，以 CO_2 作为生产原料或可吸附 CO_2 的建材，减少建材生产阶段碳排放。

建筑减碳路径主要包括（图 3-8）：

图 3-8　建筑减碳路径

3.3.2 气候适应性减碳策略

气候适应性建筑运行遵循的是一种平衡机制，即室外气候资源和室内环境的动态平衡。自然条件下室外气候资源与室内舒适度要求往往难以同步，这就需要额外的能源供给满足建筑功能需求。因此，气候适应性建筑并不回避能耗，应当充分结合自然气候资源以提供被动式策略以及可再生能源措施来优化环境控制和性能，使碳排放尽量最小化，以对可持续环境作出贡献。

气候适应性建筑的脱碳必须兼顾运行碳和隐含碳两方面因素，同时考虑减少两种类型的碳排放。被动式设计策略与主动式设计策略的高效结合是减碳的关键所在。主动式设计一般是指通过采用技术手段降低能源消耗和减少碳排放量的方式，如节能空调、太阳能热水系统、太阳能光伏发电系统等。被动式设计一般是指不通过设备，主要依靠自然方式达到节能减排效果的方式，如自然通风、天然采光、建筑遮阳、立体绿化等。与主动式设计相比，被动式设计与建筑师的关系非常密切，其方法均与建筑设计紧密相关，需要充分发挥建筑师的作用。

在低碳建筑设计中，上述两种方式各有千秋，各有适用范围。目前国际公认的原则是：在充分使用被动式设计手段的基础上，采用主动式设计的方法，以达到事半功倍的效果。对气候适应性建筑设计而言，应当始于对选址、光照、通风的整体思考，并贯穿整个设计过程，通过一切可行的被动式气候资源利用措施使建筑运行碳排放降至最低，并运用可再生能源和能源回收装置满足剩余的室内加热、冷却、通风和照明的需求，最终实现零碳排放。具体策略参考表3-3。

被动式设计一览表   表3-3

	方法	周边环境	体形	空间	围护结构	细部构造
减碳	利用自然 自然通风	总体布局 周边景观	形体导风	中庭设计 架空空间 下沉空间 半室外空间	可开启面积和方式	导风设施 可开启构造
	日照采光	总体布局 周边景观	—	中庭设计 下沉空间	开窗形式 窗墙比	导光设施
抵御自然	保温隔热	—	体形系数	功能布局 缓冲空间	窗墙比 保温材料	相关构造
	遮挡阳光	总体布局 周边景观	形体自遮阳	内凹空间 架空空间	各类遮阳设施	—
固碳	利用自然 建筑绿化	周边景观	—	中庭设计 内庭设计 室内绿化	墙面绿化 屋顶绿化	相关构造

1）太阳能利用设计

建筑本体的太阳辐射热利用主要依托建筑的太阳能利用设计，包括直接受益式、附加日光间、集热蓄热墙等。

直接受益式采暖是一种让太阳光直接进入室内的采暖方式。特点是房间南向玻璃窗较大，使冬天大量阳光直接照射到室内地面、墙壁和家具上。一部分热量加热空气，另一部分被蓄存后在夜间逐渐释放，使房间晚上和阴天也能保持一定温度。设计时，外围结构需具有较好的保温能力，室内有足够的蓄热体，窗扇密封性能好，最好配有夜间保温装置，如保温窗帘，以减少夜间热量损失。蓄热体有砖石、混凝土和土坯等，至少 1/2 或 2/3 的房间内表面应采用蓄热体建造，以确保太阳光热被充分吸收和储存。图 3-9 所示为直接受益式采暖系统在白天和夜间的运行原理。

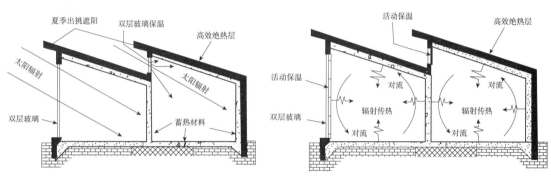

图 3-9　直接受益式采暖系统在白天和夜间的运行原理

附加日光间是在建筑南面（南半球北面）直接获得太阳能的空间，过热的空气可以用于加热相邻房间或储存起来在没有太阳照射时使用。日光间的温度在 7~35℃ 之间变化合适。日光间与被加热房间之间的共用墙也可以是蓄热体，需设门、窗或专门的通风口供空气对流换热。日光间在白天吸热蓄热，夜间作为热缓冲区减少房间热损失。图 3-10 所示为附加日光间与房间毗邻连接的几种形式。

集热蓄热墙是直接受益和对流环路两种采暖方式的综合应用。对流环路是将各封闭的空气间层连接形成通路，空气在太阳辐射或其他热源加热作用下循环流动。集热蓄热墙有特朗勃墙（Tromble Wall，图 3-11、图 3-12）、对流环路集热墙、花格子蓄热墙（图 3-13）、水墙和相变墙。特朗勃墙是在南

图 3-10　日光间与房间连接的几种形式

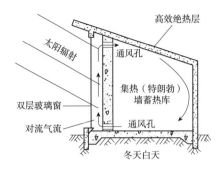
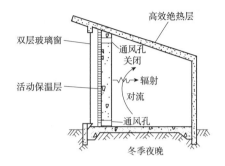

图 3-11 特朗勃墙在冬季的运行原理

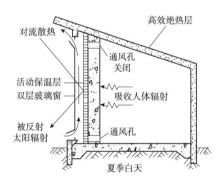
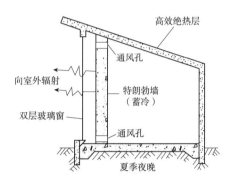

图 3-12 特朗勃墙在夏季的运行原理

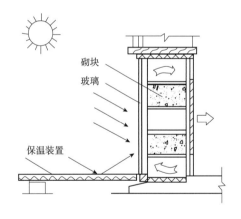
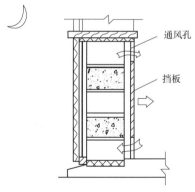

图 3-13 花格子蓄热墙运行原理

向实体墙外覆盖玻璃罩，墙体上下开设通风孔。对流环路集热墙在南墙设置空气集热器或在玻璃罩与墙体之间的墙体外表敷设隔热层，利用墙体上下通风口实现空气对流循环。水墙是将水装在容器中作为蓄热材料。花格子墙是砌墙时在墙上留出孔洞形成花格。相变墙是将相变材料封装作为垂直集热墙，现处于研究阶段。

当用蓄热墙进行被动式太阳能采暖时，白天大部分太阳辐射热被蓄热墙吸收，一部分热量通过墙体传入室内，另一部分热量加热夹层空气，通过墙体上下通风口与室内空气对流循环。对于不设通风口的蓄热墙，不存在房间空气与夹层空气的对流循环。夏季可利用蓄热墙产生"烟囱"效应，对室内通风降温。特朗勃墙是目前用得最多的蓄热墙，可承重、隔声，对温度的延迟时间长。特朗勃墙外表面粗糙，为黑色或暗色，吸热效果好。水墙也在许多建筑中得到利用，因其体积小，延迟时间短，需设在一天中大部分时间有阳光照射的地方。

2）自然通风

自然通风可以在不消耗能源的情况下，带走内部空间的热量、湿气和污浊空气，从而降低室内温度，并提供新鲜的自然空气。自然通风有助于减少人们对空调的依赖，防止空调病，并节约能源，减少碳排放量。自然通风一般分为风压自然通风、热压自然通风、风压与热压相结合自然通风三种形式。表3-4介绍了三种通风形式的区别，马赛公寓以及波特兰学院分别为风压通风和热压通风的典型案例（图3-14、图3-15）。

三种不同类型的自然通风形式　　　　　　表3-4

通风形式	通风原理	适用范围
风压式自然通风	建筑物的迎风面产生正压区，建筑物的侧面及背面产生负压区。利用迎风面与背风面的压力差来实现自然通风，"穿堂风"就是典型案例	适合于室外环境风速比较大，室外温度低于室内温度，建筑物进深不是很大的情况
热压式自然通风	建筑物内部的热空气上升，从建筑上部的风口排出，室内产生负压，新鲜的冷空气从建筑底部吸入。室内外温差越大、进出风口的高度差越大，热压作用越明显，"烟囱效应"就是典型案例	适合于室外环境风速不大，或建筑物进深较大、私密性要求较高的情况
风压与热压相结合式自然通风	将风压通风和热压通风结合起来。常常在进深较浅的部位采用风压通风，在进深较大的部位采用热压通风	适用范围较广

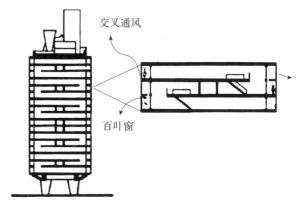

图3-14　风压通风案例——马赛公寓

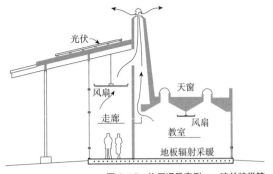

图 3-15 热压通风案例——波兰特学院

建筑物中的自然通风是由于建筑物的开口处（门、窗、过道等）存在空气压力差而产生的空气流动。这种空气交换可以降低室温和排除湿气，保证房间内所需的新鲜空气。同时，房间内有一定的空气流动可以加强人体的对流和蒸发散热，提高人体的热舒适感觉，改善人们的工作和生活条件。建筑中组织合理的自然通风，特别是"穿堂风"，对于炎热地区尤为重要，其是改善室内过热状况的良好途径（图 3-16）。

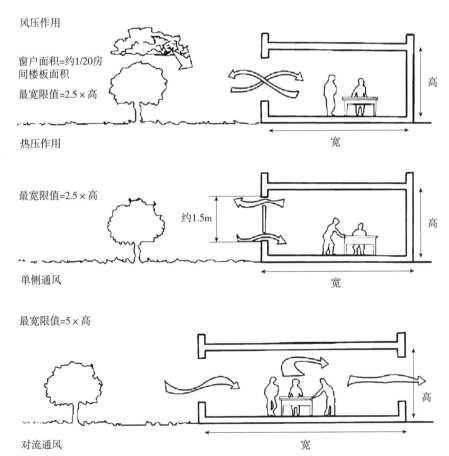

图 3-16 不同进深的房间应用单面通风和对流通风方式的一般经验

3）自然采光

随着科技进步，许多环境照明问题可以通过人工实现，但自然光的魅力无可替代。日照和采光是建筑设计中利用光线的重要内容。前者涉及获取太阳能，改善室内热环境，获取紫外线杀菌；后者涉及提供适合的光环境。日照和采光的措施通常结合考虑，建筑师可以通过多种措施改善自然采光效果。我国地处温带，气候温和，天然光丰富，为充分利用天然光提供了有利条件。室内充分利用天然光，有助于节约资源和保护环境，这对我国可持续发展战略具有重要意义。

建筑设计首先通过合理选择窗户结构、开口位置、开口面积、窗墙比等来满足天然采光。八字形采光口比矩形开口获得的光线更加均匀，并能减少眩光（图 3-17）。

由于建筑层高限制、侧面采光均匀性不够、进深方向照度衰减过大、眩光等问题，天窗和中庭采光设计也受到限制时就需要使用采光辅助系统改善室内自然光环境。

在天窗下悬挂反射板，可以将光线反射到顶棚上，带来均匀的漫射光（图 3-18）。路易斯·康设计的金贝尔艺术博物馆成功利用了这一策略，光线通过天窗进入后，被反射装置反射到混凝土拱顶上，获得了高质量采光。由于反光装置遮挡了直射光，因此看不到眩光，同时，反光装置上留有小孔，允许少量光线透过，与明亮的顶棚相比显得并不暗淡（图 3-19）。对于矩形天窗，悬挂条幅也能达到很好的漫射效果（图 3-20）。通过布置格栅，可以在减少壁面眩光的同时均匀反射光线（图 3-21）。

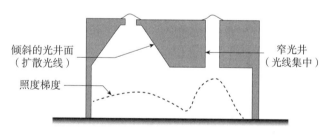

图 3-17 八字形采光口

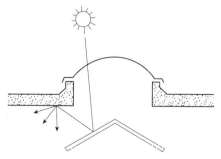

图 3-18 利用反射器反射阳光原理图

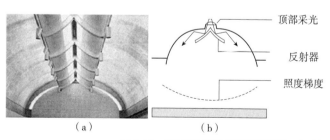

图 3-19 金贝尔艺术博物馆运用反射器的天窗采光
（a）实景；（b）剖面

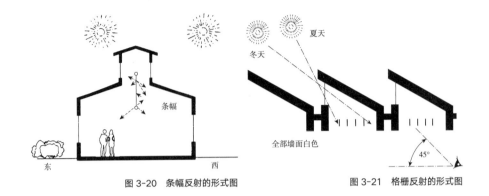

图 3-20 条幅反射的形式图　　　图 3-21 格栅反射的形式图

4）蓄热利用

蓄热材料是指在建筑中可用于蓄存和释放热量的材料。建筑蓄热体包括所有能蓄热的构件及物体，如内、外围护结构，建筑装饰材料及家具等。根据位置不同，蓄热体可分为外蓄热体（如外墙、屋顶、外门窗）和内蓄热体（如内墙和家具），其原理如图 3-22 所示。通过提升建筑围护结构及空间内物体的蓄热性能，可以改善建筑空间热舒适，其是一种降低建筑能耗的被动式设计方法。

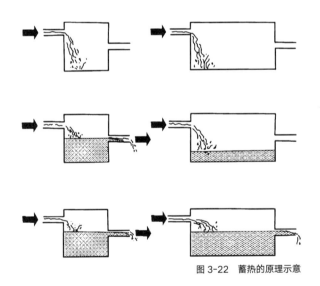

图 3-22 蓄热的原理示意

综合蓄热性能的提升力求在不增加建筑空调负荷的基础上保持室内热舒适性，增强建筑对外界环境变化的抵御能力，通过各部件的蓄热能力，控制室内温度波动。在夏季，通过通风蓄积冷量，延迟室内温度峰值时间，降低峰值温度；在冬季，通过利用太阳能蓄积热量，保持舒适温度，减少冷不舒适感。

建筑综合蓄热性能提升可以通过以下两种方式实现：一是利用建筑本身的结构如墙体、楼板、屋顶进行蓄热节能应用；二是附加蓄热体如蓄水箱、

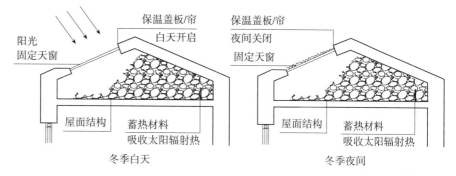

图 3-23 蓄热屋顶池

蓄热家具等进行蓄热节能应用。图 3-23 所示蓄热屋顶池具有冬暖夏凉的双重作用,适用于冬不甚寒、夏季特别热的地区。储热物质放置在屋顶上,通常为储水塑料袋或相变材料,并设置可开闭的隔热盖板。冬季供暖季节,白天打开盖板让储热物质吸收太阳辐射热,夜间用绝热盖板保温,使蓄热材料在夜晚通过辐射和对流释放热量到室内。夏季则白天关闭盖板隔绝热辐射,夜间打开散热。

津巴布韦哈拉雷的 Eastgate 大楼如图 3-24 所示,利用夜间通风蓄冷冷却建筑。仅一、二层商店使用机械空调,上层办公区使用夜间通风蓄冷。蓄冷体主要是地板和天花板,设计成凹凸形以增加与空气的接触面积。空气在风机作用下进入中心庭院,向上经由 32 根垂直送风管水平分散到各层地板间隙。夜晚通风换气次数为 7 次 / 小时,空气流经地板间隙冷却蓄冷体,然后从房间下部靠窗位置进入室内,沿对角线流过房间进入中心的汇集风管,最后由屋顶风塔排出。白天风量减至满足室内新鲜空气要求即可。

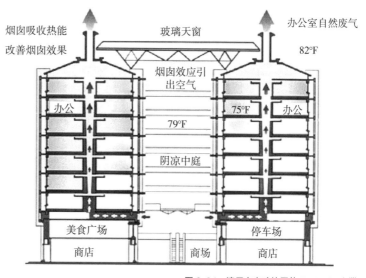

图 3-24 津巴布韦哈拉雷的 Eastgate 大楼

5）节约材料

建筑师在设计过程中应尽量减少材料使用量，以减少碳排放。

（1）充分利用既有建筑

尽可能利用现有建筑，通过内部空间改造，使其重新发挥价值。这有助于减少建筑垃圾和新建建筑的能源、材料消耗。例如，法国巴黎奥赛美术馆利用原有火车站改造而成，如今已成为重要艺术品展馆。

（2）考虑多功能适应性

大部分建筑的设计寿命为50年，期间使用功能可能变化。建筑物具有适应性，易于再利用，避免被拆除，减少材料和能源消耗。发达国家提倡"适应性设计"，在新建筑设计时预先考虑未来变化，通过保证空间完整性，使其适应多种功能变化。

（3）控制建筑规模

材料消耗与建筑规模密切相关，规模越大消耗越多。在满足使用功能前提下，控制建筑规模和辅助空间面积，减少不必要的浪费，提高空间利用率。设计中应精打细算，仔细计算电梯、楼梯、卫生洁具等数量，减少经济投入和材料消耗。

（4）采用简洁建筑风格

简洁大方的建筑风格可减少材料消耗。减少不必要的装饰构件，如无功能的屋顶飘板、构架等，通过比例、色彩等获得理想美学效果。同时考虑装配化、产业化、模数化要求，减少材料消耗。

（5）同步进行建筑设计与室内设计

建筑设计和室内设计应同步进行，互相配合，避免不必要的拆除和浪费。保持设计思维贯通，减少重复劳动和材料消耗。

（6）选用高性能、耐久性好的材料

使用高强度钢筋、高强度混凝土有助于减少构件断面，增加使用面积，提高安全性。高性能、耐久性好的材料和设备可延长建筑使用寿命，减少维修，从全生命周期来看，减少了能源消耗和碳排放量。

（7）使用可再利用材料和本地材料

优先选择可再利用材料，即不改变物质形态可直接再利用或经修复后再利用的回收材料。这包括从其他建筑拆下的可再利用材料和设备，以及新材料的再利用可能性。此外，尽量选用距离施工现场较近的建筑材料（500km以内），减少材料运输能耗。

6）保温隔热

保温隔热的目标可以理解为尽量减少室内外能量的交换。建筑物的保温隔热效果既取决于建筑体形和空间处理，也在很大程度上取决于外围护结构的构造设计和细部设计。

建筑保温设计的具体策略还要从建筑中热量的得失说起。冬季采暖建筑得到的热量主要包括太阳辐射得热、室内热源（主要包括人员散热、照明和设备得热）以及采暖系统供热；而失去的热量主要包括通过围护结构（屋顶、墙体和地面等）的传热损失以及通风（渗透）引起的热损失，如图3-25所示。

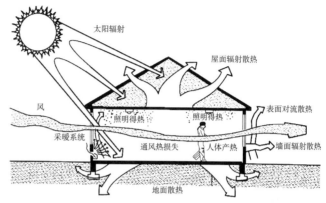

图3-25　冬季采暖建筑的得热与失热

在得热量相同的情况下，如果失热量较小，那么房间可以维持更高的温度。如果能够在失热量较小的同时，尽可能增加房间的得热量，那么房间舒适度将能够得到进一步的提高。因此，房间的保温设计应该从控制房间的得热量与失热量入手，尽可能减少房间以各种形式散失的热量，同时尽可能增加或利用房间的各种得热量，即"减少失热，增加得热"的原则。在这一总体原则下，根据建筑得失热量的不同形式，可以采取一些具体的措施，主要包括以下方面：

（1）充分利用太阳能

对太阳能的充分利用涉及建筑设计的各个环节。在选择建筑基地及进行建筑群体布局规划时，应该考虑在冬季争取更多的日照以获得更多的太阳辐射得热。具体来说，可以从以下方面进行考虑：

①建筑基地应选择在向阳的平地或山坡上；

②拟建建筑向阳的前方应无固定遮挡；

③建筑应满足最佳朝向范围；

④合适的日照间距；

⑤建筑群体相对位置的合理布局或科学组合。可取得良好的日照，同时还可以利用建筑的阴影达到夏季遮阳的目的（图3-26）。

（2）防止冷风的不利影响

①避免产生"局地疾风"：基地周围的建筑组群设计不当会导致冬季寒风流速增加，增加建筑围护结构的风压，提升墙和窗的冷风渗透，使室内采暖负荷增大。如图3-27所示即为建筑布局产生的"漏斗风"。

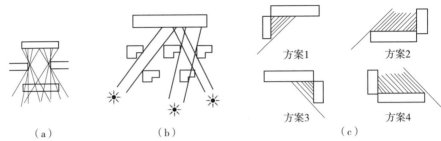

图 3-26 建筑群体布局争取日照
（a）建筑的错列排列争取日照；（b）建筑的点状与条状有机结合争取日照；
（c）建筑围护空间的挡风和遮阴作用

冷风对室内热环境的影响主要有两方面：一是通过门窗缝隙进入室内，形成冷风渗透；二是作用在围护结构外表面，增加表面对流换热强度，提升散热量。在建筑设计过程中，应避免大面积外表面朝向冬季主导风向。如受条件限制无法避开主导风向，应在迎风面上尽量少开门窗或其他孔洞。为减少冷风渗透，应在保证换气需求的情况下增加门窗气密性。在严寒和寒冷地区，应设置门斗，以减少冷风不利影响。

②避免"霜冻"：建筑不宜布置在山谷、洼地、沟底等凹形基地。寒冬冷气流在凹形基地会形成冷空气沉积，导致"霜冻"效应，使围护结构所处的微气候恶化，增加建筑局部能量需求，如图 3-28 所示。

（3）选择合理的建筑体形及平面形式

建筑的体形系数对室内热环境有重要影响。建筑体形的优劣可以用单位体积所具有的外表面积，即建筑体形系数（$T_x = \dfrac{f_0}{v}$）来表征。其他条件相同的情况下，体积相同的建筑物，外表面积越小，则体形系数越小，热损耗也越少。

在现行的建筑节能设计相关标准中，建筑物的体形系数是控制建筑采暖能耗的一个重要参数。如：《建筑节能与可再生能源利用通用规范》GB 55015—2021 规定，严寒地区三层及三层以下居住建筑的体形系数不应大于 0.55，三

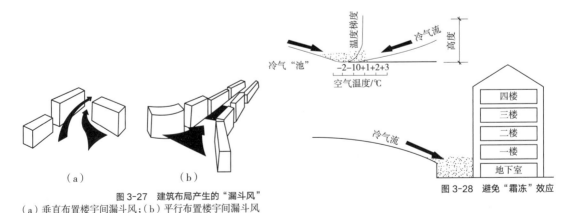

图 3-27 建筑布局产生的"漏斗风"　　　　　　图 3-28 避免"霜冻"效应
（a）垂直布置楼宇间漏斗风；（b）平行布置楼宇间漏斗风

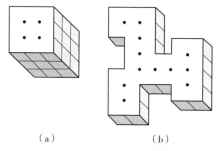

图 3-29 同布局方式下建筑表面积的变化
（a）紧凑结构；（b）松散结构

层以上居住建筑的体形系数不应大于 0.3，单栋建筑面积大于 800m² 的公共建筑的体形系数应小于或等于 0.40 等。

建筑面积相同而平面形式或层数等布置不同的建筑，外表面积可以相差悬殊，如图 3-29 所示。平面形状越凹凸，其外侧周长必越大，因此外表面积也越大。表 3-5 比较在建筑面积相同的情况下，对于不同的平面布局形式，建筑体形系数的差异。除此之外，将建筑集中布置是减少表面积、降低体形系数的有效方式，如图 3-30 所示。

同平面布局下建筑表面积及体形系数比较　　表 3-5

平面形状	平面尺寸（地板尺寸=100m²）	外墙（层高2.5m）	外墙表面积（m²）	建筑外表面积（m²）	体形系数
圆形	11.28		88.62	188.62	1.9
椭圆形	7.97 × 15.95		93.99	193.99	1.4
方形	10.00 × 10.00		100.00	200.00	2.0
中庭	10.60		106.06	206.00	2.1
环形	20 / 10 / 14		200.00	300.00	3.0
菱形	20 / 10		111.80	211.80	2.1
梯形	7.07 P48.28		120.71	220.71	2.2

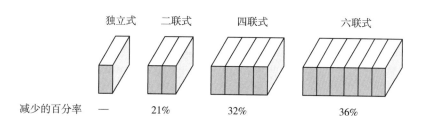

	独立式	二联式	四联式	六联式
减少的百分率	—	21%	32%	36%

共用墙体结合在一起的毗连单元房，可以明显地减小外表面的面积

图 3-30　联排布置是减少建筑表面积的有效方式

（4）科学的保温系统与合理的节点构造

在建筑物的外墙、屋顶等外围护结构部分加保温材料时，保温材料与基层的黏结层、保温材料层、抹面层与饰面层等各层材料组成特定的保温系统，如模塑聚苯板（EPS板）外墙外保温系统、岩棉板外墙保温系统、现场喷涂硬泡沫聚氨酯外墙保温系统等。各种保温系统的适用条件、施工技术、经济性价比各有不同，应根据建筑功能、规模及所在地区气候条件确定科学的保温系统。建筑外围护结构中有许多异常传热部位，如外墙转角、内外墙交角、楼板或屋顶与外墙的交角、女儿墙、出挑阳台、雨篷等构件。每个成熟的保温系统都对这些传热异常部位节点构造有相应的研究设计成果，在采用某种保温系统时，应充分利用合理的系统节点构造，确保建筑保温与节能设计的科学性。

7）建筑绿化

建筑设计与植物设计从古至今都是不可分割的，从古代自家前院种的蔬菜、乔木到今天的建筑内部庭院和周边环境，建筑与植物的关系都密不可分。就建筑设计而言，绿化设计主要涉及：基地内建筑物周边的绿地、建筑物的内院绿化、建筑墙体绿化、建筑屋顶绿化和内部空间绿化。

图3-31显示了建筑不同部位的绿化设置情况。植物在生长过程中通过光合作用、蒸腾作用、生理及植物高度、冠幅、叶面积指数等物理因素对植物群落周围的太阳辐射、温度、湿度和风环境产生有利于提升环境舒适度的影响，人们将这种影响称为植物小气候效应。具体影响包括植物小气候的降温增湿效应、杀菌滞尘效应、固碳释氧效应和风环境调控等。植物叶片的吸热和水分蒸发可使室内气温降低。

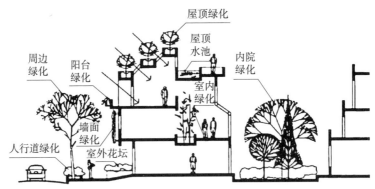

图3-31 建筑不同部位的绿化设置示意

在干燥季节，植物能提高室内相对湿度；而在雨季，则又具有吸湿性，可明显降低室内相对湿度。植物叶片表面有的多绒毛，有的分泌黏性的油脂和汁液等，能吸附大量的降尘和飘尘，沾满灰尘的叶片经雨水冲刷后又可恢复吸滞灰尘的能力。植物系统通过植物的光合作用进行固碳释氧，可以有效

地缓解城市 CO_2 浓度过高，从而改善局部环境。

植物小气候效应对风环境的调节分为形体物理效应和生理化学效应。形体物理方面，植物可以通过植物群落配置改变风速和风向。如图 3-32 所示，夏季林地中乔木树干可以使风通过，且树冠将太阳辐射阻挡后，树荫部分的空气温度会比周围没有树荫的地方温度低，空气会从温度高的外部流向温度低的树荫处，形成局部风环境的微循环。冬季，寒风穿过植物树冠时，受到植物枝叶摩擦与阻隔从而消耗能量，降低风速。生理化学方面，夏季乔木树冠上部因为蒸腾作用而使温度降低，周边的热空气会向树冠上方流动形成一个微循环，而近地面的热空气也会向上流动补充，形成气流循环，如图 3-33 所示。

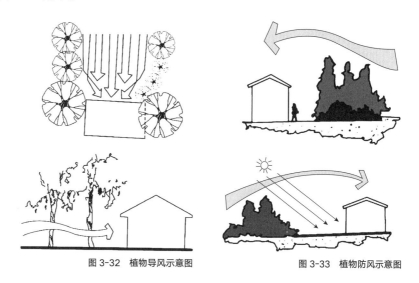

图 3-32　植物导风示意图　　　图 3-33　植物防风示意图

8）防热设计

夏季引起室内过热的室外热作用主要是太阳辐射、空气温度和热风，所以若要减弱室外热作用也要从这几个方面入手。

（1）减弱太阳辐射的作用

合理选择房屋的朝向对于减弱太阳辐射热作用非常有效。南北朝向的建筑在夏季接收到较少的太阳辐射，因此对防热非常有利。图 3-34 表示广州地区各朝向太阳辐射、风向及出现高温和暴雨袭击方向的范围。

将建筑物安排成相互遮阴或对相邻的外部空间提供遮阴，可以起到很好的降温作用。例如在干热地区，人们较少依靠对流降温，而利用狭窄的南北向街道对建筑的东、西立面遮阴，如图 3-35 所示。我国气候湿热的岭南地区，也经常利用建筑之间的遮阴效果，形成的狭窄街道被称为冷巷。

在建筑周边种植树木也可以有效地减少到达建筑表面的太阳辐射，特别是在建筑东西立面的外部，高大的树木可以有效减少上午或下午直射进窗口的阳光，对建筑的降温作用显著，如图 3-36 所示。对于建筑自身而言，在

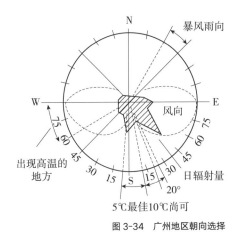

图 3-34 广州地区朝向选择　　　图 3-35 干热地区巷子两侧建筑互相遮阴

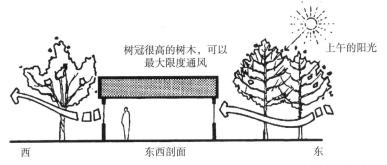

图 3-36 窗口附近种植树木的遮阳作用

日晒强烈的围护结构外侧设置遮阳设施，可以有效降低室外空气综合温度，由此产生了遮阳屋顶或遮阳墙的特殊形式。

在围护结构外表面采用对太阳辐射吸收率小而长波辐射发射率大的材料，也是降低太阳辐射热作用的重要措施。据统计，传统黑色屋顶表面温度在夏季高温时段可达 70℃，而光滑的白色屋顶表面温度不超过 48℃；一个典型的中等深色、吸收率为 0.7 的墙体改为浅色表面、吸收率为 0.1 的墙体，空调系统能耗会降低 20%。建筑屋顶遮阳如图 3-37、图 3-38 所示。

图 3-37 建筑屋顶遮阳一　　　图 3-38 建筑屋顶遮阳二

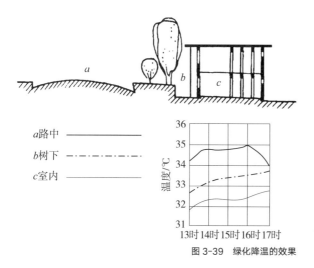

图 3-39 绿化降温的效果

（2）减弱空气温度和热风的作用

要减弱空气温度和热风的作用，主要可以通过绿化和水域来实现。以绿化为例，植物在生长过程中，因其"蒸腾作用"和"光合作用"吸收太阳辐射热，因此可以起到降低空气温度、调节生态环境的作用。结合遮阴作用，绿化可使建筑周围地面温度下降很多，如图3-39所示。

除此之外，植物的根部能保持一定的水分，这些水分在吸热蒸发的过程中也会带走热量。一个占地 3 万~4 万 m^2 的公园，园内平均气温可比城市中空旷地的平均气温低 1.6℃左右。因此，在城市设计中有必要规划一定占地面积、树木集中的公园和植物园。在小区环境布置中应适当地设置水池、花园、喷泉等景观，起到降低周边环境热辐射、调节空气温湿度、净化空气的作用。

本章小结

本章探讨了建筑中的气候适应性设计，从生物学领域的气候适应性概念引入，解释了其在建筑学领域中的应用。本章先介绍了气候适应性的定义，即建筑如何通过自主调节能力对外部气候条件变化作出响应，以创造舒适的室内环境。随后，阐述了气候调节的原理，包括被动和主动两种方式，重点强调了被动方式在设计中应优先考虑，以实现经济、节能的目标。最后，详细讨论了气候适应性调控策略，包括建筑热状况与外部气候的相互作用、热量传递的基本方式和控制途径，以及在不同季节条件下的具体控制策略。

在本章的第二节探讨了建筑设计与气候环境之间的关系，并介绍了气候设计的发展历程以及相关的设计方法和工具。首先，指出了气候、室内热舒适和建筑设计之间的紧密联系，强调了理解建筑所在地气候环境的重要性。以此引出美国学者欧尔焦伊提出的生物气候分析方法，该方法通过绘制生物—气候分析图，系统地分析了人体热舒适区域和环境变量之间的关系，为建筑设计提供了有机的气候调节策略。然后介绍了目前比较成熟的应用最为广泛的四种气候设计方法：①吉沃尼建筑气候分析图法；②马奥尼列表法；③沃森特建筑生物气候分析图法；④埃文斯热舒适三角图法。

第三节则是讨论了在碳中和背景下，如何实现气候适应性建筑的设计和减碳策略。建筑碳排放不仅局限于建筑运行阶段的能耗，还包括建材生产、建造和拆除等多个环节。因此，气候适应性建筑的设计需要考虑全生命周期的碳排放,从宏观到微观、从建筑设计到材料选择都需要纳入考量。然后提出太阳能利用设计、自然通风、自然采光、蓄热利用、节约材料、保温隔热、建筑绿化、防热设计八种气候适应性减碳策略。

思政小结

2021年10月,党中央、国务院印发《关于完整准确全面贯彻新发展理念做好碳达峰碳中和工作的意见》,国务院印发《2030年前碳达峰行动方案》。之后,有关部门制定了分领域、分行业实施方案和支撑保障方案,构建起碳达峰碳中和"1+N"政策体系。在建筑领域,住房和城乡建设部印发的《关于推动城乡建设绿色发展的意见》中也明确指出要建设高品质绿色建筑,实施建筑领域碳达峰、碳中和行动。同样住房和城乡建设部印发的《"十四五"住房和城乡建设科技发展规划》中强调以支撑城乡建设绿色发展和碳达峰碳中和为目标,聚焦能源系统优化、市政基础设施低碳运行、零碳建筑及零碳社区、城市生态空间增汇减碳等重点领域,从城市、县城、乡村、社区、建筑等不同尺度、不同层次加强绿色低碳技术研发,形成绿色、低碳、循环的城乡发展方式和建设模式。建设气候适应性建筑在很大程度上能满足人们对更好的居住环境以及更舒适的室内热环境的要求,同时也能够配合其他措施来更好地实现国家政策。建筑节能与绿色建筑发展面临更大挑战,同时也迎来重要发展机遇。加快绿色建筑建设,转变建造方式,积极推广绿色建材,推动建筑运行管理高效低碳,实现建筑全生命周期的绿色低碳发展,将极大促进城乡建设绿色发展。提高建筑节能标准,实施既有建筑节能改造,优化建筑用能结构,合理控制建筑领域能源消费总量和碳排放总量。将各地气候与当地建筑结合起来,为2025年基本形成绿色、低碳、循环的建设发展方式,为城乡建设领域2030年前碳达峰奠定坚实基础。

思考题

1. 在建筑气候设计中,有哪些被动式建筑设计手段?如何利用它们实现建筑的气候适应性和节能性?

2. 本章提到建筑通过三种基本传热方式与室外热环境进行热量交换。请解释这三种传热方式,并说明它们在建筑气候控制中的作用和应用。

参考文献

[1] 杨柳.建筑气候分析与设计策略研究[D].西安：西安建筑科技大学，2003.
[2] 杨柳.建筑气候学[M].北京：中国建筑工业出版社，2010.
[3] 休.罗芙.生态建筑设计指南[M].北京：电子工业出版社，2015.
[4] 中国建筑标准设计研究院.被动式太阳能建筑设计：15J908-4[S].北京：中国计划出版社．
[5] 朱新荣.北方办公建筑夜间通风降温研究[D].西安：西安建筑科技大学，2010.
[6] 杨经文.生态设计手册[M].北京：中国建筑工业出版社，2014.
[7] 舒欣.碳中和导向的气候适应性建筑设计策略研究[J].当代建筑，2022（11）：109-112.

第4章 建筑热环境调控

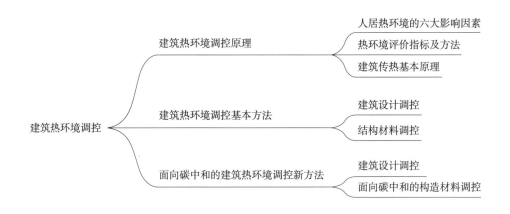

4.1 建筑热环境调控原理

建筑环境包括了建筑热环境、光环境、声环境和空气环境。其中，建筑热环境是建筑环境中最主要的内容。建筑热环境调控需要处理人的热舒适需求、室外气候和建筑之间的关系，即如何在特定的室外气候条件下，通过设计手段提高室内热环境的舒适度，尽可能地满足使用者的热舒适需求。为达到此目的，人居热环境的影响因素是首先需要明确的问题。此外，热环境评价指标及方法是判断环境是否达到热舒适的重要一环，建筑的传热是室外环境影响室内热环境的途径，本节将对这些建筑热环境基础知识进行介绍。

4.1.1 人居热环境的六大影响因素

人体热舒适受诸多因素的影响，例如人体的蒸发散热量主要受空气温度、空气湿度以及气流速度（风速）的影响；对流换热量与空气温度和气流速度有关，而辐射换热量则受周围壁面温度的影响。也就是说，室内热湿环境中的空气温度、相对湿度、气流速度及环境的平均辐射温度对人体热舒适有直接影响，这四个要素也被称为影响人体热舒适的四个环境要素。另外，一些属于个人的因素如活动量、适应力以及衣着情况等也会影响人体的热感觉和热舒适。

1）空气温度

空气温度的高低在很大程度上直接决定着室内环境的舒适程度。温度是分子动能的宏观度量。为了度量温度的高低，用"温标"作为公认的标尺。目前国际上常用的温标是"摄氏"温标，符号为 t，单位为摄氏度（℃）。另一种温标是表示热力学温度的温标，也叫"开尔文"温标，符号为 T，单位为开尔文（K）。它是以气体分子热运动平均动能趋于零时的温度为起点，定为0K；以水和冰的固液混合温度为273K。摄氏温标和开尔文温标的关系为：

$$t = T - 273.15 \tag{4-1}$$

室内空气温度对室内环境的舒适程度起着很重要的作用。供暖室内设计温度应符合：严寒和寒冷地区主要房间应采用18~24℃，夏热冬冷地区主要房间宜采用16~22℃。

2）空气湿度

空气湿度影响人体的舒适与健康。湿度是衡量湿空气中水蒸气含量的物理量，其表示空气的干湿程度，根据不同的用途又分为绝对湿度和相对湿度。

绝对湿度是单位体积空气中所含水蒸气的重量，用 f 表示，单位为 g/m^3。饱和状态下的绝对湿度则用饱和水蒸气量 f_{max}（g/m^3）表示。绝对湿度虽然能表征单位体积空气中所含水蒸气的真实数量，但从室内热湿环境的要求来看，这种表示方法并不能恰当地说明问题，这是因为绝对湿度相同而温度不同的空气环境，对人体热湿感觉的影响是不同的。例如，夏季晴天空气中水蒸气分压力比冬季阴雨天高许多倍，但人们感觉却是阴雨天比晴天湿得多；再如冬季室内烤火会感觉干燥，其实室内空气中水蒸气的含量并没有变化，只是温度升高了，皮肤表面水分蒸发得快。

绝对湿度是空气调节工程设计的重要参数，但在建筑热工设计中则广泛使用相对湿度，这是因为相对湿度能直接说明湿空气对人体热舒适感、房间及围护结构湿状况的影响。相对湿度是表示空气接近饱和的程度。相对湿度越小，说明空气的饱和程度越低，感觉越干燥；相对湿度越大，表示空气越接近饱和，感觉越湿润。一般来说，相对湿度在 60%~70% 时，人体感觉比较舒适。根据《民用建筑热工设计规范》GB 50176—2016，一般房间冬季室内热工计算参数相对湿度应取 30%~60%，夏季应取 60%。

3）气流速度（风速）

室内空气的流动速度是影响人体对流散热和水分蒸发散热的主要因素之一。气流速度越大，人体的对流散热以及蒸发散热量越大。对于非空调环境可以通过提高空气流动速度来提高可接受的温度上限值，补偿空气温度和平均辐射温度的升高。

4）平均辐射温度

平均辐射温度被定义为一个假想的外壳所受辐射能的等效均匀的温度，用以评估环境由辐射热传递带给人体的能量（图 4-1）。平均辐射温度还对热舒适性指数如生理等效温度（PET）有很大影响。

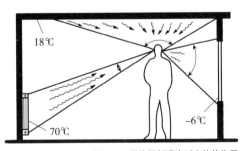

图 4-1 平均辐射温度对人体的作用

5）人体活动量（代谢率）

人体本身是一个生物有机体，无时无刻不在制造热能与散发热能。人体产生的热量亦随着活动、人种、性别及年龄而有所差异，成年男子的代谢产热量见表 4-1。

成年男子的代谢产热量表　　　　　　　表 4-1

活动类型	新陈代谢率	
	met	W/m^2
基础代谢（睡眠中）	0.8	46.4
静坐	1.0	58.2
一般办公室工作或驾驶汽车	1.6	92.8
站着从事轻型工作	2.0	116.0
步行，速率 4km/h	3.0	174.0
步行，速率 5.6km/h	4.0	232.0

人体安静状态下产生的热量称为"基础代谢率"，例如，身高 177.4cm、体重 77.1kg、表面积为 1.8m^2 的成年男子静坐时，其代谢率为 58.2W/m^2，我们定义 1met（Metabolic rate），作为人体代谢产热量的标准单位。

6）人的衣着

人的衣着多少也在相当程度上影响人对热环境的感觉。例如，在冬季人们穿上厚重的衣物以隔绝冷空气保持身体温暖，而在夏天则穿短袖等少量衣物，以加速人体散热，达到舒适程度。热阻单位 clo 量化了衣物的隔热作用。所谓 1clo 是指静坐或轻度脑力劳动状态下的人在室温 21℃时，相对湿度不超过 50%，空气流速不超过 0.1m/s 的环境中保持舒适状态时所穿服装的热阻值。若以衣物隔热程度来表示，则 1clo 相当于 0.155（m^2·K）/W。从 0~0.8clo 值的衣着状态如图 4-2 所示。

这些热湿环境要素和个体要素的不同组合使得室内热环境大致可以分为舒适的、可以忍受的和不能忍受的三种情况。只有采用充分空调设备的房间，才能实现全年舒适的室内热环境。但是如果都采用完善的空调设备，不仅在经济上不太现实，从生理上也会降低人体对环境变化的适应能力，不利于健康。

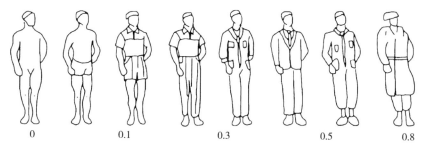

图 4-2　几种着衣状态的 clo 值

4.1.2 热环境评价指标及方法

从 1902 年第一台空调设备出现，人们经历了近 120 年的历程去探讨人到底需要什么样的室内热环境，提出各种各样的热环境评价指标。人们从最开始认识到空气温度会影响人体的冷热感觉，逐渐认识到湿度、风速、太阳辐射、远红外辐射等参数也会对人体热感觉产生重要的影响，因此，先后提出了有效温度 ET、当量温度 Teq、合成温度 $Tres$、预测平均评价 PMV、新有效温度 ET^*、标准有效温度 SET^*、主观温度 $Tsub$ 等，都设法将多个热环境参数综合成一个单一的指标，用于评价热环境对人体热舒适的综合作用。本节主要介绍有效温度 ET 及新有效温度 ET^*、操作温度 t_{op}、预测平均热感觉舒适指标 PMV 等三种热环境评价指标。

1）有效温度 ET 及新有效温度 ET^*

有效温度是 1923—1925 年由美国的 Yaglou 等人提出的一种热指标，该指标以受试者的主观反应为评价依据，评价空气温度、湿度与流动速度对人们在休息或坐着工作时主观热感觉的综合影响。在决定此项指标的实验中，受试者在环境因素组合不同的两个房间中来回走动，调节其中一个房间的各项参数值，使受试者由一个房间进入另一个房间时具有相同的热感觉。

图 4-3 中 φ_i 为室内空气相对湿度，v_i 为空气流动速度，t_i 为室内空气温度。房间 A 为制定有效温度的参考房间，房间 B 的环境要素可以任意组合用以模拟可能遇到的实际环境条件。当受试者在两个房间内获得同样的热感觉时，我们就把房间 A 的温度作为房间 B 的"有效温度"。例如 B 室 t_i=25℃，φ_i=50%，v_i=1.5m/s 与 A 室 t_i=20℃时的主观热感觉相同，则 B 室的有效温度 ET=20℃。

在早先的有效温度指标中，没有包括辐射热的作用，不适合于局部有热（冷）表面的房间，后来做了修正，用能够反映空气温度和环境辐射状况的黑球温度代替空气温度。这一修正后的有效温度称为"新有效温度"，新有效温度与热感觉之间的关系见表 4-2。

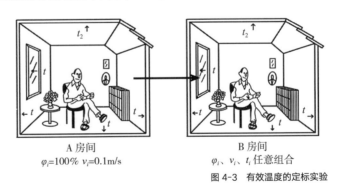

图 4-3 有效温度的定标实验

新有效温度和主观热感觉的对应关系　　　表 4-2

新有效温度（℃）	43	40	35	34~31	30	25	20	19~16	15	10
主观热感觉	允许上限	酷热	炎热	热	稍热	适中	稍冷	冷	寒冷	严寒

2）操作温度 t_{op}

此外，热舒适评价指标还有操作温度 t_{op}。操作温度 t_{op} 是考虑了空气温度和平均辐射温度对人体热感觉的影响而得出的合成温度，它综合考虑了环境与人体的对流换热与辐射换热。操作温度通常采用式（4-2）来计算：

$$t_{op}=A \times t_a+（1-A）t_{mrt} \quad (4-2)$$

式中　t_{op}——操作温度，℃；

　　　t_a——空气温度，℃；

　　　t_{mrt}——平均辐射温度，℃；

　　　A——常数，与室内空气流速有关。

当室内空气流速小于 0.2m/s 时，A=0.5；当室内空气流速在 0.2~0.6m/s 时，A=0.6；当室内空气流速在 0.6~1.0m/s 时，A=0.7。

式（4-2）说明当空气流速较小（小于 0.2m/s）时，辐射换热对人体的影响等于对流换热对人体的影响；当空气流速较大（大于 0.2m/s）时，对流换热系数大于辐射换热系数，此时对流换热对人体热感觉的影响要大于辐射换热对人体的影响。

3）预测平均热感觉舒适指标 PMV

PMV（Predicted Mean Vote）意为预测平均热感觉指标，这一指标是由丹麦学者房格尔（Fanger）在 20 世纪 70 年代提出的。房格尔在大量实验数据统计分析的基础上，结合人体的热舒适方程提出了该指标，该指标综合考虑了人体活动水平、服装热阻、空气温度、平均辐射温度、空气湿度和空气流动速度六个因素，是迄今为止考虑人体热舒适影响因素最全面的评价指标。PMV 的计算公式如式（4-3）所示。

$$PMV = (0.303e^{-0.036M}+0.028)L \quad (4-3)$$

式中　L——人体热负荷，℃；

　　　M——人体新陈代谢率，W/m²。

运用实验及统计的方法，房格尔得出人体主观热感觉与 PMV 指标之间的关系。当人体主观感觉处于从冷到热的七个等级时，相应的 PMV 值从 −3 变化到 3，见表 4-3。

PMV 值与人体热感觉							表 4-3
PMV 值	−3	−2	−1	0	1	2	3
人体热感觉	很冷	冷	稍冷	舒适	稍热	热	很热

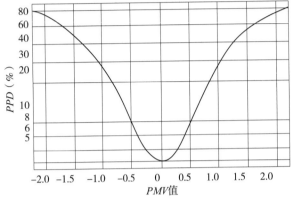

图 4-4 PMV-PPD 关系曲线图

PMV 指标代表了同一环境下绝大多数人的感觉,但是人与人之间存在生理差别,因此 PMV 指标并不一定能够代表所有人的感觉。房格尔提出了预测平均不满意率 PPD(Predicted Percentage Dissatisfed)指标来表示人群对热环境不满意的百分数,并给出它与 PMV 指标之间的定量关系,如图 4-4 所示。

使用 PMV-PPD 关系曲线可以获得人对环境的评价。例如,夏季,当人们静坐时,室内温度为 30℃,相对湿度为 60%,风速 0.1m/s,房间的平均辐射温度是 29℃,人的衣服热阻为 0.4clo。根据 PMV 计算式可求得 PMV 等于 1.38。由图 4-4 可知,在这种状态下人的热感觉为比稍暖还要热一点,对该环境不满意的人数为 43%。

需要注意的是,PMV 指标提出的实验环境主要是空调建筑,自然通风状况下人体热感觉可能和空调状况下不完全一致。另外,热舒适指标的研究都是以人体对热舒适的主观感觉为基础的,这难免带有一些局限性,尤其是处于不同气候区的人,对环境的舒适感觉可能存在一定的差异。近年来,关于不同地区人体热舒适的差异及自然通风环境下的人体热舒适问题受到了广泛的关注。

4.1.3 建筑传热基本原理

建筑室内热环境形成的最主要原因是各种外扰和内扰的影响。外扰主要包括室外气候参数,如室外空气温湿度、太阳辐射、风速、风向变化,以及邻室的空气温湿度,均可通过围护结构的传热、传湿、空气渗透使热量和湿量进入室内,对室内热湿环境产生影响。内扰主要包括室内设备、照明、人员等室内热湿源。

无论是通过围护结构的传热传湿还是室内产热产湿,其作用形式基本为辐射、对流和导热三种形式。辐射是热量在无介质空间中的传递,对流是液体和气体内部的热传递方式,而导热则是固体内部的主要热传递方式。这些方式帮助人们理解不同条件下的热量传递过程。

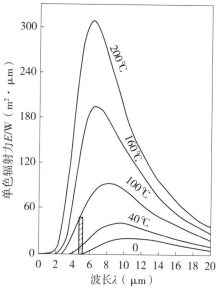

图 4-5 同温度物体的辐射波谱图

1）辐射及辐射换热

当物体的温度高于绝对零度时，根据普朗克辐射定律，它会发射热辐射，这种辐射的特征是它的光谱分布取决于物体的温度。尽管热辐射理论上可以包括整个电磁波谱范围，但在一般情况下，由于温度较低，物体主要以特定波长范围内的辐射为主。

在一般物体的温度范围内，有意义的热辐射波长主要集中在红外区域，具体来说，大部分能量分布在 $0.76\mu m$ 到 20m 的范围内。红外辐射可以进一步分为近红外和远红外，其大致以 $4\mu m$ 作为分界线。

如图 4-5 所示即为同温度物体的辐射波谱图，黑体单色辐射力 E 的最大值随着黑体温度升高而向波长较短一边移动。根据普朗克定律可绘出不同温度下黑体辐射能按照波长的分布情况，当波长 $\lambda=0$ 时，$E=0$，随着 λ 的增加 E 也相应增加，当 λ 增加到某一数值时，E_a 为最大值；然后又随着 λ 值的增加而减少，至 $\lambda=0$ 时 E 重新降至 0。

当外部辐射照射到物体表面时，它可能会发生三种情况：反射、吸收和透射。这些情况的比例取决于物体的性质和表面特性。反射系数（又称反射率，表示为 γ）、吸收系数（又称吸收率，表示为 ρ）和透射系数（又称透射率，表示为 τ）通常用来描述这些比例。它们满足以下关系式：

$$\gamma + \rho + \tau = 1 \tag{4-4}$$

这意味着当外部辐射的全部能量被考虑时，它要么被物体反射、被物体吸收，或者透过物体，总比例为 1。这些系数的值取决于物体的性质、表面处理和入射辐射的波长。

由于多数不透明的物体的透过系数 $\tau = 0$，则对不透明物体上式可写成：

$$\gamma + \rho = 1 \tag{4-5}$$

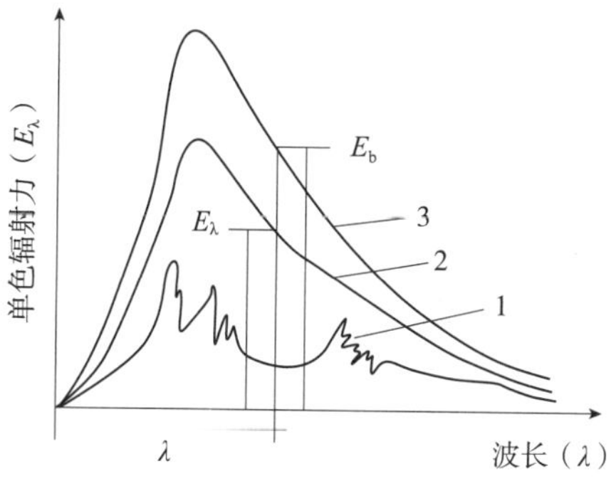

为了便于研究，在理论上将外来辐射全吸收的物体（$\rho=1$）称为黑体，对外来辐射全部反射的物体（$\gamma=1$）称为白体，对于外来辐射全部透过的物体（$\tau=1$）称为透明体。但在自然界中没有理论上所定义的绝对的黑体、白体或透明体，自然界中的不透明物体多数介于黑体与白体之间，近似称为灰体（Grey Body）。黑体能将一切波长的外来辐射完全吸收，也能向外发射（Emittance）一切波长的辐射，即黑体（Black Body）辐射。如图 4-6 所示，展现了同一温度下黑体、灰体

图 4-6 同温度物体的辐射波谱

和实际物体表面单色辐射力的比较，对黑体辐射基本规律的阐述主要有斯蒂芬·波尔兹曼定律和普朗克定律。

（1）斯蒂芬·波尔兹曼定律：指黑体单位表面积单位时间以波长为 0~∞ 的全波段向半球空间辐射的全部能量，称为黑体的全辐射力 E，其单位为 W/m^2。根据斯蒂芬·波尔兹曼定律，黑体的全辐射力同它的绝对温度的 4 次方成正比。用公式表示为：

$$E_b = C_b \left(\frac{T_b}{100}\right)^4 \qquad (4-6)$$

式中　E_b——黑体全辐射力，W/m^2；

　　　C_b——黑体的辐射系数，常数，其值为 $5.68W/(m^2 \cdot K)$；

　　　T_b——黑体表面的绝对温度，K。

（2）普朗克定律：它表明了黑体的单色辐射力与其绝对温度和波长之间的函数关系，可用公式表达为：

$$E_{by} = \frac{C_1 \lambda^{-5}}{e^{\frac{C_2}{\lambda T}} - 1} \qquad (4-7)$$

式中　E_{by}——黑体的辐射力，指在某波长 λ 下波长间隔 $d\lambda$ 范围内所发射的能量，W/m^2；

　　C_1、C_2——普朗克常数，其中 $C_1 = 3.743 \times 10^{-16} W \cdot m^2$，$C_2 = 1.4387 \times 10^{-16} W \cdot m^2$；

　　　λ——波长，m；

　　　T——黑体的绝对温度，K。

普朗克定律证明：黑体单色辐射力 E_{by} 的最大值随着黑体温度升高而向波长较短一边移动。黑体温度越高，其最大辐射力的波长越短。如太阳相当于温度为 6000K 的黑体辐射，其最大辐射力波长约为 $0.5\mu m$，而 16℃（289K）左右的常温物体发射的最大辐射力波长约在 $10\mu m$。

灰体的辐射特性与黑体近似，但在同温度下其全辐射力低于黑体。两表面间在单位时间内的辐射换热量主要取决于表面温度和两表面的面积及其相互位置关系，用角系数表示，如图 4-7 所示。角系数用于反映两个表面之间的位置关系，只由两表面的面积和相互位置之间的几何关系确定，和辐射量的大小无关。

普通玻璃对不同波长辐射的透过率（图 4-7a）与太阳光谱（图 4-7b）和温度为 35℃黑体的辐射光谱（图 4-7c）相对比，可以看出玻璃可以透过太阳辐射中大部分波长的光，而对一般常温物体所发射的辐射（多为远红外线）则透过率很低。

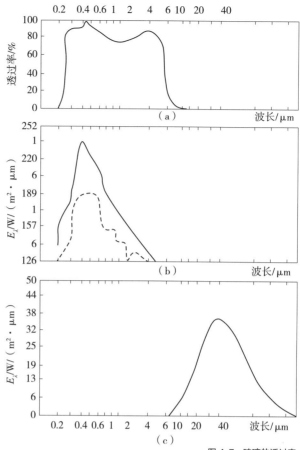

图 4-7 玻璃的透过率
（a）不同波长辐射的透过率；（b）太阳光谱；（c）温度为35℃黑体的辐射光谱

2）对流与对流换热

液体和气体统称"流体"，它们的特性是抗剪强度极小。由于重力的作用或者外力的作用引起的冷热空气的相对运动称为对流。空气的对流换热对建筑热环境有较大影响。在建筑中，含空气的部件中有热量传进传出或在其内部传递。

（1）自然对流和受迫对流

对流换热是指流体中分子作相对位移而传送热量的方式，按促成流体产生对流的原因，可分为"自然对流"和"受迫对流"。自然对流是由于液体冷热不同时的密度不同引起的流动。由于空气温度越高其密度越小，如0℃时的干空气密度为1.342kg/m，20℃时的干空气密度为1.205kg/m。所以当环境中存在空气温度差时，低温、密度大的空气与高温、密度小的空气之间形成压力差，称为"热压"，能够使空气产生自然流动。热压越大，空气流动的速度越快。在建筑中，当室内气温高于室外时，室外密度大的冷空气将从房间下部开口处流入室内，室内密度较小的热空气则从上部开口处排出，形成空气的自然对流。受迫对流是由于外力作用（如风吹、泵压等）迫使流体产生流动，受迫对流速度取决于外力的大小，外力越大，对流越强。

（2）表面对流换热

表面对流换热是指在空气温度与物体表面温度不等时，由于空气沿壁面流动而使表面与空气之间所产生的热交换。这种热传递方式常发生在建筑的外表面或者建筑构造内的空气层内。表面对流换热量的多少除与温差成正比外，还与热流方向（从上到下或从下到上，或水平方向）、气流速度及物体表面状况（形状粗糙程度）等因素有关。对平壁表面，当空气与表面温度一定时，表面对流换热量主要取决于其"边界层"的空气状况。边界层指的是处于由壁面到气温恒定区之间的区域。在一般情况下，边界层是由层流区（又称层流底层）、过渡区和湍流区三个部分组成。边界层温度分布如图4-8所示。

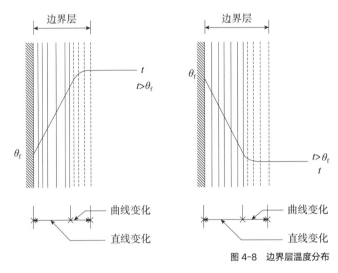

图4-8 边界层温度分布

表面对流换热所交换的热量一般用下式表示：

$$q_c = \alpha_c (\theta - t) \tag{4-8}$$

式中 q_c——单位面积单位时间内表面对流换热量，W/m^2；

α_c——对流换热系数，$W/(m^2·K)$，即当表面与空气温差为1K（1℃）时，在单位时间内通过对流所交换的热量；

θ——壁面温度，℃；

t——气温恒定区的空气温度，℃。

α_c不是一个固定不变的常数，而是一个取决于许多因素的物理量。对于建筑围护结构的表面需考虑的因素有：气流状况（自然对流还是受迫对流）和壁面所处位置（垂直或水平）。由于α_c的影响因素很多，目前α_c值多是由模型实验结果用数理统计方法得出的计算公式。现推荐以下公式供计算时参考：

①自然对流时

垂直壁面

$$\alpha_c = 1.98 \sqrt[4]{\theta - t} \tag{4-9}$$

水平壁面

当热流由下而上时：

$$\alpha_c = 2.5\sqrt[4]{\theta - t} \quad (4\text{-}10)$$

当热流由上而下时：

$$\alpha_c = 1.31\sqrt[4]{\theta - t} \quad (4\text{-}11)$$

式中　θ——壁面温度，℃；

　　　t——气温恒定区的空气温度，℃。

② 受迫对流时

对于受到风力作用的壁面，同时也要考虑受到自然对流作用的影响，对于一般中等粗糙度的平面，受迫对流的表面对流换热系数可近似按以下公式计算：

对于内表面

$$\alpha_c = 2.5 + 4.2v \quad (4\text{-}12)$$

对于外表面

$$\alpha_c = (2.5 \sim 6.0) + 4.2v \quad (4\text{-}13)$$

在以上二式中，v 表示风速，m/s；常数项表示自然对流换热的作用。当表面与周围气温的温差较小（一般在3℃以内）时，取常数项的低值，温差越大，常数项的取值应越大。

3）导热与导热换热

导热是物体不同温度的各部分直接接触而发生的热传递现象，在建筑构件中广泛存在。导热可产生于液体、气体、导电固体和非导电固体中。它是由于温度不同的质点（分子、原子或自由电子）热运动而传送热量，只要物体内有温差就会有导热产生。所以，导热过程与物体内部的温度状况密切相关。按照物体内部温度分布状况的不同，可分为一维、二维和三维导热现象。同时，根据热流及各部分温度分布是否随时间而改变，又分为稳态导热和非稳态导热。

在各向同性的物体中，任何地点的热流都是向着温度较低的方向传递的。法国数学家傅里叶在研究固体导热现象时提出导热基本方程，即一个物体在单位时间、单位面积上传递的热量与在其法线方向上的温度变化率成正比。

一维稳态导热仅产生于物体只在一个方向上有温差，并且温度和热流均不随时间改变的情况下。例如一个面积很大的平壁，其两表面分别维持均匀而恒定的温度 t_1、t_2，且 $t_2 > t_1$，则热流均匀地从 t_2 面流向 t_1 面。由于两表面温度均匀不变，在截面上各点温度和单位时间里的热流量也必然稳定不变，如图4-9所示。

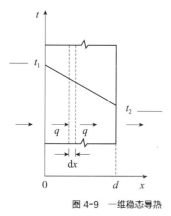

图4-9　一维稳态导热

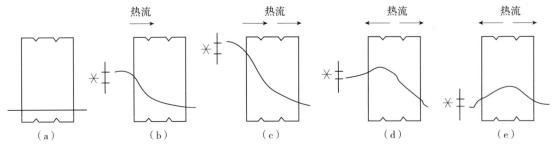

图 4-10 一侧有周期性热流时的传热状态
(a) 初始状态；(b) 过程 1；(c) 过程 2；(d) 过程 3；(e) 过程 4

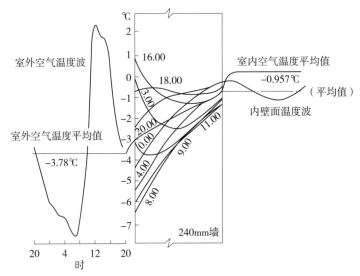

图 4-11 具有单向周期性热流的外围护结构的内部温度变化

在非稳态导热过程中，每一个与热流方向垂直的截面上，热流强度都不相等，壁体材料的比热容（C）、密度（ρ）和导热系数（λ）以及热流波动的波幅和周期都影响壁体内温度升降的速度。图 4-10 为一侧有周期性热流时的传热状态。图 4-11 为具有单向周期性热流的外围护结构的内部温度变化。

假设室外具有周期性热流，室内的空气温度是被控制的恒定温度，由于室外温度以 24h 为一变化周期，围护结构内部及内表面温度也应以 24h 为一周期波动，且每个时间内部各部分温度都不相同。

一维稳态导热的计算式可写成：

$$q = \lambda \frac{t_1 - t_2}{d} \quad (4-14)$$

式中 t_2——低温表面温度，℃；

t_1——高温表面温度，℃；

q——热流密度，W/m²，即单位面积上单位时间内传导的热量；

d——单一实体材料厚度，m；

λ——材料导热系数，W/(m·K)。

冬季采暖建筑外围护结构的保温设计一般按一维稳态导热计算。从公式可以看到：平壁所用材料的导热系数越大，则通过的热流密度越大；平壁所用材料厚度越大，则通过的热流密度越小。

一维非稳态导热现象产生于物体在一个方向上有温差，但温差方向的温度不是恒定而是随时间变化的情况，在建筑上遇到的非稳态导热多属周期性非稳态导热，即热流和物体内部温度呈周期性变化。按照热流的情况又可分单向周期性热流和双向周期性热流，前者如空调房间的隔热设计，墙体内表面温度保持稳定，而外表面温度在太阳辐射的作用下呈现周期性的变化。后者如在干热性气候区，白天在太阳辐射作用下墙体外表面温度高于内表面温度，热量通过墙体从室外向室内传导，到太阳下山后，墙体外表面温度逐渐降低直至夜间低于内表面温度，此时热量通过墙体从室内向室外传导，直至次日早晨太阳升起，形成以一天为周期的双向周期性热作用。

在非稳态导热中，由于温度不稳定，围护结构不断吸收或释放热量，即材料在导热的同时还伴随着蓄热量的变化，这是非稳态导热区别于稳态导热的重要特点。

4.2 建筑热环境调控基本方法

4.2.1 建筑设计调控

1）建筑生形

建筑体形及朝向直接影响建筑围护结构的散热及太阳辐射得热，所以，对于寒冷地区的建筑，从体形上考虑建筑的失热及得热问题主要包括两个方面：一是尽量节省外围护结构面积；二是使建筑物能充分争取冬季太阳辐射得热。

如果建筑物的体积相同且各面的外围护结构传热情况均相同，则外围护结构的面积越小，传出去的热量越少。用体形系数（S）来表述，即一栋建筑的外表面积 F_0 与其所包的体积 V_0 之比，即：

$$S = F_0/V_0 \tag{4-15}$$

建筑物的高度相同，则其平面形式为圆形时体形系数最小，依次为正方形、长方形，以及其他组合形式。随着体形系数的增加，单位体积的传热量也相应加大。

表4-4所示为6层的单元式建筑，每一层的面积为 $500m^2$，总高为 $16.8m$，各面围护结构的传热能力相同，当采用不同的平面形式时，每平方米面积的耗热量情况。从表中可以看出，建筑的长宽比越大，则体形系数就越大，耗热量比值也越大。如以长宽比为 1：1 的正方形耗热量为100%，则

长宽比为 5 : 1 时，耗热量比值达到 125.6%。

不同平面的体形系数与耗热量比值计算值　　　　表 4-4

编号	平面形式		外表面积（m²）	体形系数	每平方米建筑面积耗热量比值（%）（以正方形为100%）
A	圆形	$r = 12.62$	1831.57	0.218	91.5
B	正方形	1 : 1	2002.59	0.238	100
C	长方形	2 : 1	2093.98	0.249	104.6
D	长方形	3 : 1	2235.1	0.266	111.6
E	长方形	4 : 1	2379.24	0.283	118.7
F	长方形	5 : 1	2516	0.300	125.6

除了平面形式外，建筑层数对体形系数及单位面积耗热也有很大影响。在同样建筑面积的情况下，单层建筑的体形系数及耗热量比值大于多层建筑。

建筑的最佳节能体形与各地区气候、日照辐射等因素有关，应对各影响因素进行综合分析，不能由单一因素决定。在严寒地区，由窗户散失的热量会比由窗户获得的太阳辐射热量多得多，所以应尽量减少开窗面积并加强墙体保温。此时，太阳辐射得热的因素就相对减小，而体形系数的影响就相对加大。长方形建筑将消耗更多的热量，不利于建筑节能。在气候比较温和的地区，建筑内部没有设置采暖设备系统时，太阳辐射是建筑采暖的主要热源，此时要充分利用南向窗户吸收太阳辐射热量，所以争取日照就成为建筑设计涉及的体形和朝向的主要问题。

2）空间调节

空间调节是针对建筑内部不同空间的功能和环境性能需求，以有效的空间组织与设计，实现建筑的热环境调控。在空间组织中，功能空间对温度、湿度、光线等性能的不同需求决定了空间布局的差异性。其中，天井、冷巷、中庭、热压竖向区等气候缓冲带的设置则能使气候适应性设计得以进一步落实。

（1）热环境合理分区

热环境合理分区是针对建筑内部不同空间的功能和环境性能需求，以有效的空间组织与设计，实现建筑的气候适应性调控。在空间组织中，功能空间对温度、光线等性能的不同需求决定了空间布局的差异性。热环境合理分区强调合理配置建筑内部空间的气候梯度，将对环境有严格调控需求的区域与非严格调控区域协同布局，以保证室内空间的舒适性。

对于建筑的被服务空间即建筑的主要使用空间，要满足舒适性要求，尽量把用房开口位置安排在夏季迎风面，房间进深不宜过深，寒冷地区应规避冬季冷风方向。服务空间包括辅助空间和交通联系空间，对于服务空间可适当降低舒适度要求。

（2）中庭空间

对于公共建筑来说，中庭不仅是建筑的一部分，也是城市的一部分，其是社交、娱乐、休息等公共活动的舞台，也是一个调节室内热环境、引入阳光、空气、水和植物等自然元素的场所，提供了一个与自然接近同时又抵御不良气候条件的空间。

采用玻璃建造的现代开敞中庭空间往往是一个被动式太阳能温室，通过温室效应和烟囱效应来集热和通风，形成室内热流和气流的运动，充分利用自然能源调节室内热环境。无论中庭的形式如何变化，为了达到上述效果，开敞中庭在设计上需要满足一定的要求：垂直玻璃面朝南使冬季日照得热最大；朝南的垂直表面采用蓄热材料增加热惰性，减少温度波动；增加玻璃和窗户的夜间绝热性能，以避免不必要的热损失；中庭内过剩的热量能够采集并传递分配到其他需要采暖的区域。

对于高层建筑的中庭来说，温度有明显的垂直变化，有利于实现自然通风，但有时可能造成中庭及周围区域风速过大或造成紊流，影响室内活动区的舒适性。对于法兰克福商业银行这样的超高层建筑（图4-12）来说，中庭部分被垂直分隔成一系列彼此独立的小中庭，避免风压和热压过大带来的问

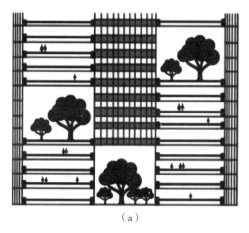
（a）

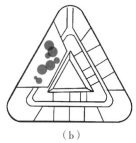
（b）

图4-12 法兰克福商业银行
（a）剖面；（b）平面

题。同样，开敞边庭空间是城市空间与建筑空间的过渡、中介和融合点，它的作用是促进城市与建筑的空间互动。对于高层建筑来说，开敞的多层边庭空间能够创造一个不同于封闭的、室内的具有人情味的空间，同时还能够起到调节室内热环境和节约能源的作用。边庭空间的上部可以覆盖百叶，以利于遮阳、自然采光、通风、排气、散热，边庭有时甚至能够扩展到整座建筑的高度，利用烟囱效应来促进热压通风，改善各层空间的通风状况。

（3）附加阳光间

附加阳光间也称为阳光房，是一种为建筑物主体采暖而设计的房间，其用途犹如第二起居室。这种附加阳光间的特点是与温室一样具有吸收、储存热量的作用，在冬季可以有效地提高室内温度，降低采暖能耗。当附加阳光间内的空气温度升高，热量就会被地板和墙面吸收，然后在室内慢慢释放。如果附加阳光间具有良好的保温性能，它所获得的热量将相当可观。附加阳光间内还可以设置可移动的保温层和通风系统，根据需要合理地在室内调节分配所获得的太阳辐射热量，有效地调节室内热环境，在夏季能起到调节日照和遮阳、通风的作用，在冬季起到接受太阳辐射热量、减少散热和冷风渗透的作用。

阳光房主要分为以下三类：直接型供热太阳能房，太阳房与室内某个功能房间贯通；间接型供热太阳能房，在太阳房与室内空间之间设置蓄热墙体；虹吸型供热太阳能房，与特朗勃墙原理相近。阳光房的玻璃窗倾斜角度不同，采光效率也不同。阳光房与建筑主体能够形成附属、镶嵌、包围的关系，如图4-13所示。这些要素都需要综合考虑建筑空间及形态的需求，视情况而定，如图4-14所示。

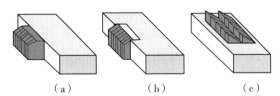

图4-13 阳光房与建筑主体的关系
（a）附属；（b）镶嵌；（c）包围

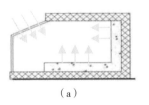 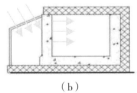 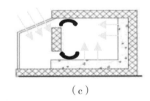

图4-14 阳光房的三种类型
（a）直接型；（b）间接型；（c）虹吸型

（4）生态舱

生态舱是把阳光房和庭院组合，形成的一种空间形态，既具有阳光房的优点，又由于植被的存在可以调节微气候环境，因此能够创造更加舒适、宜人、自然的室内空间环境，如图 4-15 所示。

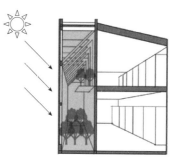

图 4-15 生态舱原理图

4.2.2 结构材料调控

1）结构调控

（1）墙体

传统建筑中，墙体多采用单一的砖或石材，随着技术的发展，由不同材料组合成的复合墙体由于保温性能好而在现代建筑墙体中居于主导地位。近几十年来，体现高技术特色的新式墙体更是层出不穷。其中，玻璃幕墙和正在探索实验的双层玻璃幕墙、透明绝热墙和喷洒降温玻璃幕墙等，将墙体的采光和保温隔热结合起来，而太阳能集热蓄热墙和太阳能电力墙使墙体节能从单纯的保温隔热节能转向积极地利用太阳能，赋予墙体节能新的含义。法国 1967 年第一座特朗勃墙太阳房诞生，随后不断革新，兴起了各类太阳能集热蓄热墙体，如 Peakshaver 集热墙、JamesBier 太阳房、水墙（图 4-16）、充水墙和相变储热墙等。太阳能电力墙将太阳能光电池与建筑材料相结合，成为一种可用来发电的外墙体，既有装饰作用，又可为建筑提供电力。

（2）门窗

门是联系建筑内外的通道，窗户是建筑中面积最大的透明构件，太阳辐射通过窗直接进入室内，带来辐射热量。一方面，门窗本身的热工性能

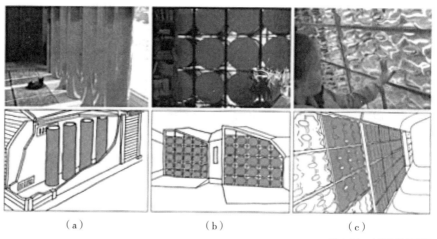

（a） （b） （c）

图 4-16 水墙构造示意图
（a）以"管"为容器垂直放；（b）以"桶"为容器水平放；（c）以"墙"为容器整体注水

图 4-17 阿拉伯世界研究中心

影响围护结构的保温隔热特性；另一方面，由于门窗需要经常开启，所以其气密性对保温隔热也有较大影响。随着人们对于窗户作用认识的深化，除了考虑通风、日照和透光等功能要求外，对其功能和技术指标也提出了新的要求，一些结合新技术成果而出现的太阳能集热窗也开始得到应用，一些试验建筑甚至将保温、隔热技术融入太阳能光电玻璃，采用半透明的太阳能电池将窗户变成微型发电站。

如图 4-17 所示是阿拉伯世界研究中心，立面上有上百个完全一样的金属方格窗——被称为照相机感光的窗格，孔径随外界的光线强弱而变化，像光圈一样调节采光遮阳窗。

（3）屋顶

屋顶的作用是保温、隔热和防水，对室内热舒适性影响较大。屋顶设计需要兼顾冬季保温和夏季隔热，需要考虑：①减少屋顶得热。屋顶形式、材料和颜色对顶层室内热舒适影响较大，平屋顶顶层住户与楼下的住户比较，冬冷夏热，如果采用挂瓦板坡屋顶或采用遮阳屋顶和双层屋顶都能够在一定程度上改善室内热舒适状况。对于中庭式玻璃拱廊，顶部大面积的遮阳是减少投入室内热量的有效措施。②减少热量传递。平屋顶和坡屋顶内设置保温层，避免热桥。③加速夏季屋顶散热。可以采用通风屋顶和加强屋顶夜间长波辐射散热。

选择适当的绝热材料对改善顶层热工状况、提高室内舒适度、降低能耗具有相当重要的意义。保温屋面需要满足保温和隔热两种要求，因此，一方面，要尽量选用重量轻、力学性能好、传热系数小的材料来满足最小传热阻

图 4-18 屋顶通风案例

值要求。屋面传热系数大不仅影响夏季隔热，也增加冬季采暖能耗。通常可以加厚保温层，或选择传热系数小的加气混凝土屋面、水泥珍珠岩屋面、挤压型聚苯板或在屋面板内侧贴铝箔等改善屋顶的保温隔热性能。另一方面，应增加屋面热惰性指标来保证室内的热稳定性，以减小热振幅，避免室温忽高忽低。保温隔热层靠近外表面设置可以避免夏季屋顶储存过多的热量在夜间传至室内。屋顶通风案例如图 4-18 所示。

（4）楼地面

围护结构中与人直接接触的部分就是楼地面，它对人的热舒适性影响最大。地面是与人脚直接接触而传热的，经验证明，在室内各种不同材料的地面中，即使它们的温度完全相同，但人站在上面的感觉也会不一样。例如木地

面与水磨石地面相比,后者要使人感到凉得多。地面舒适条件取决于地面的吸热指数 B 值,B 值越大,则地面从人脚吸取的热量越多越快。在建筑中,楼地面不仅具有支撑作用,而且还具有蓄热作用,用于调节室内温度变化。楼地面还常用于铺设与热舒适有关的各种管线和通道。

2)外围护结构优化

外围护结构优化是在特定的气候环境条件下,通过对围护结构形态、材料、构造与组织方式的优化,捕获自然能量,调控内部气候性能的设计策略与技术手段。外围护结构优化强调被动式调节手段,通过材料、形态、空间与构造类型上的设计,促使绿色建筑的自主性回归。在不同的外部气候条件下,采光与遮阳、保温与散热、通风与隔声等需求往往使设计面临各种矛盾。遵循外围护结构与复杂气候环境的作用机制,外围护结构适应性主要表现为生态介质的外围护结构、光热平衡遮阳、被动式气候调节腔层等方法路径,其中外围护结构的尺寸、形状、位置和构件组合等设计变量的选择都会直接影响最终的建筑性能。

芝柏文化中心的双层围护结构系统是单元体通风设计的核心。其构造主要由弯曲的外部肋板层和垂直的内部肋板层构成,这一构造方式能让空气在两层肋板结构间直接、自由地流通。双层表皮系统还具有机械缓冲飓风风压的效果,如图 4-19 所示。

3)材料选配

材料选配是指在材料设计和选择的过程中,设计师通过关注场地气候环境、探索本土及原生材料、充分利用可回收材料等,创造适宜的室内热环境。在选择房屋或建筑物的建筑材料时,应考虑以下事项:①考虑材料是否适应当地气候;②考虑材料如何共同发挥作用。例如,用厚重的屋顶材料覆盖轻质的墙体,就需要建造更大和更昂贵的结构。然而,用轻质的屋顶覆盖巨大的墙体,效果并不好,因为虽然墙阻挡了冷热空气,但它们可从屋顶进出;③考虑材料的耐用性。

利用当地材料并创造性设计的实例参见赫尔佐格和德梅隆设计的纳帕山谷多明莱斯葡萄酒厂(图 4-20),其适应并利用当地气候特点,使用当地特有的玄武岩作为表皮材料,白天阻隔、吸收热量,晚上将其释放出来,以平衡昼夜温差。

图 4-19 芝柏文化中心双层表皮系统　图 4-20 纳帕山谷多明莱斯葡萄酒厂

4.3 面向碳中和的建筑热环境调控新方法

4.3.1 建筑设计调控

1）形体适应性调控

建筑构形是适应性地调节、控制室内外物理环境，以提高舒适度、减少能耗的设计方法与技术策略。它激活了建筑与气候资源之间的敏感性，以建筑形态来调适气候环境与人体舒适之间的平衡。在减少建筑运行碳层面，建筑构形是首要的调控手段，对最终的结果呈现起决定性作用。建筑的体形设计不仅参与场地微气候的调节，而且也为建筑内部的气候性能调控创造条件。设计通过朝向方位的选择、基本形态的决策、体形系数的控制等方式，组织建筑的能量流动。依据气候适应性设计特征，建筑构形可以分为热性能体形调控与风性能体形调控两种技术方法：①热性能体形调控是指利用建筑体形的优化来获取或屏蔽太阳辐射热的技术手段，主要表现为根据太阳高度角与方位角调整建筑体形，达到改善室内外热环境的目的；②风性能体形调控则强调建筑体形对抑制或促进室内外自然通风效果的影响。建筑可以根据气候环境设计阻风或导风形体，优化室内外风环境。

例如，日本关西国际机场屋顶形式的确定就是基于设计师所做的大量结构和通风要求方面的研究。屋顶形状模拟预测空气流，在避免了封闭的空气分流管吊在天花板后，形成了如今伸展的巨大结构。在其下方，刀锋般的导流板不仅用于引导气流，更要反射透过屋顶天窗进来的光。天花板上移动的雕塑在不断运动，证明了移动的空气流，如图 4-21 所示。

图 4-21 日本关西国际机场

2）空间适应性调控

如图 4-22 所示为建筑热分区图解，分时分区的热环境调控是指系统依据建筑或建筑群热需求时间不同、空间不同、温度不同进行有差别、精细化的供热，从而达到降低建筑供暖能耗的目的。因此，分时分区热需求可按照热需求时间、空间和温度进行分类。其中按需求时间的长短可分为长分时和短分时两类，长分时又可按照假期和周末分为两类，短分时是指一天内昼夜的差别。需求空间按照空间由大到小可分为大区域之间、建筑群之间、单个建筑功能房间之间和单个功能房间的床房对应区域之间四类；需求温度可分为正常供暖温度、非正常供暖温度和非供暖三类。

依据分时分区热需求从时间和空间双维度对建筑环境进行供暖，不仅契

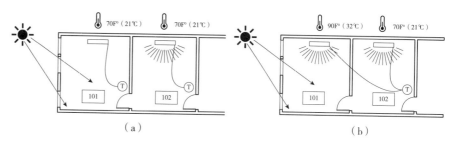

图4-22 建筑热分区图解

（a）不设分区：用一台恒温调节器（Thermostat）控制不同房间的热量，太阳得热使101号房间过热；
（b）设分区：101号房间单独设置恒温调节器，在太阳得热的时候停止供热设备的运行，因此节能

合了人体在气候地域适应条件和昼夜生理节律波动下的差异化热舒适需求，同时为建筑热环境调控和供暖系统设计提供了巨大的节能潜力。

4.3.2 面向碳中和的构造材料调控

1）面向碳中和的结构调控

现代复合夯土墙已替代传统夯土墙建筑，并在城市和乡村得到广泛应用。这种集环保、节能、低碳和超强度等综合性能为一体的建筑形式满足了人们对栖居的需求，也为城乡环境保护和可持续发展作出贡献。

黄河口生态旅游区游客服务中心的复合夯土墙体采用双层夹心墙体做法，总厚度为500mm，在两片夯土墙体之间夹入聚氨酯板，以达到更好的保温效果。蓄热体（Thermal Mass）具有较高的体积热（Volumetric Heat Capacity），成为应对热环境和塑造融入地方性气候环境的策略。单一的厚墙便可以发挥出复合功能：结构性能、热学性能、装饰性能、声学性能、湿气阻隔等，体现了"从复杂走向复合"（From Complicated to Complex），如图4-23所示。

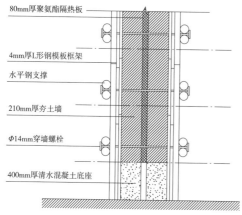

图4-23 复合夯土墙

2）面向碳中和的外围护结构

（1）工业大麻混凝土材料所制的外围护结构

自然资源缺乏的压力不断增加，全球建筑材料需求和能量消耗的增长迫使建筑产业寻找环保和低能耗的替代材料。

2021年在Pierre Chevet体育中心的设计中使用了工业大麻混凝土材料，这种材料由天然废料制成，是一种高性能且环保的建筑负碳材料。工业大麻对生长环境要求低且生长周期短，生长时每公顷可从大气中吸收8~15tCO_2，是顶级的CO_2转化生物质的

转换器之一。体育中心的主要建材通过在距建筑工地 500km 的范围内种植和制造，最大限度地减少了运输排放，并助力当地的经济发展。

该体育中心主体采用大麻及木材的混合结构，如图 4-24 所示。该项目以采用持久的综合高性能材料为原则确定其结构，依靠大麻混凝土块砌成的墙体为支撑，木质的半拱形门廊最大化地为训练场所腾出空间。采用大麻混凝土砌块主要是因为该种材料对于舒适性及安全性的提升，包括热工、声学、结构性能以及耐火性。

（2）光热平衡遮阳

光热平衡遮阳是通过表皮遮阳系统选择性地获取由日光带来的光与热，并取得舒适度和能耗平衡的设计技术。UNStudio 设计的荷兰教育局与税务局办公综合体是欧洲可持续的办公建筑之一。由于其建筑面需要在自然采光与太阳辐射之间寻求平衡，建筑师采用光热平衡遮阳来解决这一矛盾。建筑表皮的白色翅片导向板能够遮阳、导风及改变日光渗透率，将大量的太阳辐射热阻隔，减少了人们的制冷需求，将建筑的碳排放量降至最低（图 4-25）。

3）材料选配

相变材料（PCMs）是一种可循环使用的绿色环保控温材料，其可以智能调控建筑环境内的温度波动，因此将相变储能材料应用于实际建筑中是降低建筑能耗的有效手段。在建筑领域应用最多的是固-液 PCMs，其在相变过程中，可以通过固态和液态之间的相转变吸热/放热来储存/释放环境中的热能，从而调节周围温度的变化。但目前相变储能材料在建筑领域的应用还存在一定问题：①建筑用相变储能材料的制备方法并不完善且成本较高、制备工艺困难，因此难以应用于建筑领域；②我国地域辽阔，气候复杂多样，在现有的研究中针对不同地域、气候条件的具体研究还很少，这使相变储能建筑材料实用性不高。

纯 PCMs 单独在建筑领域的应用会面临各种各样的问题，因此选用合适的支撑材料或采用合适的封装技术以提高相变储能效率是一大难题。同时还

图 4-24 大麻混凝土及木材混合结构节点

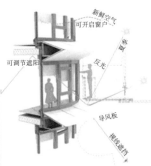

图 4-25 荷兰教育局与税务局办公综合体

要考虑到封装成本过高会导致相变储能建筑材料整体成本过高，从而失去与其他储热方式相比的价格优势。将 PCMs 以不同方式引入混凝土等建筑材料是现阶段研究的主要方向，在保证建筑强度韧性的前提下，将 PCMs 与建筑基体混合封装也成为重要研究对象。

本章小结

热环境评价指标包括有效温度 ET 及新有效温度 ET^*、操作温度 t_{op}、预测平均热感觉舒适指标 PMV。

室内热环境的影响因素包括：空气温度、空气湿度、风速、平均辐射温度。

热传递的基本方式包括：辐射、对流以及导热。

本章简要阐述了建筑热环境调控的相关基础知识，并从建筑设计及结构材料出发对建筑热环境调控基本方法以及面向碳中和的建筑热环境调控新方法进行总结。

思政小结

1986 年以来，中国政府一直通过加强法规约束和提高标准等多种形式推进建筑领域节能，设定了"节能建筑—绿色建筑—碳中和建筑"三级体系，以加强对建筑全生命周期的节能降碳要求。实现碳达峰、碳中和是一场广泛而深刻的经济社会系统性变革，要把碳达峰、碳中和纳入生态文明建设整体布局，拿出抓铁有痕的劲头，如期实现 2030 年前碳达峰、2060 年前碳中和的目标。为推动实现碳达峰、碳中和目标，中国将陆续发布重点领域和行业碳达峰实施方案和一系列支撑保障措施，构建起碳达峰、碳中和"1+N"政策体系。建筑热环境调控在建筑物的使用舒适度以及建筑的能源消耗和环保性能方面扮演着至关重要的角色。建筑要实现碳中和，探索新的热环境调控新技术和新方法是必要的。因此，本章简要阐述了建筑热环境调控的相关基础知识，并从建筑设计及结构材料出发对建筑热环境调控基本方法以及面向碳中和的建筑热环境调控新方法进行总结。本章提出的新技术和新方法可以有效降低建筑行业的碳排放，推动社会经济的绿色转型，为实现全球碳中和目标作出积极贡献。

思考题

1. 简要分析辐射、对流和导热三种传热形式的基本原理及差异。

2. 为什么只用温度来评价环境的舒适状况是不准确的？室内热环境评价方法有几种？

3. 简要概述室内热环境的影响因素，并简述各个因素在冬（或夏）季在居室内是怎样影响人体热舒适感的。

4. 列举几个与本章"建筑热环境调控基本方法"中所提到的方法一致的案例。

参考文献

[1] 杨柳. 建筑物理 [M]. 5版. 北京：中国建筑工业出版社，2021.
[2] 刘念雄，秦佑国. 建筑热环境 [M]. 北京：清华大学出版社，2005.
[3] 朱颖心. 建筑环境学 [M]. 3版. 北京：中国建筑工业出版社，2010.
[4] 珍妮·洛弗尔. 建筑围护结构完全解读 [M]. 南京：江苏凤凰科学技术出版社，2019.
[5] 舒欣. 碳中和导向的气候适应性建筑设计策略研究 [J]. 当代建筑，2022（11）：109-112.
[6] 朱颖心. 如何营造健康舒适的建筑热环境——建筑环境与人体舒适及健康关系的探索 [J]. 世界建筑，2021（3）：42-45.
[7] 李麟学，侯苗苗. 工具—本体—系统 建筑热环境前沿研究下的设计实践 [J]. 时代建筑，2022（4）：16-21.

第 5 章 建筑光环境调控

5.1 建筑光环境调控原理

光环境调控原理简单来说,就是通过科学的设计和管理,使建筑内部的光照条件满足人们的视觉需求和生理、心理舒适度,同时优化能源使用效率。本章将从光的基本特性、天然采光与人工照明、调控策略等方面来介绍建筑光环境调控原理。

5.1.1 光学基础

1) 视觉的生理基础

视觉是由进入人眼的辐射所产生的光感觉而获得对外界的认识,其只能通过眼睛来完成。眼睛好似一个很精密的光学仪器,在很多方面都与照相机相似。人的右眼剖面图见图2-13。

(1) 眼睛的主要组成部分和其功能

①瞳孔。虹膜中央的圆形孔,可根据环境的明暗程度,自动调节其孔径,以控制进入眼球的光能数量,起照相机中光圈的作用。

②水晶体。一扁球形的弹性透明体,受睫状肌收缩或放松影响可改变形状,进而改变其屈光度,起照相机的透镜作用,且水晶体具有自动聚焦功能。

③视网膜。光线经过瞳孔、水晶体在视网膜上聚焦成清晰的影像。它是眼睛的视觉感受部分,类似照相机中的胶卷。视网膜上布满了锥体和杆体感光细胞,光线射到上面就产生光刺激,并把光信息传输至视神经,再传至大脑,产生视觉感觉。

④感光细胞。处在视网膜最外层,接受光刺激。锥体细胞主要集中在视网膜的中央部位,称为"黄斑区";黄斑区的中心有一小凹,称"中央窝";锥体细胞在中央窝的密度最大,其在黄斑区以外密度急剧下降。与此相反,在中央窝几乎没有杆体细胞,自中央窝向外,其密度迅速增加。

2) 基本光度单位

(1) 光通量

由于人眼对不同波长的电磁波具有不同的灵敏度,不能直接用光源的辐射功率或辐射通量来衡量光能量,所以必须采用以标准光度观察者对光的感觉量为基准的单位——光通量来衡量,即根据辐射对标准光度观察者的作用导出的光通量。对于明视觉,光通量有:

$$\Phi = K_m \int_0^\infty \frac{d\Phi_e(\lambda)}{d\lambda} V(\lambda) d\lambda \quad (5-1)$$

式中 Φ——光通量,单位为流明,lm;

$\dfrac{d\Phi_e(\lambda)}{d\lambda}$——辐射通量的光谱分布,W;

$V(\lambda)$——光谱光视效率;

K_m——最大光谱光视效能，在明视觉时 K_m 为 683 lm/W。

在计算时，光通量常采用下式算得：

$$\Phi = K_m \sum \Phi_{e,\lambda} V(\lambda) \qquad (5\text{-}2)$$

式中 $\Phi_{e,\lambda}$——波长为 λ 的辐射通量，W。

（2）发光强度

光通量是说明某一光源向四周空间发射出的总光能量，然而不同光源发出的光通量在空间的分布是不同的，还需要了解它在空间中的分布状况，即光通量的空间密度分布。图 5-1 表示一空心球体，球心 O 处放一光源，它向由 $A_1B_1C_1D_1$ 所包的面积 A 上发出 Φ_1 lm 的光通量。

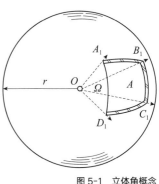

图 5-1 立体角概念

而面积 A 对球心形成的角称为立体角，它是以面积与球的半径平方之比来度量，即：

$$d\Omega = \frac{dA\cos\alpha}{r^2} \qquad (5\text{-}3)$$

式中 α——面积 A 上微元 dA 和 O 点连线与微元法线之间的夹角。

对于本例有：

$$\Omega = \frac{A}{r^2} \qquad (5\text{-}4)$$

立体角的单位为球面度（sr），即当 $A=r^2$ 时，它对球心形成的立体角为 1sr。

光源在给定方向上的发光强度是该光源在该方向的立体角元 $d\Omega$ 内传输的光通量 $d\Phi$ 除以该立体角元之商，发光强度的符号为 I，即：

$$I = \frac{d\Phi}{d\Omega} \qquad (5\text{-}5)$$

当角 α 方向上的光通量 Φ 均匀分布在立体角 Ω 内时，则该方向的发光强度为：

$$I_\alpha = \frac{\Phi}{\Omega} \qquad (5\text{-}6)$$

发光强度的单位为坎德拉，符号为 cd，它表示光源在一球面度立体角内均匀发射出 1 lm 的光通量。

$$I\text{cd} = \frac{1\text{ lm}}{1\text{ sr}} \qquad (5\text{-}7)$$

（3）照度

照度表示被照面上的光通量密度，符号为 E。表面上一点的照度是入射在包含该点面元上的光通量 $d\Phi$ 除以该面元面积 dA 之商，即：

$$E = \frac{\mathrm{d}\varPhi}{\mathrm{d}A} \quad (5-8)$$

当光通量 $\varPhi$ 均匀分布在被照表面 A 上时，则此被照面各点的照度均为：

$$E = \frac{\varPhi}{A} \quad (5-9)$$

照度的单位为勒克斯，符号为 lx，它等于 1 lm 的光通量均匀分布在 $1m^2$ 的被照面上：

$$1\ \mathrm{lx} = \frac{1\ \mathrm{lm}}{1\mathrm{m}^2} \quad (5-10)$$

（4）亮度

一个发光（或反光）物体，在眼睛的视网膜上成像，视觉感觉与视网膜上的物像的照度成正比，物像的照度越大，人眼觉得被看的发光（或反光）物体越亮。视网膜上物像的照度与发光体在视线方向的投影面积 $A\cos\alpha$ 成反比，与发光体朝视线方向的发光强度 I_α 成正比，即亮度就是单位投影面积上的发光强度，亮度的符号为 L，其计算公式为：

$$L = \frac{\mathrm{d}^2\varPhi}{\mathrm{d}\varOmega \mathrm{d}A\cos\alpha} \quad (5-11)$$

式中　$\mathrm{d}^2\varPhi$——由给定点处的束元 $\mathrm{d}A$ 传输的并包含给定方向的立体角元 $\mathrm{d}\varOmega$ 内传播的光通量；

$\mathrm{d}A$——包含给定点处的射束截面积；

α——射束截面法线与射束方向间的夹角。

当角 α 方向上射束截面 A 的发光强度 I_α 均相等时，角 α 方向的亮度为：

$$L_\alpha = \frac{I_\alpha}{A\cos\alpha} \quad (5-12)$$

由于物体表面亮度在各个方向不一定相同，因此常在亮度符号的右下角注明角度，它表示与表面法线成 α 角方向上的亮度。亮度的常用单位为坎德拉每平方米（cd/m^2），它等于 $1m^2$ 表面上，沿法线方向（$\alpha=0°$）发出 1cd 的发光强度，即：

$$1\mathrm{cd/m}^2 = \frac{1\mathrm{cd}}{1\mathrm{m}^2} \quad (5-13)$$

5.1.2　材料的光学性质

在光的传播过程中遇到介质（如玻璃、空气、墙等）时，入射光通量（$\varPhi$）中的一部分被反射（$\varPhi_\rho$），一部分被吸收（$\varPhi_\alpha$），一部分透过介质进入另一侧的空间（$\varPhi_\tau$），如图 5-2 所示。根据能量守恒定律，这三部分之和应等

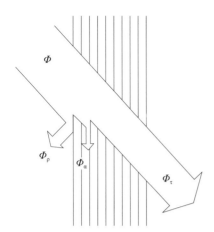

图 5-2 光的反射、吸收和透射

于入射光通量,即:

$$\Phi = \Phi_p + \Phi_\alpha + \Phi_\tau \quad (5-14)$$

反射、吸收和透射光通量与入射光通量之比,分别称为光反射比(曾称为反光系数)ρ、光吸收比(曾称为吸收系数)α 和光透射比(曾称为透光系数)τ,即:

$$\rho = \Phi_p / \Phi \quad (5\text{-}15a)$$

$$\alpha = \Phi_\alpha / \Phi \quad (5\text{-}15b)$$

$$\tau = \Phi_\tau / \Phi \quad (5\text{-}15c)$$

由式(5-15)得出:

$$\frac{\Phi_p}{\Phi} + \frac{\Phi_\alpha}{\Phi} + \frac{\Phi_\tau}{\Phi} = \rho + \alpha + \tau = 1 \quad (5\text{-}16)$$

1)规则反射和透射

规则反射(又称为镜面反射)就是在无漫射的情形下,按照几何光学的定律进行的反射。它的特点包括:①光线入射角等于反射角;②入射光线、反射光线以及反射表面的法线处于同一平面,如图 5-3 所示。玻璃镜、光滑的金属表面都具有这种反射特性,这时在反射方向可以很清楚地看到光源的形象,但眼睛(或光滑表面)稍微移动到另一位置,不处于反射方向,就看不见光源形象。如图 5-4 人在 A 处时,就能清晰地看到自己的形象,看不见灯的反射形象。而人在 B 处时,人就会在镜中看到灯的明亮反射形象,影响照镜子效果。利用这一特性,将这种表面放在合适位置,就可以将光线反射到需要的地方,或避免光源在视线中出现。

光线射到透明材料上则产生规则透射。规则透射(又称为直接透射)就是在无漫射的情形下,按照几何光学的定律进行的透射。如材料的两个表面

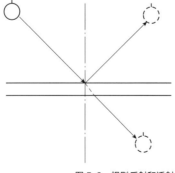

图 5-3 规则反射和透射

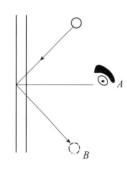

图 5-4 避免受规则反射影响的办法

彼此平行，则透过材料的光线方向和入射方向保持平行。

2）扩散反射和透射

半透明材料使入射光线发生扩散透射，表面粗糙的不透明材料使入射光线发生扩散反射，使光线分散在更大的立体角范围内。这类材料又可按它的散特性分为两种：漫射材料和混合反射与混合透射材料。

（1）漫射材料

漫射材料又称为均匀扩散材料。这类材料将入射光线均匀地向四面八方反射或透射，从各个角度看，其亮度完全相同，看不见光源形象。这类材料用矢量表示的亮度和发光强度分布如图5-5所示，图中实线为亮度分布，虚线为发光强度分布。

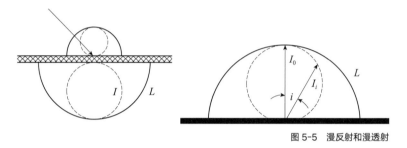

图 5-5　漫反射和漫透射

漫射材料表面的亮度可用下列公式计算：

对于漫反射材料：

$$L = \frac{E \times \rho}{\pi} \quad (5-17)$$

对于漫透射材料：

$$L = \frac{E \times \tau}{\pi} \quad (5-18)$$

以上两式中照度单位是勒克斯（lx）。

漫射材料的最大发光强度在表面的法线方向，其他方向的发光强度和法线方向的值有如下关系：

$$I_i = I_0 \cos i \quad (5-19)$$

式中，i 是表面法线和某一方向的夹角，这一关系式称为"朗伯余弦定律"。

（2）混合反射与混合透射材料

多数材料同时具有规则反射和漫射、漫反射和透射两种性质。混合反射就是规则反射和漫反射兼有的反射，而混合透射就是规则透射和漫透射兼有的透射。它们在规则反射（透射）方向具有最大的亮度，而在其他方向也有一定亮度。

5.1.3 可见度及其影响因素

可见度就是人眼辨认物体存在或形状的难易程度。室内应用时，以标准观察条件下恰可感知的标准视标的对比或大小定义。室外应用时，以人眼恰可看到标准目标的距离定义，故常称为能见度。一个物体之所以能够被看见，它要有一定的亮度、大小和亮度对比，并且识别时间和眩光也会影响其清楚程度。

1）亮度

只有当物体发光（或反光），才能被人眼观察到。人们能看见的最低亮度（称"最低亮度阈"），仅 3.2×10^{-6} cd/m²asb。随着亮度的增大，可见度增大。一般认为，当物体亮度超过 16sb 时（sb 为另一较大单位的符号，读作熙提），人们就感到刺眼，不能坚持工作。

2）物件的相对尺寸

物体的尺寸、眼睛至物件的距离都会影响人们观看物件的可见度。对大而近的物件看得清楚，反之则可见度下降。

3）亮度对比

观看对象的亮度与它的背景亮度（或颜色）的对比，对比大，即亮度或颜色差异越大，可见度越高。

4）识别与适应时间

眼睛观看物体时，只有当该物体发出足够的光能，形成一定刺激，才能产生视觉感觉。在一定条件下，亮度 × 时间 = 常数（邦森—罗斯科定律），即呈现时间越少，越需要更高的亮度才能引起视感觉。

5）避免眩光

眩光就是在视野中由于亮度的分布或亮度范围不适宜，或存在极端对比，以致引起不舒适感觉或降低观察细部或目标能力的视觉现象。根据眩光对视觉的影响程度，可分为失能眩光和不舒适眩光。降低视觉对象的可见度，但并不一定产生不舒适感觉的眩光称为失能眩光。出现失能眩光后，就会降低目标和背景间的亮度对比，使可见度下降，甚至丧失视力。而产生不舒适感觉，但并不一定降低视觉对象可见度的眩光称为不舒适眩光。不舒适眩光会影响人们的注意力，长时间就会增加视疲劳。对于室内光环境来说，只要将不舒适眩光控制在允许的限度内，失能眩光也就消除了。

5.2 建筑光环境调控基本方法

5.2.1 天然光

1）天然光的组成和影响因素

（1）晴天

晴天是指天空无云或很少云（晴天云量一般为 0~3 级，云量是指云块占据天空的面积。通常将整个天空划分为 10 等份，碧空无云或被云遮蔽不到 0.5 份时，云量为 0 级；云遮盖天空一半时，云量则为 5 级）的情况。这时地面照度由太阳直射光和天空漫射光两部分组成。其照度值均随太阳的升高而增大，只是漫射光在太阳高度角较小时（日出、日落前后）变化快，在太阳高度角较大时变化慢。

（2）阴天

阴天是指天空中云很多或全云（云量为 8~10 级）的情况。全阴天时天空全部被云所遮盖，看不见太阳，因此室外天然光全部为漫射光，物体后面没有阴影。这时地面照度取决于：①太阳高度角；②云状；③地面反射能力；④大气透明度。

2）光气候和采光系数

（1）我国光气候概况

光气候是指当地的室外照度状况以及影响其变化的气象因素的总和。我国幅员辽阔，各地光气候差异较大，了解和掌握必要的光气候知识是完成天然采光设计所必需的。

影响室外地面照度的气象因素主要有太阳高度角、云、日照率等。从太阳高度角看，我国地域辽阔，同一时刻南北方的太阳高度角相差很大；从日照率来看，由北、西北往东南方向逐渐减少，而以四川盆地一带为最低；从云量来看，自北向南逐渐增多，四川盆地最多；从云状来看，南方以低云为主，向北逐渐以高、中云为主。

这些均说明，在南北方影响当地室外地面照度的主要气象因素并不一样，并且南北方室外平均照度差异较大。显然，在采光设计中若采用同一标准值是不合理的，为此，在采光设计标准中将全国划分为五个光气候区。

（2）光气候分区

我国国家标准根据室外天然光年平均总照度值大小将全国划分为Ⅰ~Ⅴ类光气候区，参见《建筑采光设计标准》GB 50033—2013 中附录 A.0.1 的中国光气候分区图。根据光气候分区特点，按年平均总照度值确定分区系数，即光气候系数 K，其介于 0.85~1.20 之间，见表 5-1。

光气候系数 K 的取值范围　　　　　表 5-1

光气候区	I	II	III	IV	V
K 值	0.85	0.90	1.00	1.10	1.20
室外天然光设计照度值 E_s（lx）	18000	16500	15000	13500	12000

（3）采光系数

采光系数（C）是在全阴天空漫射光照射下，室内给定平面上的某一点由天空漫射光所产生的照度（E_n）与室内某一点照度同一时间、同一地点在室外无遮挡水平面上由天空漫射光所产生的照度（E_w）比值，即：

$$C = \frac{E_n}{E_w} \times 100\% \quad (5-20)$$

利用采光系数这一概念，就可根据室内要求的照度换算出需要的室外照度，或由室外照度值求出当时的室内照度，而不受照度变化的影响，以适应天然光多变的特点。

3）建筑采光规划与设计

（1）建筑布局

建筑规划布局对室内采光有重要影响。平行布置房屋，需要留足够的间距，否则挡光严重，如图 5-6（a）所示。如仅从挡光影响的角度看，将一些建筑转 90° 布置，这样可减轻挡光影响，如图 5-6（b）所示。在晴天多的地区，朝北房间采光不足，若增加窗面积，则热量损失过大，这时如能将对面建筑（南向）立面处理成浅色，由于太阳在南向垂直面形成很高照度，使墙面成为一个亮度相当高的反射光源，就可使北向房间的采光量增加很多。另一方面，由于侧窗位置较低，易受周围物体的遮挡，有时这种挡光很严重，甚至使窗户失去作用，故在设计时应保持适当距离。

（2）建筑形体

建筑形体对采光有重要影响，它决定了自然光线如何进入建筑内部。当通过侧窗采光时，由于窗口位置低，一些外部因素对它的采光影响很大。故

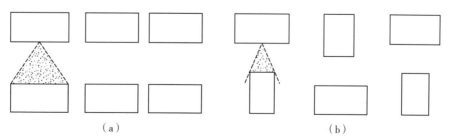

图 5-6　房屋布置对室内采光的影响
（a）平行布置；（b）部分旋转

在一些多层建筑中，将上面几层往里收增加一些屋面，这些屋面可成为反射面，当屋面刷白时，对上一层室内采光量增大的效果很明显。

（3）建筑平面

建筑平面设计对采光有显著影响，它决定了建筑内部不同区域的自然光线分布。目前为了提高房间深处的照度，常采用倾斜顶棚，以接受更多的天然光，提高顶棚亮度，使之成为照射房间深处的第二光源。

（4）建筑剖面

建筑剖面不仅决定了自然光线如何穿过建筑内部，还可以影响建筑通风、室内空间分布和视觉舒适度。以学校教室侧窗采光为例，侧窗采光不均匀是其严重缺点。为了弥补这一缺点，通常采用下列办法，如图5-8所示：

1）将窗的横挡加宽，将它放在窗的中间偏低处。这样的措施可将靠窗处照度高的区域适当加以遮挡，使照度下降，有利于增加整个房间的照度均匀性，如图5-7（a）所示。

2）在横挡以上使用扩散光玻璃，如压花玻璃、磨砂玻璃等，这样使射向顶棚的光线增加，可提高房间深处的照度，如图5-7（b）所示。

3）在横挡以上安设指向性玻璃（如折光玻璃、玻璃砖），使光线折向顶棚，对提高房间深处的照度效果更好，如图5-7（c）所示。

4）在另一侧开窗，左边为主要采光窗，右边增设一排高窗，最好采用指向性玻璃或扩散光玻璃，以求最大限度地提高窗下的照度，如图5-7（d）所示。

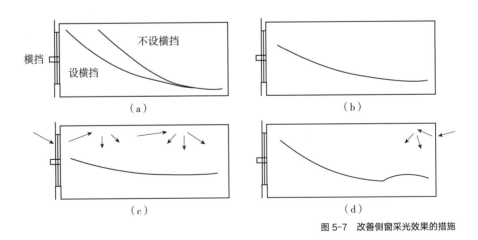

图5-7 改善侧窗采光效果的措施

4）采光构件

（1）侧窗

侧窗是在房间的一侧或两侧墙上开的窗洞口，如图5-8所示。它一般放置在1m左右高度，如图5-8（a）所示。有时为了争取更多的可用墙面或

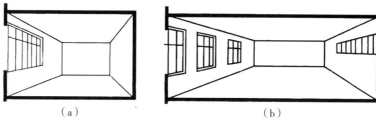

图 5-8 侧窗的几种形式
(a) 单侧窗；(b) 双侧窗

提高房间深处的照度以及其他原因，将窗台提高到 2m 以上，称高侧窗，如图 5-8（b）所示。高侧窗常用于展览建筑，以争取更多的展出墙面。

① 侧窗形状

侧窗通常做成长方形。实验表明，就采光量（由窗洞口进入室内的光通量的时间积分量）来说，在窗洞口面积相等并且窗台标高一致时，正方形窗口采光量最高，竖长方形次之，横长方形最少。但从照度均匀性来看，竖长方形在房间进深方向均匀性好，横长方形在房间宽度方向较均匀（图 5-9），正方形窗居中，所以窗口形状应结合房间形状来选择。

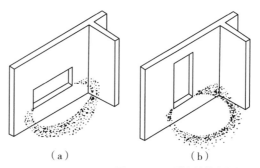

图 5-9 不同形状侧窗的光线分布
(a) 横长方形侧窗；(b) 竖长方形侧窗

对于沿房间进深方向的采光均匀性而言，最主要的是窗的位置高低，图 5-10 所示为侧窗位置对室内照度分布的影响，下面的图是通过窗中心的剖面图，图中曲线表示工作面上不同点的采光系数；上面的三个图是平面采光系数分布图，同一条曲线的采光系数相同。图 5-10（a）、（b）表明，当窗面积相同、窗位置的高低不同时，室内采光系数分布的差异。

影响房间横向采光均匀性的主要因素是窗间墙，窗间墙越宽，横向均匀性越差，特别是靠近外墙区域。图 5-10（c）是有窗间墙的侧窗，面积和图 5-10（a）、（b）的相同，由于窗间墙的存在，靠窗区域照度很不均匀。

② 侧窗的尺寸与位置

窗面积的减少会减少室内采光量，但不同减少方式却给室内采光状况带来不同的影响。如图 5-11（a）所示，窗上沿高度不变，用提高窗台来减少

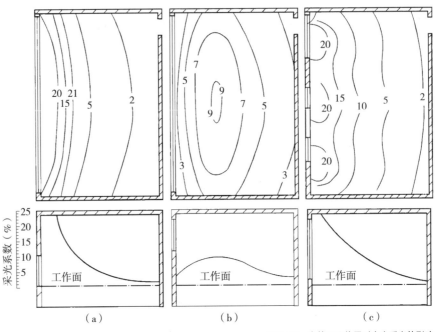

图 5-10 窗的不同位置对室内采光的影响
（a）低位置侧窗；（b）高位置侧窗；（c）有窗间墙的侧窗

窗面积。这时窗台的提高对室内深处的照度影响不大，但近窗处的照度明显下降，而且出现拐点往内移。如图 5-11（b）所示，窗台高度不变，用降低窗上沿高度来减少窗面积。这时近窗处的照度变小，但不似图 5-11（a）所示变化大，而且未出现拐点，但离窗远处照度的下降逐渐明显。

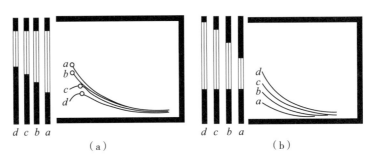

图 5-11 侧窗的尺寸与位置对室内采光的影响
（a）窗台高度变化对室内采光的影响；（b）窗上沿高度变化对室内采光的影响

如图 5-12 所示，窗高不变，改变窗的宽度使窗面积减小，这时随着窗宽的减小，墙角处的暗角面积增大。从窗中轴剖面来看，窗无限长和窗宽为窗高 4 倍时差别不大，特别是近窗处。但当窗宽小于 4 倍窗高时，照度变化加剧，特别是近窗处，拐点往外移。

如图 5-13 所示，可以看出晴、阴天时室内采光状况大不一样。晴天窗口朝阳时，室内照度比阴天高得多；但在晴天窗口背阳时，室内照度反比阴天低。这是由于远离太阳的晴天天空亮度低的缘故。

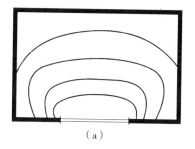 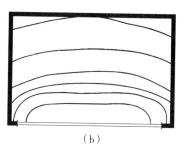

图 5-12 窗长的变化对室内采光的影响
（a）宽度小；（b）宽度大

双侧窗在阴天时，可视为两个单侧窗，照度变化按中间对称分布（如图 5-14 曲线 b 所示）。但在晴天时，由于两侧窗口对着亮度不同的天空，因此室内照度不是对称变化（如图 5-14 曲线 a 所示），朝阳侧的照度高得多。

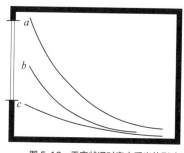 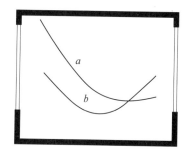

图 5-13 天空状况对室内采光的影响
a—晴天窗朝阳；b—阴天；c—晴天窗背阳

图 5-14 不同天空时双侧窗的室内照度分布
a—晴天；b—阴天

高侧窗常用在美术展览馆中，以增加展出墙面，这时内墙（常在墙面上布置展品）的墙面照度对展出的效果有很大影响。离窗口越远，照度越低，照度最高点（圆圈）也往下移，而且照度变化趋于平缓（图 5-15）。可以通过调整窗洞高低位置，使照度最高值处于画面中心（图 5-16）。

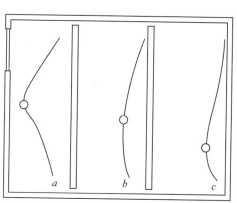 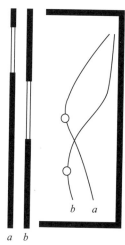

图 5-15 开侧窗时内墙墙面照度变化　　图 5-16 侧窗位置对内墙墙面照度分布的影响

（2）天窗

当建筑进深太深、面积过大时，用单一的侧窗已不能满足工作和生活的需求，故出现了顶部采光形式，通称天窗。合理的天窗设计不仅能为室内提供舒适的光环境、降低照明能耗，还能对建筑的内部空间进行二次分割和再创造，丰富建筑造型。本章主要介绍天窗的三种形式，分别是矩形天窗、锯齿形天窗和平天窗。

①矩形天窗

矩形天窗相当于提高位置（安装在屋顶上）的高侧窗，它的采光特性与高侧窗相似，采光系数变化曲线如图5-17所示，而图5-18为常见矩形天窗尺寸。矩形天窗种类较多，如纵向矩形天窗、梯形天窗、横向矩形天窗和井式天窗等。

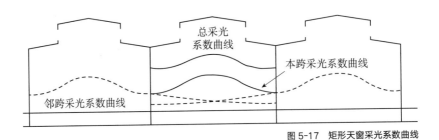

图5-17 矩形天窗采光系数曲线

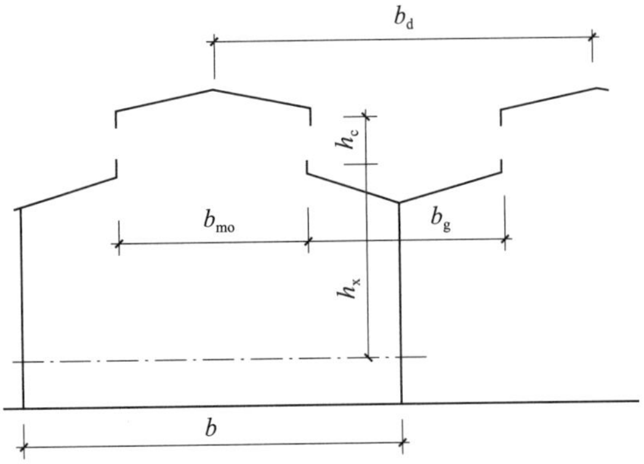

图5-18 矩形天窗尺寸

②锯齿形天窗

锯齿形天窗是将屋顶建成锯齿状，再将窗户安装于垂直面上。当采光系数相同时，锯齿形天窗的玻璃面积比纵向矩形天窗少15%~20%，图5-19所示为锯齿形天窗朝向对采光的影响。此类天窗需增加天窗架，构造复杂，建筑造价高，且不能保证高的采光系数。

③平天窗

平天窗是在屋面直接开洞，铺上透光材料。因为平天窗的玻璃面接近水平，故它在水平面的投影面积（S_p）较同样面积的垂直窗的投影面积（S_a）

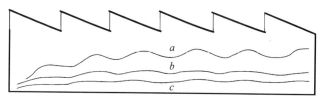

图 5-19 锯齿形天窗朝向对采光的影响

大,如图 5-20 所示。根据立体角投影定律,如天空亮度相同,则平天窗在水平面形成的照度比矩形天窗大,它的采光效率比矩形天窗高 2~3 倍。

图 5-21 表示平天窗在屋面的不同位置对室内采光的影响,图中三条曲线代表三种窗口布置方案时的采光系数曲线,这说明:①平天窗在屋面的位置影响均匀度和采光系数平均值。当它布置在屋面中部偏屋脊处(布置方式 b),均匀性和采光系数平均值均较好。②平天窗的间距(d_c)对采光均匀性影响较大,最好保持在窗位置高度(h_x)的 2.5 倍范围内,以保证必要的均匀性。

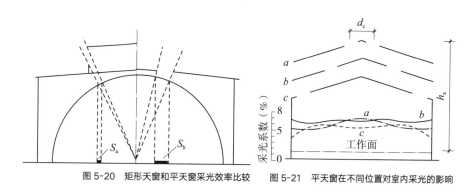

图 5-20 矩形天窗和平天窗采光效率比较   图 5-21 平天窗在不同位置对室内采光的影响

5.2.2 建筑照明

1)电光源

将电能转换为光能的器件或装置称为电光源。根据发光机理不同,电光源主要分为热辐射光源、气体放电光源和固态光源三类。

(1)热辐射光源

任何物体的温度高于绝对温度零度,就向四周空间发射辐射能。当金属加热到 500℃时,就发出暗红色的可见光。温度越高,可见光在总辐射中所占比例越大,利用这一原理制造的照明光源称为热辐射光源。通常包含白炽灯和卤钨灯。

(2)气体放电光源

气体放电光源是由气体、金属蒸气或几种气体与金属蒸气的混合放电而发光的光源。主要包含荧光灯、金属卤化物灯和高压钠灯。

（3）固态光源

固态光源通常分为半导体发光二极管（Light Emitting Diode，LED）和有机发光二极管（Organic Light Emitting Diode，OLED）。

2）灯具特性与分类

（1）灯具的光特性

①配光曲线

任何光源和灯具一旦处于工作状态，就会向四周空间投射光通量。把灯具各方向的发光强度在三维空间中用矢量表示出来，把矢量的终端连接起来，则构成一封闭的光强体。当光强体被通过 Z 轴线的平面截割时，在平面上获得一封闭的交线。此交线以极坐标的形式绘制在平面图上，这就是灯具的配光曲线（图 5-22）。

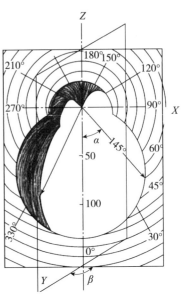

图 5-22　光强体和配光曲线

②亮度分布和遮光角

灯具的亮度分布和遮光角是评价视觉舒适度所必需的参数。当光源亮度超过 16asb 时，人眼就不能忍受，为降低或消除这种高亮度表面对眼睛造成的眩光，给光源罩上一个不透光材料做的开口灯罩（图 5-23），可获得十分显著的效果。

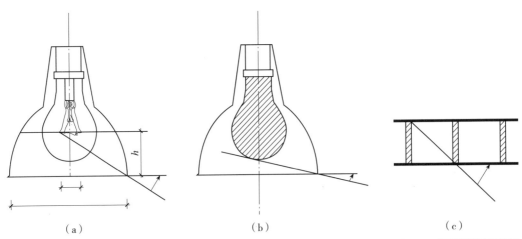

图 5-23　灯具的遮光角示意图
（a）普通灯泡；（b）乳白灯泡；（c）挡光格片

③灯具效率

任何材料制成的灯罩,对于投射在其表面的光通量都要被它吸收一部分,光源本身也要吸收少量的反射光(灯罩内表面的反射光),余下的才是灯具向周围空间投射的光通量。在相同的使用条件下,灯具发出的总光通量 Φ 与灯具内所有光源发出的总光通量 Φ_Q 之比,称为灯具效率 η,也称为灯具光输出比,即:

$$\eta = \frac{\Phi}{\Phi_Q} \quad (5-21)$$

(2)灯具分类

灯具按照安装方式、使用光源、使用环境和使用功能的不同,可分为不同的类型。国际照明委员会按光通量在上、下半球的分布将灯具划分为六类:直接型、半直接型、直接—间接型、一般漫射型、半间接型和间接型。

3)照明设计方法

(1)选择照明方式

照明方式一般分为一般照明、分区一般照明、局部照明和混合照明。

(2)光源和灯具的选择

①光源的选择

不同光源在光谱特性、发光效率、使用条件和价格上都有各自的特点,所以在选择光源时应在满足显色性、启动时间等条件下,根据光源、灯具及镇流器等的效率、寿命和价格在进行综合技术经济分析比较后确定。

②灯具的选择

照明设计过程中应选择满足功能使用和照明质量要求,便于安装维护、长期运行费用低的灯具。充分考虑灯具的光学性质,如配光、眩光控制,以及灯具的经济性,如灯具效率、初始投资和长期运行费用等。灯具外形还须与建构筑物相协调。选择不同类型的灯具、不同的空间表面进行投射可形成不同的空间亮度分布。

③灯具的布置

它要求均匀照亮整个工作场地,故希望工作面上照度均匀。这主要从灯具的计算高度(h_{rc})和间距(l)的适当比例来获得,即通常所说的距高比 l/h_{rc}。为使房间四边的照度不致太低,应将靠墙的灯具至墙的距离减少到灯具间距的 0.2~0.3 倍(0.2~0.3l)。当采用半间接和间接型灯具时,要求反射面照度均匀,因而需控制灯具至反光表面(如顶棚或墙面)的距离。在具体布灯时,还应考虑照明场所的建筑结构形式、工艺设备、动力管道以及安全维修等技术要求。

5.3 面向碳中和的建筑光环境调控新方法

5.3.1 日光定向与日光偏转技术

1）原理与应用

日光定向与日光偏转技术基于平面镜或棱镜的反射原理，能够在不改变日光光谱的前提下，通过精确控制光线的反射方向和强度，实现室内光照的优化分布，这一原理确保了反射后的光线不会失去日光的光谱特性，从而保持自然采光的品质，解决了不良采光的问题。

在高密度城区建筑项目中，往往由于建筑布局、形体和功能设计的限制，并非每个空间都能获得良好的自然采光条件。因此通常采用此项技术根据太阳辐射的入射和到达位置，在建筑内外侧采用如定日镜、可调节角度的室内外遮阳百叶窗等方式，以满足室内特定区域的采光需求。

2）基于日光定向与日光偏转技术的案例分析

日光定向与日光偏转技术的应用方式灵活，可以结合不同材料充分利用反射原理提升室内采光品质。常见的方式包括设置高侧窗、室内反射器、管状天窗、通光管、光纤、棱镜系统、玻璃地板和动态百叶窗等。下面将逐一进行分析。

（1）高侧窗

把光线反射到背对窗户的室内墙壁上。墙壁可以充当大面积、低亮度的光线漫射体。被照得通体明亮的墙壁看起来会往后延伸，并且可以大幅削弱炫光的存在。此原理的一个典型应用案例是德国科隆路德维希博物馆的建筑设置了特定的开口，为艺术品展览所需照明提供了准确的日光控制，如图 5-24 所示。

（2）室内反射器

将反射板设置在天窗下方处可以把光线反射到附近的顶棚上，天窗就会带来非常均匀的漫射光。将光线反射到混凝土筒形拱顶的底部，并让少量光

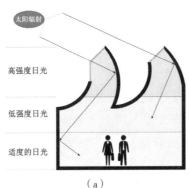

（a） （b） 图 5-24　高侧窗采光原理及实例图
（a）高侧窗采光原理图；（b）德国科隆路德维希博物馆

线透过，减少炫光的同时带来了柔和的光照效果，如图5-25（a）所示。

位于得克萨斯州的金贝尔艺术博物馆的屋顶采用了带有小孔设计的昼光装置，当光线进入一系列天窗后，被装置反射到混凝土筒形拱顶的底部，把直射的炫光挡在视野之外。另外，该装置上有很小的孔，可以让少量光线直接透过，使昼光装置与明亮的顶棚比起来并不显得阴暗，如图5-25（b）所示。

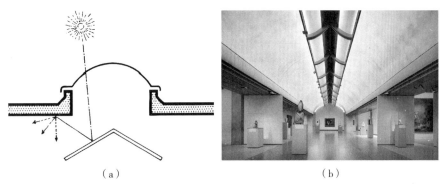

（a） （b）

图 5-25 室内反射器原理及实例图
（a）使用内部反射器漫射阳光并减少炫光；（b）金贝尔艺术博物馆

（3）管状天窗

管状天窗也称为"太阳管"或"太阳隧道"，是安装在屋顶上的刚性固定管道，直径在8~24in（1in=2.54cm）之间，如图5-26（a）所示。其内部由像镜子一样的高反射表面制成，捕捉屋顶顶部的阳光，并将50%的光线反射进家中。大多数管状天窗还包括屋顶上的透明圆顶盖，如图5-26（b）所示，可保护房屋免受外部因素的影响，以及放置在管状天窗末端的扩散器可帮助将光线传播到整个房屋，并且还覆盖有特殊的紫外线涂层，以保护房屋内部。

（a）

（b）

图 5-26 管状天窗工作原理及实例图
（a）管状天窗工作原理图；
（b）Solar Bright 公司的管状天窗屋顶部分

管状天窗有很多优点，它比普通天窗小得多，圆顶的小尺寸不会显著影响建筑围护结构，从而使房屋能够避免夏季热量增加和冬季热量损失，因此更加节能。一个14in的管状天窗可以轻松添加自然光，光照效果比LED灯泡更自然，照亮高达300ft^2（1ft^2=0.0929m^2）的面积，相当于四个100W的灯泡。对于没有窗户的房间，如浴室、洗衣房或大衣柜，有利地放置管状天窗可以在白天不需要人造光。另外，管状天窗相比大面积的天窗便宜很多，并且扩散器末端还包含UV涂层，以保护木地板或其他家具。

（4）通光管

通光管是中空、管道装的光导向装置，它由棱镜和塑料薄

111

(a) (b)

图 5-27 通光管工作原理及实例图
(a) 通光管引导日光进入室内的原理图;(b) 柏林波茨坦广场的通光管实例

膜制成,通过内部整体反射来传播光线。如图5-27(a)所示,其工作原理是通过定日镜在立面或屋顶捕捉阳光,将阳光重新引导到中空光导管中,管道内含有光线提取器和特殊的金属箔,将传输的光分散并将其发射到周围环境,用于改善照明条件。如果没有阳光,例如阴天或夜间,可开启人造光照亮光管,如图5-27(b)所示。另外也可以通过串联安装的特殊光偏转模块来实现对日光不利的房间或区域的目标偏转。通光管不仅可以控制发出的光量,还可以影响光的质量。通过选择不同的漫射器,甚至可以传输阳光并将其投射到墙壁和天花板上。

通光管有以下优点:①不需要阳光直射,使用漫射光即可;②垂直和水平跨区域日光供应;③自然核心区照明;④深层房间的对比度补偿;⑤通过节省外墙来降低大型建筑的建设成本(不需要或需要更少的中庭);⑥由于可用空间更多(取消中庭空间),办公或商业建筑的租金收入更高;⑦通过天花板或墙壁上的太阳辐射改善房间气氛,夜幕降临后可用于中央照明。

(5)光纤

与通光管不同,光纤是由柔软的塑料棒或者玻璃纤维来传导光线,利用光线在纤维中以全内反射原理来传输的光传导工具。光纤通常捆绑在电缆中并连接到屋顶安装的收集器,该收集器捕获阳光并将其引导到光纤的末端。然后,光纤将光传输到位于建筑物内的扩散器或灯具,光均匀分布在整个空间中。

光纤的优点是可以长距离传输光，而不会显著损失强度或质量。这使得建筑物的设计能够具有深层次的平面图或内部空间。此外，由于光纤可以绕过障碍物和狭小的空间，因此它们为建筑设计提供了更大的灵活性，同时减少了眩光和热量增益。

图 5-28 所示的大型菲涅尔透镜聚光器可以收集和传输比大透镜更多的阳光。为了增加焦点，提高通量分布的均匀性，在纤维入口处考虑了均质器。它的内镜反射入射光线并改变光线路径，允许改变通量形状和密度分布。红外滤光片与均质器的结合保证了光纤束在高度集中的太阳光下传输稳定，且光通量分布均匀。

图 5-28　基于菲涅尔透镜的光纤采光系统

（6）棱镜系统

棱镜系统是棱镜面板通过折射原理控制入射日光的方向，根据需求引导光线进入室内的一种日光偏转技术。近年来，建筑领域更多地使用棱柱形面板，带有镀银的棱镜可以阻挡阳光也可以将光线引导进室内增加采光，如图 5-29 所示为一些棱镜应用的方法。

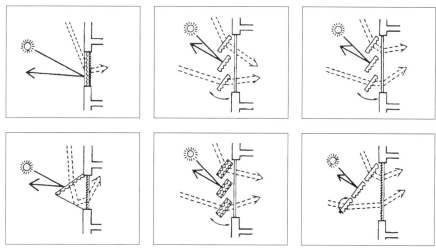

图 5-29　使用棱柱形元素提高室内照明的方法

图 5-30　用于住宅的可变形棱镜系统

棱镜系统的优点是其棱柱形元件是半透明的，该控制元件不会干扰从内部看到的窗户的整体外观，并且通过该系统看到的天空亮度所造成的眩光被大幅降低。另外，此系统可以节省一定的建筑照明成本（灯具安装、用电时长等）。

棱镜系统的工作原理是基于光的折射效应。当光线穿过棱镜时，由于棱镜的特殊角度设计，光线会改变传播路径，从而可以被引导到室内的特定区域。这种方法允许建筑师和设计师控制光线传播的角度，使光线能深入室内空间，或者使光线均匀分布在房间内，提供更加均匀且柔和的室内照明，有效地将室外的自然光分散和重定向，同时避免强烈直射的阳光和相关的眩光问题，如图 5-30 所示是棱镜系统在建筑中应用的典型案例。

棱镜系统的优点包括：提高自然光利用率，减少对人工照明的需求；减少眩光和直接阳光照射，提供更加柔和均匀的光线，创造舒适的室内环境；减少电力消耗，特别是在日照充足的地区，可以显著降低照明能源的需求；可以作为建筑设计的一部分，增加视觉吸引力。

（7）玻璃地板

近年来，由于地下空间的拓展以及大型商业区的建设，为了使光线能够贯穿各类建筑，创造独特的视觉体验的同时增加透光量，玻璃地板这一构件被广泛使用。位于旧金山的中央地铁站的联合广场采用了一种防火玻璃地板，如图 5-31（a）所示，这种设计不仅美观，还充当了采光井，有效引导

（a）

（b）

图 5-31　玻璃地板应用实例
（a）位于旧金山的中央地铁站的联合广场；（b）住宅内部应用玻璃地板的实例

自然光进入地铁大厅。其目的是在通勤者进入车站大厅时提供更加明亮的环境，帮助他们更容易地找到合适的路线。

除了商用功能外，玻璃地板的铺设可以增加建筑内部的空间感，在部分角度可以充当镜面并让昼光照亮下层，因此在家用住宅、别墅的设计中被更多地考量，如图5-31（b）所示。

（8）动态百叶窗

早期的建筑为传统的墙体与玻璃构成的静态结构，通过对可调角度的室内外遮阳百叶窗的研究与优化遮阳方式，之后逐渐变成了能够主动响应环境和用户需求的动态生态系统。下面列举一些关于日光定向与偏转技术在可调节百叶窗遮阳方式上的应用。

为了解决深层办公楼中日光分布不均匀的问题，哈希米（Hashemi）等设计了可独立控制的百叶窗结构，如图5-32所示。该系统在阴天和晴朗的天空条件下充当遮阳帘、灯架、反光百叶窗和反光窗台时能够显著改善日光分布，并将人工照明的需求减少了60%。

曼库托（Mangkuto）等人针对热带地区太阳辐射相对较高、日照时间长的情况，为了优化辐射和日光性能等问题，针对固定遮阳和自适应遮阳设计对建筑物日光性能进行了研究，如图5-33所示。发现在固定设计方案下，SDA（Spatial Daylight Autonomy）300/50% 和 ASE（Amplified Spontaneous Emission）1000，250目标仅能在南、北立面实现；而东、西立面应采用适应性设计方案。水平遮阳装置采用不同板条角度的自适应特性进行建模，响

（a） （b）

图5-32 动态百叶窗实例图
（a）光架模式下的百叶窗；（b）遮阳模式下的百叶窗

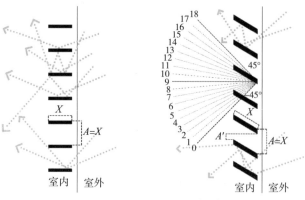

图 5-33 自适应水平遮阳装置原理图

应采光具有不同板条角度的自适应特性。

在传统的动态立面中,季节性变化的百叶窗是常见的日光定向与日光偏转技术的应用,通过每季改变一次百叶窗的位置,可以额外提高 AUDIs(调整后的有用日光照度,Adjusted Useful Daylight Illuminances)幅度高达 3.68%。另外,自适应动态百叶窗可以自动调整到最佳位置(图 5-34),用来限制眩光产生的可能性,并提高 AUDIs 幅度 5.68%~22.01%。

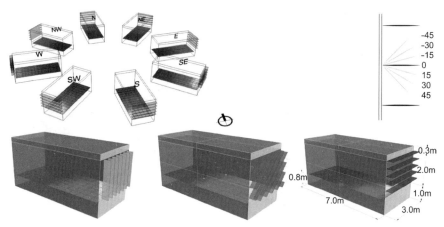

图 5-34 房间朝向、百叶位置、办公室的尺寸和百叶类型的设置

使用此类日光偏转技术控制太阳辐射的分层程序可以影响室内外空气流动、日光、通风和人们的生活方式,从而改善封闭公共区域和周围空间的视觉和热舒适度。内、外部光井、中庭、庭院和画廊在建筑形式中的应用是让日光进入室内空间的有效解决方案,如图 5-35 所示。

具体可以通过以下措施:

①使用几何形状和建筑方向作为光存储;
②使用绿化和水池进行光散射和扩散;

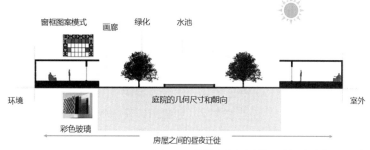

图 5-35 过滤中央庭院建筑强烈太阳辐射的分层程序

③使用画廊和阳台作为遮阳元素;

④使用玻璃类型、颜色和框架图案,通过过滤和扩散强烈的阳光,在室内空间提供充足的有用日光;

⑤使用内部高度、深度和宽度来控制房间不同部分的日光。

5.3.2 照明与遮阳智能控制

1)原理与应用

(1)环境传感与控制流程

在面向碳中和的建筑光环境调控中,主要通过以下三种方式:

①环境传感器。通过采用如光感应器、红外传感器和温度传感器,建筑可以实时监测室内外的环境条件,如照度、人员活动等因素,并根据这些信息自动调整采光、照明和遮阳系统,以实现高效的能源利用,提高舒适度,同时减少碳排放。

②智能控制算法。建筑中的智能控制系统使用先进的算法来处理传感器收集的数据。这些算法可以分析照度、太阳位置、人员活动等信息,从而确定最佳的采光、遮阳和照明策略。

③自动化执行。基于传感器数据和算法分析,智能控制系统可以自动控制窗帘、百叶窗、灯光等设备的开关,以达到最佳的采光和照明效果。例如,当室内照度不足时,系统可以自动开启人工照明设备。

(2)控制系统分类

控制系统可以分为两大类:开环(前馈)和闭环(反馈)。开环系统可以通过直接激活执行器而不使用反馈来控制过程,如图 5-36(a)所示。闭环系统使用实际输出与期望输出响应(参考)的比较作为反馈信号来不断减少变化(误差),如图 5-36(b)所示。因此,反馈系统中的控制器有两个输入(测量信号和参考信号)和一个输出(控制器信号),这有助于提高系统性能,不断纠正最终动作。闭环控制是动态运行的首选方案,因为它能够抑制不可避免的外部干扰。此外,它可以改善测量噪声衰减。

实际上，所有控制系统都容易受到干扰。干扰有两种主要形式，即测量噪声和负载干扰，这可能会误导系统偏离其目标行为。许多类型的干扰实际上可以从各种资源进入系统，这些干扰可能有多种形式：

①期望变量值（设定点）的变化；

②供应变化，代表过程能量输入的任何变化；

③需求变化，即输出能量通量的紊乱；

④环境变化，例如大气压力或环境温度。

干扰的存在是采用反馈系统的主要动机，误差可由控制器不断纠正，如图5-36（b）所示。

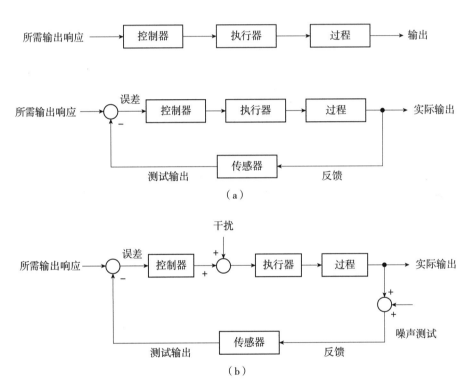

图5-36 不同控制系统运行流程
（a）无反馈的开环控制系统；（b）闭环（反馈）控制系统和带扰动的闭环控制系统

（3）自动控制系统特性

大多数动态系统都以全自动模式进行控制，以响应室外或室内环境。除了一系列微调传感器和执行器之外，动态系统还会利用软件（控制系统）和硬件工具（控制器）。控制器是自动化周期中最重要的组件，其属性和功能可以提供各种行为。根据控制系统布局、控制器特性和第三方的参与，自动控制系统可以区分为两类，即反应式系统和交互式系统，如图5-37所示。

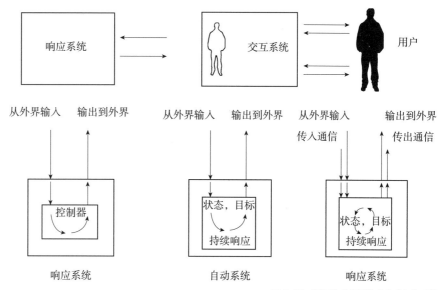

图 5-37 基于技术类型的响应式架构系统

当动态遮阳系统通过从周围环境接收数据并在没有代理的情况下提供反应性响应来自动响应外部环境时，它通常被称为响应式或反应式。换句话说，用户不能干扰其响应方式。反应系统以预定方式直接响应某些刺激，以调节建筑立面的自然光和热量的流动。因此，它可以采用由各种刺激驱动的开环协议，例如入射阳光的角度、室外照度水平或每小时的天空状况。然而，尽管反应系统控制器的能力有限，它仍然可以产生一些修改，例如放大、最小化或加速。

当自动遮阳系统控制气候响应和用户需求时，可以将其标记为交互式。因此，它们可以执行双重使命，即通过调节阳光流量来响应环境变化，并通过完成不同的任务和偏好来满足居民的需求。在这种情况下，可以采用闭环或反馈协议来维持自适应行为。通过代理在系统和用户之间创建实时交互是交互系统最显著的特征。通过混合模式控制可以观察到类似的方法，该控制可以将自动模式覆盖为手动控制。

用户与系统之间的联系可以通过以下两种形式观察：

①主动关系。用户通过物理动作（如按住按钮）直接发起系统。

②被动关系。系统尝试在没有请求的情况下识别用户想要什么。

2）基于动态照明与遮阳系统的案例分析

将动态遮阳与控制系统联合起来的一个典型应用是 2012 年建成于阿布扎比的 Al-Bahar 塔，该建筑以其流体形式、蜂窝状结构和自动动态太阳能屏幕脱颖而出。该系统对太阳的运动作出动态响应，并为建筑物提供了独有的特性。

(1)结构设计原理

图 5-38　Al-Bahar 塔的动态太阳能屏幕（Mashrabiya）效果图

该建筑外立面采用的动态太阳能屏幕（Mashrabiya）是一种独特的自动化功能。如图 5-38 所示，由三角形单元组成，基于折纸雨伞原理设计而成，这些动态遮阳元素会随着太阳的移动而展开到不同的角度，以优化立面的日照照射。

动态折叠几何形状克服了传统垂直和水平百叶窗应用于复杂建筑时的局限性。折叠系统将遮光屏从无缝面纱转变为格子状图案，必要时提供阴影或光线，这样可以减少太阳眩光，同时避免深色有色玻璃和内部百叶窗扭曲周围视野，从而提供更好的可见度。该系统可以更好地吸收自然漫射光，减少人造光的使用以及相关的能源成本。主表皮上的太阳能增益减少会使空气冷却负荷、能源消耗和机房面积减少。这一概念的灵感来自于将中东传统的遮阳帘与适应不断变化的环境的自然系统相融合。

(2)能见度和照度控制

能见度和照度控制的目标是让自然漫射光进入建筑物，并在整个日常工作时间（09：00—17：00）保持 250~2000lx 的有用日光阈值。一旦位于幕墙附近天花板周边的光传感器读数低于 250lx，传感器和人工照明之间连接的调光器就会启动，以维持所需的舒适度阈值。

动态遮阳板的目标是在工作时间（09：00—17：00）阻挡阳光直接照射到占用空间内，进一步减少太阳增益并控制太阳眩光。通过动态响应不断变化的环境背景，对进入建筑物的自然日光量产生重大影响，并减少空调所需的冷却负荷。

(3)传感器控制

通过嵌入式预设程序模拟太阳的运动，并以相应的折叠配置部署 Mashrabiya 单元（图 5-39）。该软件与位于每座塔顶部的三个主要传感器相连：光、风、雨。该系统向操作员提供实时反馈，包括风速、光照强度、降雨量、故障单元及其折叠位置。该反馈用于覆盖预设程序，并在出现异常情况（例如暴风雨）时将单元移动到中间折叠位置。此构件具体的应用方式为：

①当太阳光线以 0°~79° 之间的角度照射到幕墙上——展开配置；
②当太阳光线以 80°~83° 之间的角度照射到幕墙上——混合折叠配置；
③当太阳光线以大于 83° 的角度照射到幕墙上——全折叠配置。

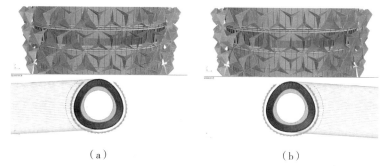

图 5-39　遮阳系统在太阳模拟过程中的动态反应
（a）ST 29：时间：13：30，79°< 太阳角 < 83°；（b）ST 27：时间：09：07，79°< 太阳角 < 83°

本章小结

本章主要研究建筑中光环境的调控原理和应用，探讨了光的基本性质、光源的亮度与视觉的生理基础。提出了对建筑光环境进行有效管理和调控的策略，涵盖了自然光和人工光的合理利用，以及通过建筑设计对光环境的影响；详细介绍了光的物理特性，如光的传播、反射、吸收和透射，以及视觉对光的敏感度，强调了在建筑设计中对光环境调控的重要性；分析了影响建筑内光环境的主要因素，包括建筑的位置、方向、内部布局及材料的光学性能，提出了通过优化这些因素来提高室内光环境质量的方法；提出了建筑光环境调控的基本方法，包括利用天然光和人工光的策略，以及通过建筑形态和空间布局优化来改善光环境。重点讨论了天然光的利用，如通过窗户设计和建筑朝向来最大化自然光的引入，并考虑了不同地理位置和气候条件下的光环境调控策略。通过工程案例分析，展示了实际建筑项目中光环境调控的应用，包括建筑设计方案的选择、材料的应用以及光环境效果的评估，展示了理论与实践相结合的重要性。

思政小结

在探索光环境调控这一章节中，我们深刻理解到，随着我国经济社会的持续发展和生态文明建设的深入推进，建筑光环境的优化调控已经成为提升建筑品质、促进人与自然和谐共生的重要路径。住房和城乡建设部发布的《"十四五"绿色建筑与建筑节能发展规划》明确指出，要深化建筑节能与绿色建筑标准体系，加快推广绿色建筑材料和技术应用，优化建筑光环境质量，以实现建筑业的绿色转型升级和高质量发展。

与传统建筑环境调控相比，建筑光环境调控不仅关注光的利用效率和节能减排，更加强调提升居住和工作空间的自然光利用，优化人的生活和工作环境，显著提高了建筑的使用功能和居住舒适度。为了促进光环境调控的科学发展，建立适应我国国情的评价和标准体系，对光环境调控进行科学、规范的评价显得尤为重要。

我们应深刻理解国家的发展战略，结合光环境调控的学科知识，积极投身到国家的生态文明建设和新型城镇化建设中去。通过不断学习和探索，提高个人专业素养和创新能力，为促进我国建筑业的绿色发展、为构建美丽中国贡献青春力量。

思考题

1. 简述天然光的组成和影响因素。
2. 简述国际照明委员会（CIE）标准晴天、阴天亮度分布规律。
3. 简述影响可见度的主要因素。
4. 简述平天窗采光的优点和缺点。
5. 简述侧窗采光的优点和缺点。
6. 直接眩光可以用哪些措施加以减轻或消除？
7. 降低反射眩光的措施有哪些？
8. 照明设计中如何选择光源？

参考文献

[1] BAKER N, STEEMERS K. Daylight Design of Buildings: A Handbook for Architects and Engineers[M]. London: Routledge, 2014.

[2] BAKER N V, FANCHIOTTI A, STEEMERS K. Daylighting in Architecture: A European Reference Book[M]. London: Routledge, 2015.

[3] HASHEMI A. Daylighting and solar shading performances of an innovative automated reflective louvre system [J]. Energy and Buildings, 2014, 82: 607-620.

[4] MANGKUTORA, KOER-NIAWAN M D, APRILIYANTHI SR, et al. Design Optimisation of Fixed and Adaptive Shading Devices on Four Facade Orientations of a High-Rise Office Building in the Tropics [J]. Buildings, 2022, 12 (1): 25.

[5] GROBMAN Y J, CAPELUTO I G, AUSTERN G. External shading in buildings: comparative analysis of daylighting performance in static and kinetic operation scenarios[J]. Architectural Science Review, 2017, 60 (2): 126-136.

[6] ROBMAN Y J, AUSTERN G, HATIEL Y, et al. Evaluating the Influence of Varied External Shading Elements on Internal Day light Illuminances[J]. Buildings, 2020, 10 (2): 22.

[7] MUKHERJEE S, BIRRU D, CAVALCANTI D, et al. Closed Loop Integrated Lighting and Daylighting Control for Low Energy Buildings[J]. Engineering Environmental Science, 2020.

[8] AL-MASRANI S M, AL-OBAIDI K M. Dynamic shading systems: A review of design parameters, platforms and evaluation strategies [J]. Automation in Construction, 2019, 102: 195-216.

第 6 章 建筑声环境调控

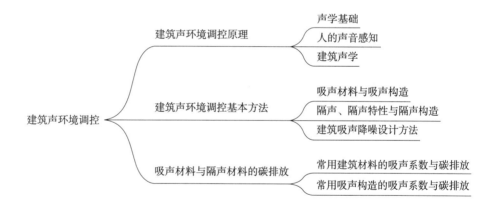

6.1 建筑声环境调控原理

建筑声环境是建筑空间的重要属性，会对居住和使用者的心理与生理感受产生深远影响。本章旨在深入剖析建筑声环境的调控原理与方法。从声学基础理论出发，探讨声音在建筑空间中的传播机制，实现建筑内部声环境的优化与调控。同时，在声环境设计阶段应注意材料和构造的碳排放情况，降低建筑对环境的不利影响。

6.1.1 声学基础

作为建筑声环境调控的第一节，本节主要是简略介绍声学基础知识，人对声音的感知和建筑及户外环境声传播的特性。

教学视频3

1）声音的产生与传播

声音来源于振动的物体，辐射声音的振动物体称为"声源"。例如拨动琴弦或运转的机械设备引起的与其连接的建筑部件的振动。声波也可能因空气的剧烈膨胀导致空气扰动所产生，例如汽笛或喷气引擎的尾波。声源发声后要经过一定的介质才能向外传播，而声波是依靠介质的质点振动而向外传播声能，介质的质点只是振动而不移动。声音在空气中传播时，传播的只是振动的能量，空气质点并没有随声波一直向外移动。

2）波长、频率与声速

声源完成一次振动所经历的时间称为"周期"，记作 T，单位是秒（s）。1s内振动的次数称为频率，记作 f，单位是赫兹（Hz）或周/s，它是周期的倒数，即：

$$f = \frac{1}{T} \quad (6-1)$$

声波在传播途径上，两相邻同相位质点之间的距离称为"波长"，记作 λ，单位是米（m）。

声波在弹性介质中的传播速度称为"声速"，记作 c，单位是米/秒（m/s）。声速不是质点振动的速度，而是振动状态传播的速度；它的大小与振动的特性无关，而与介质的弹性、密度以及温度有关。

$$c = \lambda \cdot f \quad (6-2)$$

在一定的介质中声速是确定的，因此频率越高，波长就越短。通常室温下空气中的声速为340m/s（室温为15℃），100~4000Hz 的声音波长范围在3.4~8.5cm之间。

3）频带、频带宽度和倍频程

在建筑声学领域的研究中，如果逐个测量声音的频率，这样做会使工作量变大,也没有必要如此精细,通常将声音的频率范围划分成若干个区段,称为"频带"。每个频带有一个下界频率 f_1 和上界频率 f_2,$\Delta f=f_2-f_1$ 称为"频带宽度",简称"带宽";f_1 和 f_2 的几何平均数称为频带中心频率 f_c,$f_c=\sqrt{f_1 \cdot f_2}$。

频带划分的方式通常不是在线性标度的频率轴上等距离地划分频带,而是以各频带的频程数 n 都相等来划分。频程 n 用下式表示:

$$n=10\log_2\left(\frac{f_1}{f_2}\right) \quad (6-3)$$

式中,n 为正整数或分数。$n=1$,称为一个倍频程;$n=1/3$,称为 1/3 倍频程。一个倍频程相当于音乐上一个"八度音"。

国际标准化组织 ISO 和我国国家标准,在声频范围内对倍频带和 1/3 倍频带的划分作了标准化的规定,见表 6-1。

倍频带和 1/3 倍频带的划分(单位:Hz)　　表 6-1

倍频带		1/3 倍频带		倍频带		1/3 倍频带	
中心频率	截止频率	中心频率	截止频率	中心频率	截止频率	中心频率	截止频率
16	11.2~22.4	12.5 16 20	11.2~14.1 14.1~17.8 17.8~22.4	1000	710~1400	800 1000 1250	710~900 900~1120 1120~1400
31.5	22.4~45	25 31.5 40	22.4~28 28~35.5 35.5~45	2000	1400~2800	1600 2000 2600	1400~1800 1800~2240 2240~2800
63	45~90	50 63 80	45~56 56~71 71~90	4000	2800~5600	3150 4000 5000	2800~3550 3550~4500 4500~5600
125	90~180	100 125 160	90~112 112~140 140~180	8000	5600~11200	6300 8000 10000	5600~7100 7100~9000 9000~11200
250	180~355	200 250 315	180~224 224~280 280~355	16000	11200~22400	12500 16000 20000	11200~14100 14100~17800 17800~22400
500	355~710	400 500 630	355~450 450~560 560~710				

4)声波的反射、散射、折射和绕射

声从声源出发、在同一个介质中按一定方向传播,在某一时刻,波动所达到的各点的包络面为"波阵面"。"波阵面"为平面的称为"平面波","波阵面"为球面的称为"球面波"。由一点声源辐射的声波就是球面波,但在离声源足够远的局部范围内可以近似地把它看作平面波。矩阵排列的点声

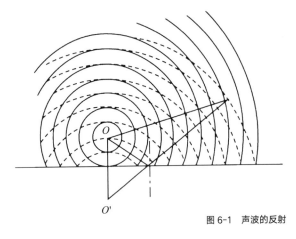

图 6-1 声波的反射

源，若发出的声波具有相同的相位，也可以近似看作是平面波。人们常用"声线"表示声波传播的途径。在各向同性的介质中，声线是直线且与波阵互相垂直。

（1）声波的反射

当声波在传播过程中遇到一块尺寸比波长大得多的障板时，声波将被反射。如声源发出的是球面波，经反射后仍是球面波，如图 6-1 所示，图中用虚线表示反射波，就像是从声源 O 的映像——虚声源 O' 发出似的，O 和 O' 点是对于反射平面的对称点。同一时刻反射波与入射波的波阵面半径相等。如用声线表示前进的方向，反射声线可以看作是从虚声源发出的。所以利用声源与虚声源的对称关系，以几何声学作图法就能很容易地确定反射波的方向。

根据声源与虚声源的对称关系，可以说明反射定律，它的基本内容是：①入射线、反射线和反射面的法线在同一平面内；②入射线和反射线分别在法线的两侧；③反射角等于入射角。

（2）声波的透射与吸收

当声波入射到建筑构件（如墙、顶棚）时，声能的一部分被反射，一部分透过构件，还有一部分由于构件的振动或声音在其内部传播时介质的摩擦或热传导而被损耗，通常称为材料的吸收。

根据能量守恒定律，若单位时间内入射到构件上的总声能为 E_0，反射的声能为 E_γ，构件吸收的声能为 E_α，透过构件的声能为 E_τ，则互相间有如下关系：

$$E_0 = E_\gamma + E_\alpha + E_\tau \tag{6-4}$$

透射声能与入射声能之比称为"透射系数"，记作 τ；反射声能与入射声能之比称为"反射系数"，记作 γ，即：

$$\tau = \frac{E_\tau}{E_0} \tag{6-5}$$

$$\gamma = \frac{E_\gamma}{E_0} \tag{6-6}$$

通常把 τ 值小的材料称为"隔声材料"，把 γ 值小的材料称为"吸声材料"。在进行室内音质设计与噪声控制时，必须了解各种材料的隔声、吸声特性，从而合理地选用材料。

（3）声波的散射

当声波传播过程中遇到障碍物的起伏尺寸与波长大小接近或更小时，将

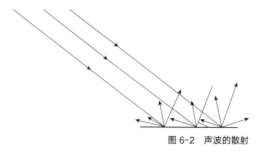

图 6-2 声波的散射

不会形成定向反射,而是将声能散播在空间中,这种现象称为散射,如图 6-2 所示。类似于光线照射到一大块玻璃上,如果玻璃非常光滑,会像一面镜子一样反射光线,如果用砂纸打磨玻璃,使玻璃表面形成不规则的细小起伏,就成了乌玻璃,光线不再有确定的反射方向。

(4)声波的折射

当介质条件发生某些改变时,虽不足以引起反射,但声速发生了变化,声波传播方向会改变。除了声速因材料或介质不同而改变,在同样的介质中温度改变也会引起声速改变。这种由声速引起的声传播方向的改变称为折射。

室外温度改变会产生声音折射。因为声音在温暖的空气中传播速度较快,声波向温度低的一面弯曲,如图 6-3 所示。例如,在炎热夏天的下午,地面被晒热,大气温度随着海拔的增加而降低。这种情况下,靠近地面的声源产生的声波向上弯曲并远离地面上的听者,降低了所听到声音的声压级。在夜里或清晨,声波向地面弯曲。声波沿传播方向跳跃式传播,比想象传得更远。声波还会随风产生类似的弯曲,顺风传播时,可以传得比期望的远;逆风传播时,会产生阴影区。

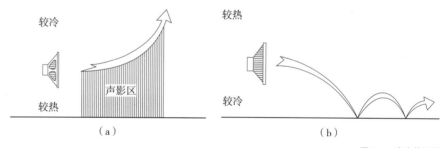

图 6-3 声音的折射
(a)随高度的增加而气温降低时的折射;(b)随高度的增加而气温上升时的折射

(5)声波绕射

当声波在传播过程中遇到一块有小孔的障板时,如孔的尺度(直径 d)与波长 λ 相比很小(即 $d \ll \lambda$),如图 6-4(a)所示,孔处的质点可近似地看作一个集中的新声源,产生新的球面波。它与原来的波形无关。当孔的尺度比波长大得多时(即 $d \gg \lambda$),如图 6-4(b)所示,则新的波形较复杂。

从图 6-5(a)、(b)所示的两个例子可以看出,当声波在传播途径中遇到障板时,不再是直线传播,而是能绕到障板的背后改变原来的传播方向,在它的背后继续传播,这种现象称为绕射。

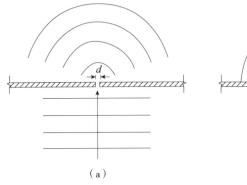
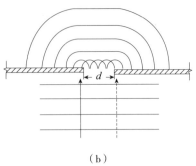

图 6-4 孔对声波的影响
（a）小孔对声波的影响；（b）大孔对声波的影响

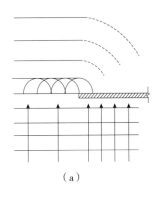
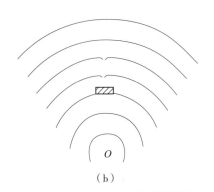

图 6-5 屏障对声波的影响
（a）声波的绕射；（b）小孔板对声波的影响

5）声音的计量

（1）声功率 W

声源辐射声波时对外做功。声功率是指声源在单位时间内向外辐射的声能，记为 W，单位为瓦（W）或微瓦（μW，$10^{-6}W$）。声源声功率有时是指在某个有限频率范围所辐射的声功率（通常称为频带声功率），此时需注明所指的频率范围。

（2）声强 I

声强是衡量声波在传播过程中声音强弱的物理量。声场中某一点的声强，是在单位时间内，该点处垂直于声波传播方向的单位面积上所通过的声能，记为 I，单位是 W/m^2。

$$I = \frac{dw}{ds} \tag{6-7}$$

式中　ds——声能所通过的面积，m^2；

dw——单位时间内通过 ds 的声能，W。

在无反射声波的自由场中，点声源发出的球面波均匀地向四周辐射声能。因此，距声源中心为 r 的球面上的声强为：

$$I = \frac{W}{4\pi \cdot r^2} \quad (6-8)$$

因此，对于球面波，声强与点声源的声功率成正比，而与到声源的距离的平方成反比。对于平面波，声线互相平行，同一束声能通过与声源距离不同的表面时，声能没有聚集或离散，即与距离无关，所以声强不变。

以上现象均指声音在无损耗、无衰减的介质中传播。实际上，声波在一般介质中传播时，声能总是有损耗的。声音的频率越高，损耗也越大。

（3）声压 p

声压是指介质中有声波传播时，介质中的压强相对于无声波时介质静压强的改变量，所以声压的单位就是压强的单位 N/m^2 或 Pa（帕）。任一点的声压都是随时间而不断变化的，每一瞬间的声压称为瞬时声压，某段时间内瞬时声压的均方根值称为有效声压。对于简谐波，有效声压等于瞬时声压的最大值除以 $\sqrt{2}$，即：

$$p = \frac{p_{max}}{\sqrt{2}} \quad (6-9)$$

若未说明，通常所指的声压即为有效声压。

声压与声强有着密切的关系。在自由声场中，某处的声强与该处声压的平方成正比，而与介质密度与声速的乘积成反比，即：

$$I = \frac{p^2}{\rho_0 c} \quad (6-10)$$

式中　p——有效声压，N/m^2；

　　　ρ_0——空气密度，kg/m^3；

　　　c——空气中的声速，m/s。

$\rho_0 c$ 表示空气的介质特性阻抗，在 20℃ 时，其值为 $415 N \cdot s/m^3$。

因此，在自由声场中测得声压和已知距声源的距离，就不难算出声强以及声源的声功率。

（4）声能密度 D

声强为 I 的平面波，在单位面积上每秒传播的距离为 c，则在这一空间中声能密度为：

$$D = \frac{I}{c} \quad (6-11)$$

式中　D——声能密度，$W \cdot s/m^3$ 或 J/m^3；

　　　c——声速，m/s。

声能密度只描述单位体积内声能的强度，与声波的传播方向无关，应用于反射声来自各个方向的室内声场时最为方便。

6.1.2 人的声音感知

1）人耳

介质质点的振动传播到人耳时会引起人耳鼓膜的振动,通过听觉机构的"翻译"并发出信号,刺激听觉神经而让人产生听到声音的感觉。

声音通过人们的解读才有意义,因此了解人的听觉器官对全面了解声学这门科学是有帮助的。图 6-6 展示了人耳的主要构造,一般分为外耳、中耳和内耳。

（1）外耳

外耳的职责是将聚拢的声波送入其他听觉器官,如图 6-6 所示。外耳本身是一个圆柱形通道,一边开口于耳廓,另一边终止于耳鼓膜。如果我们没有耳廓,周围多数的声音都听不到。声波通过耳道作用于耳鼓膜,也就是医学领域所称的鼓室隔膜。耳鼓膜是听觉机制的第一关,它将声能转换成另一种能量形式,进而传到大脑中心进行翻译。耳鼓膜也是外耳的终止点。外耳对进入听觉器官的声音的声学作用是帮助人耳对声源进行定位,同时对一些频率的声音有增强的作用。

（2）中耳

声波继续前行,带动耳鼓膜振动,进入中耳。耳鼓膜振动由中耳室空腔三块小骨（称为听骨）继续传递。锤鼓、砧骨和镫骨将耳鼓膜的振动传到卵形窗,卵形窗是内耳的入口。关于中耳功能有一点值得说明,这三块骨头的作用是调整音量使其适合内耳器官。也就是说,如果声压级很高,连接这些骨头的肌肉使它们分开,减少进入内耳的声音强度。对于脉冲声,这种反射是无效的,因为这一类声音发生的速度远大于器官自我保护反应的速度。

中耳的空腔通常与外部世界密封隔绝,当压力改变直到中耳密封被打破时,人体才会感受到。这种压力的不平衡源自海拔的改变（大气压强改变）,耳骨膜后部会有受压的感觉。中耳和外部世界唯一的连接是咽鼓管（又称欧氏管,是以 16 世纪意大利解剖学家巴尔托洛梅奥·欧斯塔基奥命名）,它连接中耳到咽喉。当吞咽或打呵欠时密封结构打开,使中耳的压力减至正常。

（3）内耳

一旦声能到达卵形窗,将引起卵形窗的振动。被称为蜗形管的充满液体的螺旋形器官随后产生波动,类似于海洋的波动。蜗形管上排列着微小的、毛发似的细

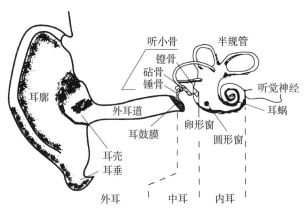

图 6-6 人耳的主要构造

胞，在液体中波动。这些细胞的波动将机械能转换成电能，并将这些电信号传送至听觉神经。听觉神经将来自全部毛细胞的电信号传送至大脑，并在大脑中进行处理，进而理解为声音。这个听觉过程仅用毫秒即可完成。

声音除了从外耳和中耳这一途径传到内耳外，还可以通过颅骨的振动使内耳液体运动、这一传导途径叫骨传导。镫骨的振动可以由振动源直接引起，也可以由极强声压的声波引起，此外还可由身体组织和骨骼结构把身体其他部分受到的振动传到颅骨。通常空气中声波的声压级超过空气传导途径的听阈60dB时，就能由骨传导途径听到。所以，骨传导的存在有时就会使外耳防护器的防噪作用受到限制。

2）人的听觉特点

（1）听觉灵敏度

在探讨人类听觉系统的灵敏度时，一个思想实验被提出以直观地说明人耳的听觉阈值。实验的设置如下：设置消声室，其室内墙壁、天花板以及地板均覆盖着厚重的玻璃纤维尖劈，这些尖劈的设计是为了最大限度地吸收声音，从而创造一个极度安静的环境。实验要求观察者在消声室内保持静止，倚靠在椅子的靠背上，耐心等待。在日常生活中，人类通常被各种噪声所包围，这些噪声往往被忽视。然而，在消声室这种极端安静的环境下，观察者在几分钟后将开始感知到之前未被注意到的声音。这些声音源自观察者的身体内部，包括心脏跳动和血液在血管中流动的声音。进一步地，如果观察者的耳朵足够灵敏，他们甚至可以在心脏跳动的间隙捕捉到一种嘶嘶声。这种声音是由于空气分子与耳鼓膜的碰撞所产生的。这一现象表明，人类的耳朵有一个听觉阈值，即存在一个声音的最小强度，低于此强度的声音将无法被人耳感知。这一阈值定义了人类听觉系统的灵敏度极限，这就是人耳的听阈。

（2）人耳的可听范围

普遍公认人类可听频率范围是20~20000Hz。在这个频率范围中，我们最敏感的频率在500~4000Hz之间。这并非偶然，它与人类发出的声音的主要频率范围是一致的。尽管我们中的多数人可以听到20~500Hz的低频声和4000~20000Hz的高频声，但我们的听觉器官对这些声音并不敏感。

对于频率低于20Hz的次声波，尽管多数人听不到这个频率的声音，但由于我们的内部器官在5~15Hz频率范围内会产生共振，因此能感受到振动。频率高于20000Hz的超声波能聚焦成窄束，常被广泛用于医学诊断（观察内部器官或胎儿）等方面。

人耳对不同声压级、不同频率声音的灵敏度在一个很大的范围内变化。平均而言，人类听觉系统可察觉的最小声压在4kHz附近约为10μPa或

10^{-5}Pa。不会引起疼痛感的最大平均声压约为64Pa。响度最大的痛阈与响度最小的听阈的声压之比为：

$$\frac{痛阈}{听阈} = \frac{64}{10^{-5}} = 6400000 = 6.4 \times 10^6 \quad (6-12)$$

（3）级的概念

听觉的声压变化范围非常大，不便于处理数据。如前所述，在有足够的声强与声压的条件下，能引起正常人耳听觉的频率范围约为20~20000Hz。对频率1000Hz的声音，人耳能听见的下限声强为10^{-12}W/m²，相应的声压为2×10^{-5}N/m²。可以看出，人耳的容许声强范围为1万亿倍，声压相差也达100万倍。同时，声强与声压的变化范围与人耳感觉的变化也不是成正比的，而是近似地与它们的对数值成正比，这时人们引入了"级"的概念。

① 级的概念与声压级

所谓级是做相对比较的无量纲量。如声压以10倍为一级划分，从闻阈到痛阈可划分为10^0、10^1、10^2、10^3、10^4、10^5、10^6七级。声压比值写成10^n形式时，级值就是n的数值。但如此划分等级过少，为了得到更细致的划分，实际应用中通常使用20倍的对数来计算声压级，这时声压级的变化为0~120。即：

$$L_p = 20 \lg \frac{p}{p_0} \quad (6-13)$$

式中　L_p——声压级，dB；

　　　p——某点的声压，N/m²；

　　　p_0——参考声压，以2×10^{-5}N/m²为参考值。

使用声音级可以清晰直观地度量声音，如听阈和痛阈的声压级，如图6-7所示。图6-7直观地显示了音乐和语音的声压级范围。

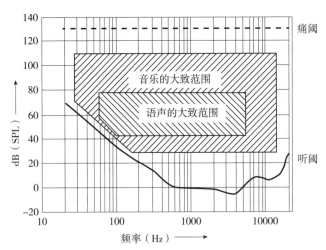

图6-7　人耳评价听阈和痛阈曲线以及一般对话和音乐的频率和声压级范围

②声强级

声强级则是以 10^{-12}W/m^2 为参考值，任一声强与其比值的对数乘以 10 记为声强级 L_I，即：

$$L_\text{I} = 10 \lg \frac{I}{I_0} \tag{6-14}$$

式中　L_I——声强级，dB；

　　　I——某点的声强，W/m^2；

　　　I_0——参考声强，10^{-12}W/m^2。

在自由声场中，当空气的介质特性阻抗 $\rho_0 c$ 等于 $400\text{N}\cdot\text{s/m}^3$ 时，声强级与声压级在数值上相等。因此，通常可认为二者的数值相等。

$$\text{dB}(\text{SPL}) = 20 \lg \left(\frac{p}{p_\text{ref}}\right) \tag{6-15}$$

式中　p——实际声压，Pa；

　　　p_ref——参考声压，20μPa。

③响度级

强度相等而频率不同的两个纯音（指只具有单一频率的声音）听起来并不一样响；两个频率和声压级都不同的声音，有时听起来可能会一样响；声音的强度加倍并不感到加倍的响。主观感受与客观物理量的关系并非简单地呈线性关系。为了定量地确定某一声音使人的听觉器官产生多响的感觉，使用的办法是把它和另一个标准声音比较测定。如果某一声音与已选定的 1000Hz 的纯音听起来同样响，这个 1000Hz 纯音的声压级值就定义为待测声音的"响度级"。响度级的单位是 phon（方）。对一系列的纯音都用标准音来做上述比较，可得到如图 6-8 所示的纯音等响曲线。

图中同一条曲线上的各点所表示的不同频率的纯音虽然具有不同的声压级，但人们听起来却一样响，即同一条曲线上的各点具有相等的响度级。例如：声压级为 50dB 的 1000Hz 纯音，和声压级为 72dB 的 50Hz 纯音是等响的，响度级都是 50phon（方）。从等响曲线可知，人耳对 2000~5000Hz 的声音特别敏感，对频率越低的声音越不敏感。图中最下面一条曲线为可闻阈，表示刚能使人听到声音的界限；最上面一条曲线为疼痛阈，表示使人产生疼痛感觉的界限。所以，人耳能感受的声压级几乎全部在这两条曲线所包括的范围内。

（4）最小可辨阈（差阈）

对于频率在 50~10000Hz 之间的任何纯音，在声压级超过可听阈 50dB 时，人耳大致可鉴别 1dB 的声压级变化。在理想的实验室条件下，声音由耳机供给时，在中频范围，人耳可觉察到 0.3dB 的声压级变化，强度可辨别的纯音大约为 325 个。在频率约为 1000Hz 而声压级超过 40dB 时，人耳能觉察到的

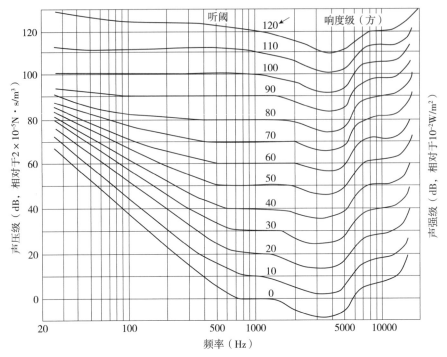

图 6-8 纯音等响曲线

频率变化范围约为 0.3%。声压级相同,但频率低于 10000Hz 时,人耳约能觉察 3Hz 的变化。在中等强度,频率可辨别的纯音约为 1500 个。在整个听觉范围内,强度、频率可辨别的纯音大约有 34 万个,这大致和人眼可辨别的明暗、色彩的颜色数量相当。

(5) 听觉对声源的定位能力

我们利用双耳可以判断声音的方向,由于双耳位于头部的两侧,这样的构造对于不同方向的声源具有不同的声学效果。两只分离的耳朵对声波产生两种现象:①声波到达双耳的时间不同而产生的双耳时间差;②声波到达双耳的强度不同而产生的双耳声级差。

①双耳时间差

收到声音;如果声源处于正前方或正后方或中垂面上某一位置,声音将同时到达双耳。双耳时间差取决于声波分别到达双耳的距离差,如图 6-9 所示。

②双耳声级差

另外一种声源定位的方法是利用双耳声级差,它是由头部遮蔽效应产生的。头部对声波的遮蔽效应如图 6-10 所示,当声源位于中垂面时,到达双耳的声级是相等的;当声源偏离中垂面时,一只耳朵的声级逐渐减小,另一只耳朵的声级逐渐增大。有实验表明,两耳的强度比随着声源入射角度以正弦方式在 0~20dB 变化。

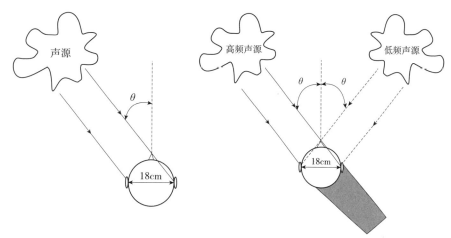

图 6-9 声音与头部的相对位置关系　　图 6-10 头部遮蔽效应引起的双耳声级差

双耳声级差主要对高频声音的定位起作用，而双耳时间差主要对低频声音的定位起作用。要注意的是，在 700~2800kHz 时，听觉完成这两种定位方法的过渡。双耳对这两个频率之间的声音信号的定位能力不及对其他频率的声音信号的定位。

（6）哈斯效应

双耳时间差和强度补偿效应的第二种情况也称为哈斯效应或优先效应，是以对这个效应进行实验后得到的定量结果的实验者名字命名的。哈斯效应主要包含以下两层含义：①延时在 30ms 以内时，听觉将定位于先导声，而不能感觉到延迟声的存在；②听觉一般不能觉察 30ms 以内的反射声，如果反射声在 30ms 以后到达，反射声可能以回声的形式被听到。这个研究结果对建筑声学设计工作有非常重要的指导意义。基本要求是保证早起反射声在 30ms 以内到达观众区，以避免这些反射声形成回声。

（7）遮蔽效应

当同时聆听两个或更多的纯音时，听觉会产生所谓的"遮蔽"效应，即每个纯音都变得更难听清或不能听清，或者说另一个声音被部分或完全地"遮蔽"。这种情况下，我们将产生遮蔽的声音称为"遮蔽声"，被遮蔽的声音称为"被遮蔽声"。

6.1.3 建筑声学

声音在室内（如教室、剧院）和户外空间（广场、道路）传播时，或受到空间各个界面（墙壁、顶棚、地面）的约束，或形成自由空间（如露天广场）的"声场"。这些环境都有一些特有的声学现象，如同样的声源在室内比露天听上去要响一些；在室内声源停止发生后，声音不会像在室外那样立即消失,而要持续一段时间。这些现象对室内声环境品质有极大的影响。因此,需要了解声音的传播规律和特点。

1)声音在户外的传播

(1)点声源随距离的衰减

在自由声场中,声功率为 W 的点声源向外辐射的能量呈球状扩展,在与声源距离为 v 处的声强度 I 的算式是 $I = W/2\pi r^2$,因此该处的声压级可以下式表示:

$$L_p = L_W - 10\lg 4\pi - 10\lg r^2 = L_W - 11 - 20\lg r \quad (6\text{-}16)$$

如果在距离 r_1 处的声压级为 L_{p1},在距离 $r_2 = nr_1$ 处的声压级为 L_{p2},则有:

$$L_{p2} = L_{p1} - 20\lg\frac{r_2}{r_1} = L_{pL} - 20\lg n \quad (6\text{-}17)$$

由上式可知,与声源的距离每增加 1 倍,声压级降低 6dB。同样地,依据测量的 L_p 和 r 可以用以上等式计算 L_W。

(2)线声源随距离的衰减

①无限长线声源

当有许多声源排成行时(例如公路上的车辆)就可以看作无限长的线声源。假设这种不连贯的点声源无规则地连续分布在一条直线上,把声波看成围绕线声源以圆柱状的形式向外传播,线声源就是该圆柱的轴线。当线声源单位长度的声功率为 W,在与声源距离为 r 处的声强度 I 的算式是 $I = W/4\pi r$,该处的声压级由下式给出:

$$L_p = L_W - 10\lg r \quad (6\text{-}18)$$

因此,距离每增加 1 倍,声压级降低 3dB。

②有限长线声源

在有限长线声源情况下,观测点所接收的声音能量与该点至有关声源两端点视线间的夹角成正比,而与距离成反比。如果距离较近,则距离每增加 1 倍,声压级降低 3dB;如果距离较远,则距离每增加 1 倍,声压级降低 6dB。这个近似对于估计来自线声源的声压级分布是很有用的。

③面声源随距离的衰减

如果观测点与声源的距离比较近,声能没有衰减。但是在远离声源的观测点也会有声压级的降低,降低的数值为 3~6dB。

2)室内音质

(1)室内声音的增长、稳态与衰减

在几何声学中引入统计声学的概念,假定声源在连续发声时声场是完全扩散的。扩散有两层含义：①声能密度在室内均匀分布，即在室内任一点上其声能密度都相等；②在室内任一点上，来自各个方向的声能强度都相同。

基于上述假定，室内内表面上不论吸声材料位于何处，效果都不会改变；同样地，声源与接收点不论在室内什么位置，室内各点的声能密度也不会改变。室内声音的增长、稳态和衰减过程可以用图6-11形象地表示出来。图中实线表示室内表面反射很强的情况。此时，在声源发声后，会达到较高的声能密度并进入稳定状态；当声源停止发声，声音将比较慢地衰减下去。虚线与点虚线则表示室内表面的吸声量增加到不同程度时的情况。

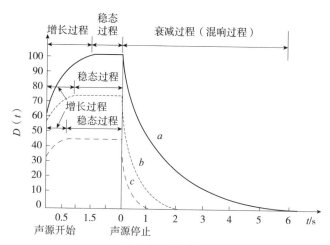

图6-11 室内吸收不同对声音增长和衰减的影响
a—吸收较少；b—吸收中等；c—吸收较强

（2）混响时间

混响和混响时间是室内声学中最为重要和最基本的概念。所谓混响，是指声源停止发声后，在声场中还存在来自各个界面的迟到的反射声形成的声音"残留"现象。这种残留现象的长短以混响时间来表征。混响时间公认的定义是声能密度衰减60dB所需的时间。根据混响时间定义，混响时间可由下式计算得出：

$$T = K \cdot \frac{V}{A} S \quad (6\text{-}19)$$

式中　T——混响时间，s；

　　　V——房间体积，m^3；

　　　A——室内的总吸声量，m^2；

　　　S——室内表面积，m^2；

　　　K——与声速有关的常数，一般取0.161。

上式称为赛宾（Sabine）公式。式中，A是室内的总吸声量，是室内总表面积与其平均吸声系数的乘积。室内表面通常是由多种不同材料构成的,如每种材料的吸声系数为 α,对应的表面积为 S_i,i 表示材料类别,则总吸声量为 $A=\Sigma S_i\alpha_i$。如果室内还有家具(如桌、椅)或人等难以确定表面积的物体,如果每个物体的吸声量为 A_j,则室内的总吸声量为:

$$A = \Sigma S_i\alpha_i + \Sigma A_j \qquad (6-20)$$

(3)围蔽空间的声学现象

声源在围蔽空间里辐射的声波,将依所在空间的形状、尺度、围护结构的材料和构造情况而被传播、反射和吸收。如图6-12所示,说明了声波在围蔽空间传播可能产生的各种声学现象。

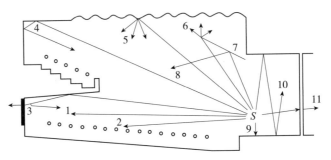

图 6-12 声波在围蔽空间传播可能产生的声学现象
1. 由于传播距离的增加而导致的声能衰减;2. 听众对直达声能的反射和吸收;
3. 房间界面对直达声的反射和吸收;4. 来自界面相交凹角的反射声;
5. 室内装修材料表面的散射;6. 界面边缘的声衍射;7. 障板背后的声影区;
8. 界面的前次反射声;9. 铺地薄板的共振;
10. 平行界面之间对声波的反射、驻波和混响;11. 声波的透射

本节主要介绍建筑声调控中吸声与隔声的主要原理、吸声材料和吸声构造,建筑吸声降噪设计的方法。

6.2.1 吸声材料与吸声构造

材料和结构的声学特性是指它们对声波的作用特性。如第 5 章所述,声波入射到一物体上会产生反射(包括散射和绕射)、吸收和透射。材料和结构的声学特性正是从这三个方面来描述的。需要指出的是,物体对声波这三个方面的作用不是处于静止状态下产生的,而是物体在声波激发下振动而产生的。

在考虑建筑某空间的围蔽结构时,就此空间内传播的声波来说,通常考虑的是反射和吸收。这时的吸收是把透射包括在内,也就是声波入射到围蔽结构上不再返回该空间的声能损失。就空间外部传播的声波来说,通常考虑

6.2 建筑声环境调控基本方法

的是透射，即外部声波通过围蔽结构传进来的声能。对于空间内部的物体和构件，如人、家具、空间吸声体、空间扩散体等，吸收只是指声波入射到上面所消耗的能量，而透射的能量仍在空间之内，不计入吸收。

1）吸声系数

用以表征材料和结构吸声能力的基本参量，通常采用吸声系数，以"α"表示，定义为：

$$\alpha = \frac{E_0 - E_\tau}{E_0} \tag{6-21}$$

式中　E_0——入射到材料和结构表面的总声能，J；

E_τ——被材料反射回去的声能，J。

当$E_0=E_\tau$，入射声能全部被反射，$a=0$；如果$E_\tau=0$，入射声能完全被吸收，$a=1$。所以，理论上讲，a值是在0~1之间。a越大，界面的吸声能力越大。

材料和结构的吸声特性和声波入射角度有关。声波垂直入射到材料和结构表面的吸声系数，称为"垂直入射（或正入射）吸声系数"，以α_0表示。这种入射条件可在驻波管中实现。α_0就是通过驻波管法来测定的。当声波斜向入射时，入射角为θ，这时的吸声系数称为斜入射吸声系数α_θ。在建筑声环境中，出现上述两种声入射情形较少，而普遍的情形是声波从各个方向同时入射到材料和结构表面。如果入射声波在半空间中均匀分布，即入射角θ在0°~90°之间均匀分布，同时入射声波的相位是无规则的，干涉效应可以忽略，则称这种入射状况为"无规入射"或"扩散入射"。

这时材料和结构的吸声系数称为"无规入射吸声系数"或"扩散入射吸声系数"，以α_t表示。这种入射条件是一种理想的假设条件，但在混响室中可以较好地接近这种条件，通常也是用混响室法来测定α_t。在建筑环境中，材料和结构的实际使用情况和理想条件是有一定差别的，α_0和α_t相比，还是比较接近的α_t情况。一般来说α_0和α_t之间没有普遍适用的对应关系。在一些资料中介绍α_0和α_t的换算关系，都是在某种特定条件下才可以近似地适用，因此在使用时必须慎重。

2）吸声量

吸声系数反映了吸收声能所占入射声能的百分比，它可以用来比较在相同尺寸下不同材料和结构的吸声能力，却不能反映不同尺寸的材料和构件的实际吸声效果。用以表征某个具体吸声构件的实际吸声效果的量是吸声量，它和构件的尺寸大小有关。对于建筑空间的围蔽结构，吸声量A可用以下公式计算：

$$A = \alpha \cdot S \quad (6\text{-}22)$$

式中 S——围蔽结构的面积，m^2。

如果一面墙的面积是 $50m^2$，某个频率（如 500Hz）的吸声系数是 0.2，则该墙的吸声量（在 500Hz 时）是 $10m^2$。如果一个房间内有 n 面墙（包括顶棚和地面），各自面积分别为 S_1, S_2, $\cdots$, S_n；各自的吸声系数是 α_1, α_2, $\cdots$, α_n；则此房间的总吸声量为：

$$A = S_1\alpha_1 + S_2\alpha_2 + \cdots + S_n\alpha_n = \sum_{i=1}^{n} S_i\alpha_i \quad (6\text{-}23)$$

对于在声场中的人（如观众）和物（如座椅）或空间吸声体，其面积很难确定，表征他（它）们的吸声特性，常常不用吸声系数，而直接用单个人或物的吸声量。当房间中有若干个人或物时，他（它）们的吸声量是用数量乘个体吸声量。然后，再把所得结果纳入房间总吸声量中。

房间总吸声量 A 除以房间界面总面积 S，得到平均吸声系数 $\bar{\alpha}$：

$$\bar{\alpha} = \frac{A}{S} = \frac{\sum_{i=1}^{n} S_i\alpha_i}{\sum_{i=1}^{n} S_i} \quad (6\text{-}24)$$

3）多孔吸声材料

多孔材料具有大量内外连通的微小空隙和孔洞，当声波入射到多孔材料上，声波能顺着微孔进入材料内部，引起空隙中空气的振动。由于空气的黏滞阻力、空气与孔壁的摩擦和热传导作用等，相当一部分声能将转化为热能被损耗。多孔材料孔洞对外开口，孔洞之间相互连通且孔洞深入材料内部才可以有效地吸收声能。

4）共振吸声结构

建筑空间的围蔽结构和空间中的物体在声波激发下会发生振动，振动着的结构和物体由于自身内摩擦和与空气的摩擦，要把一部分振动能量转变成热能而损耗。根据能量守恒定律，这些损耗的能量都来自激发结构和物体振动的声波能量，因此，振动结构和物体都会消耗声能，产生吸声效果。结构和物体有各自的固有振动频率，当声波频率与结构和物体的固有频率相同时，就会发生共振现象。这时，结构和物体的振动最强烈，振幅和振速达到极大值，从而引起的能量损耗也最多。因此，吸声系数在共振频率处为最大。

5）空间吸声体

室内的吸声处理，除了把吸声材料和结构安装在室内各界面上，还可以用前文所述的吸声材料和结构做成放置在建筑空间内的吸声体。空间吸声体有两个或两个以上的面与声波接触，有效的吸声面积比投影面积大得多，如按投影面积计算，其吸声系数可大于1。对于形状复杂的吸声体，实际中多用单个吸声量来表示其吸声性能。

空间吸声体可以根据使用场合的具体条件，把吸声特性的要求与外观艺术处理结合起来考虑，设计成各种形状（如平板形、锥形、球形或不规则形状），可收到良好的声学效果和建筑效果。

6.2.2 隔声、隔声特性与隔声构造

对于一个建筑空间来说，它的围护结构受到外部声场的作用或直接受到物体撞击而发生振动，就会向建筑空间辐射声能，于是空间外部的声音通过围蔽结构传到建筑空间中来，这叫作"传声"。传进来的声能总是或多或少地小于外部的声音或撞击的能量，所以说围蔽结构隔绝了一部分作用于它的声能，这叫作"隔声"。传声和隔声只是一种现象从两种不同角度得出的一对相辅相成的概念。围蔽结构隔绝的若是外部空间声场的声能，称为"空气声隔绝"；若是使撞击的能量辐射到建筑空间中的声能有所减少，称为"固体声或撞击声隔绝"。这和隔振的概念不同，前者最终是到达接收者的空气声，后者最终是接收者感受到的固体振动。但采取隔振措施，减少振动或撞击源对围蔽结构（如楼板）的撞击，可以降低撞击声本身。

1）隔声量

在工程上常用构件隔声量 R 来表示构件对空气声的隔绝能力，它与透射系数 τ 的关系是：

$$R = 10 \lg \frac{1}{\tau} \qquad (6-25)$$

或

$$\tau = 10^{-R/10} \qquad (6-26)$$

若一个构件透过的声能是入射声能的千分之一，则 $\tau=0.001$，$R=30\text{dB}$。可以看出：τ 总小于1，R 总大于0；τ 越大则 R 越小，构件隔声性能越差；反之，τ 越小则 R 越大，构件隔声性能越好。透射系数和隔声量 R 是相反的概念。

2）单层匀质密实墙

单层匀质密实墙的隔声性能和入射声波的频率有关，其频率特性取决于墙本身的单位面积质量、刚度、材料的内阻尼以及墙的边界条件等因素。严

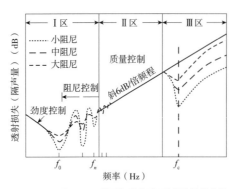

图 6-13 单层匀质典型隔声频率特性曲线

格地从理论上研究单层匀质密实墙的隔声是相当复杂和困难的,这里作简单的介绍。

单层匀质密实墙典型的隔声频率特性曲线如图 6-13 所示。从低频开始,板的隔声受劲度控制,隔声量随频率增加而降低;随着频率的增加,质量效应增大,在某些频率,劲度和质量效应相抵消而产生共振现象,图中 f_0 为共振基频,这时板振动幅度很大,隔声量出现极小值,其大小主要取决于构件的阻尼,称为"阻尼控制";当频率继续增高,则质量起主要控制作用,这时隔声量随频率增加而增加;而在吻合临界频率 f_c 处,隔声量有一个较大的降低,形成隔声量低谷,通常称为"吻合谷"。在一般建筑构件中,共振基频 f_0 很低,常在 5~20Hz。因而,在主要声频范围内隔声受质量控制,这时劲度和阻尼的影响较小,可以忽略,从而把墙看成是无刚度、无阻尼的柔顺质量。

如果把墙看成是无刚度、无阻尼的柔顺质量,且忽略墙的边界条件 f_0,假定墙为无限大,则在声波垂直入射时,可理论上得到墙的隔声量 R_0 的计算公式:

$$R_0 = 10 \lg \left[1+\frac{\pi m f}{\rho_0 c}\right]^2 \qquad (6-27)$$

式中 m——墙体的单位面积质量,kg/m^2;

ρ_0——空气的密度,取 1.18kg/m^3;

c——空气中的声速,取 344m/s;

f——入射声的频率,Hz。

一般情况下 $\pi m f \gg \rho_0 c$,上式可简化为:

$$R_0 = 20\lg\frac{\pi m f}{\rho_0 c} = 20\lg m + 20\lg f - 43 \qquad (6-28)$$

如果声波是无规则入射,则墙的隔声量 R 大致比正入射时隔声量低 5dB,即:

$$R = R_0 - 5 = 20\lg\frac{\pi m f}{\rho_0 c} = 20\lg m + 20\lg f - 48 \qquad (6-29)$$

上面两个式子说明墙的单位面积质量越大,隔声效果越好,单位面积质量每增加一倍,隔声量增加 6dB,这一规律通常称为"质量定律"。同时还可看出,入射声频率每增加一倍,隔声量也增加 6dB。因此,以单位面积质

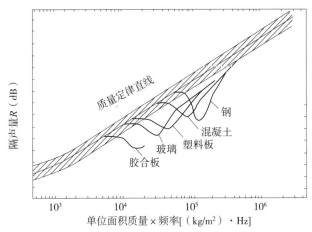

图 6-14 几种材料的隔声量及吻合效应

量 m 和频率 f 的乘积作为横坐标（用对数刻度），隔声量 R 为纵坐标（用线性刻度），则按上式画出的隔声曲线是一个 mf 每增加一倍、上升 6dB 的直线，称为"质量定律直线"，如图 6-14 所示。

如图 6-15 所示，平面波以一定的入射角投射到墙板上，并使墙产生振动。但因波阵面不与墙面平行，墙板的不同部分以不同的相位振动，但在等于声波波长投影间隔（即 $\lambda/\sin\theta$）各处都是同相位。墙板受迫引起的弯曲波与声波一起沿墙传播，其波长为 λ_b（$=\lambda/\sin\theta$），传播速度为 $c_0/\sin\theta$。墙板本身存在的随频率而变的自由弯曲波的传播速度为 c_b。当受迫弯曲波的传播速度 $c_0/\sin\theta$ 与自由弯曲波的传播速度 c_b 相等时，墙板振动的振幅最大，使声音大量透射，这就是吻合效应或称波迹匹配效应。出现吻合效应的最低频率称为吻合临界频率。表 6-2 为几种常用建筑材料的密度和吻合临界频率。

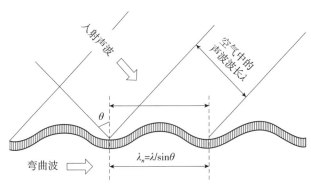

图 6-15 波的吻合效应图解

几种常用建筑材料的密度和吻合临界频率　　　表 6-2

材料种类	厚度（cm）	密度（kg/m³）	临界频率（Hz）	材料种类	厚度（cm）	密度（kg/m³）	临界频率（Hz）
砖砌体	25.0	2000	70~120	钢板	0.3	8300	4000
混凝土	10.0	2300	190	玻璃	0.5	2500	3000
木板	1.0	750	1300	有机玻璃	1.0	1150	3100
铝板	0.5	2700	2600	—	—	—	—

3）双层匀质密实墙

为了使单层墙的隔声量有明显的改善，就要把墙体的重量或厚度增加很多，显然这在功能、空间、结构和经济方面的效果都不理想。可以采用有空气间层（或在间层中填放吸声材料）的双层墙。与单层墙相比，同样重量的双层墙有较大的隔声量；或是达到同样的隔声量而可以减轻结构的重量。

墙体的隔声量与作用声波的频率有关。对于设有空气间层的双层墙，可

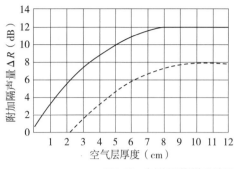

图 6-16 空气间层的附加隔声量

以看作为质量—弹簧—质量系统。双层墙可以提高隔声能力的主要原因是空气间层的作用。空气间层可以看作是与两层墙板相连的"弹簧",声波入射到第一层墙板时,使墙板发生振动,此振动通过空气间层传至第二层墙板,再由第二层墙板向邻室辐射声能。由于空气间层的弹性变形具有减振作用,传递给第二层墙板的振动大大减弱,从而提高了墙体总的隔声量。双层墙的隔声量可以用单位面积质量等于双层墙两侧墙体单位面积质量之和的单层墙的隔声量加上一个空气间层附加隔声量来表示。空气间层附加隔声量与空气间层的厚度有关。综合大量实验结果,两者的关系如图 6-16 所示。图中实线是双层墙的两侧墙完全分开时的附加隔声量。在刚性连接不多的情况下,其附加隔声量如图 6-16 中的虚线所示。但是在实际工程中,两层墙之间常有刚性连接,它们能较多地传递声音能量,使附加隔声量降低,这些连接称为"声桥"。"声桥"过多,将使空气间层完全失去作用。

6.2.3 建筑吸声降噪设计方法

一般工厂车间或大型开敞式办公室的内表面多为清水砖墙或抹灰墙面,以及水泥或水磨石地面等坚硬材料。在这样的房间里,人听到的不只是由声源发出的直达声,还会听到大量经各个界面多次反射形成的混响声。在直达声与混响声的共同作用下,当离开声源的距离大于混响半径时,接收点上的声压级要比室外同一距离处高出 10~15dB。

如果在室内顶棚或墙面上布置吸声材料或吸声结构,可使混响声减弱,这时人们主要听到的是直达声,那种被噪声"包围"的感觉将明显减弱。这种利用吸声原理降低噪声的方法称为"吸声降噪"。

吸声降噪设计步骤归纳如下:

(1)了解噪声源的声学特性。如声源总声功率级 L_W,或测定距声源一定距离处各个频带的声压级与总声压级 L_p,以及确定声源指向性因数 Q。

(2)了解房间的声学特性。除几何尺寸外,还应参照材料吸声系数表估算各个壁面、各个频带的吸声系数 $\overline{a}_1$,以及相应的房间常数 R_1,或房间每一频带的总吸声量 A_1。

(3)根据所需降噪量,求出相应的房间常数 R_2(或总吸声量 A_2)以及平均吸声系数 $\overline{a}_2$。

(4)确定了材料的吸声系数以后,如何合理选择吸声材料与结构以及安装方法等是设计工作的最后一步。

6.3 吸声材料与隔声材料的碳排放

本节主要简略介绍建筑声调控中常用建筑材料和吸声构造的吸声系数情况及相应碳排放情况。面对碳中和与碳达峰要求，在建筑吸声和隔声设计时根据吸声和隔声需求可选择碳排放量较低的材料或构造措施。

6.3.1 常用建筑材料的吸声系数与碳排放

常用建筑材料的吸声系数与碳排放见表6-3。

常用建筑材料的吸声系数与碳排放　　　　表6-3

序号	材料	厚度（cm）	容重（kg/m²）	下述频率（Hz）的吸声系数 α						碳排放计算（kgCO₂e/m²）
				125	250	500	1000	2000	4000	
1	散装矿渣棉	6.0	240	0.25	0.55	0.79	0.80	0.88	0.85	*
2	石棉	2.5	210	0.06	0.35	0.50	0.46	0.52	0.65	5.67
3	麻纤维板	2.0	260	0.09	0.11	0.16	0.22	0.28	—	14.18
4	石棉板	0.8	1880	0.02	0.03	0.05	0.06	0.11	0.28	*
5	多孔泥灰制品	9.5	340	0.41	0.75	0.66	0.76	0.81	—	*
6	微孔吸声砖	5.0	290	0.21	0.39	0.45	0.50	0.58	—	*
7	泡沫混凝土块	15.0	500	0.08	0.14	0.19	0.28	0.34	0.45	*
8	加气混凝土	2.5	210	0.06	0.18	0.50	0.70	0.55	0.50	34.23
9	玻璃	0.6		0.18	0.06	0.04	0.03	0.02	0.02	21.00
10	玻璃	0.3		0.35	0.25	0.18	0.12	0.07	0.04	10.50
以下为泡沫塑料（开孔）										
11	聚胺甲酸酯	2.0	40	0.11	0.13	0.27	0.69	0.98	0.79	*
12	酚醛	2.0	160	0.08	0.15	0.30	0.52	0.56	0.60	*
13	微孔聚酯	4.0	30	0.10	0.14	0.26	0.50	0.82	0.77	*
14	粗孔聚酯	4.0	40	0.06	0.10	0.20	0.59	0.68	0.85	*
15	脲基米波罗	3.0	20	0.10	0.13	0.45	0.67	0.65	0.85	*

注：* 表示未找到相关材料碳排放数据。

6.3.2 常用吸声构造的吸声系数与碳排放

常用吸声构造的吸声系数与碳排放见表6-4。

常用吸声构造的吸声系数与碳排放　　　　表6-4

序号	构造及材料情况	下述频率（Hz）的吸声系数 α						碳排放（kgCO₂e/m²）
		125	250	500	1000	2000	4000	
1	50mm厚超细玻璃棉，表观密度20kg/m³，实贴	0.20	0.65	0.80	0.92	0.80	0.85	0.91

续表

序号	构造及材料情况	下述频率（Hz）的吸声系数 α						碳排放（kgCO$_2$e/m^2）
		125	250	500	1000	2000	4000	
2	50mm厚超细玻璃棉，表观密度20kg/m^3，离墙50mm	0.28	0.80	0.85	0.95	0.82	0.84	0.91
3	20mm厚超细玻璃棉，表观密度20kg/m^3，实贴	0.05	0.10	0.30	0.65	0.65	0.65	0.36
4	20mm厚超细玻璃棉，表观密度30kg/m^3，实贴	0.03	0.04	0.29	0.80	0.79	0.79	0.54
5	20mm厚玻璃棉板，表观密度80kg/m^3，实贴	0.11	0.13	0.22	0.55	0.82	0.94	1.45
6	15mm厚玻璃棉板，表观密度80kg/m^3，实贴	0.10	0.14	0.17	0.43	0.75	0.96	1.09
7	50mm厚矿渣棉，表观密度250kg/m^3，实贴	0.15	0.46	0.55	0.61	0.80	0.85	*
8	50mm厚矿渣棉，表观密度250kg/m^3，离墙50mm	0.21	0.70	0.79	0.98	0.77	0.89	*
9	12mm厚矿棉吸声板，实贴	0.09	0.25	0.59	0.53	0.50	0.64	*
10	12mm厚矿棉吸声板，离墙50mm	0.38	0.56	0.43	0.43	0.50	0.55	*
11	12mm厚矿棉吸声板，离墙100mm	0.54	0.51	0.38	0.41	0.51	0.60	*
12	25mm厚聚氨酯吸声泡沫塑料，表观密度18kg/m^3，实贴	0.12	0.21	0.48	0.70	0.77	0.76	*
13	50mm厚聚氨酯吸声泡沫塑料，表观密度18kg/m^3，实贴	0.16	0.28	0.78	0.69	0.81	0.84	*
14	35mm厚珍珠岩吸声板，表观密度300kg/m^3，实贴	0.23	0.42	0.83	0.93	0.74	0.83	*
15	50mm厚珍珠岩吸声板，表观密度300kg/m^3	0.29	0.46	0.92	0.98	0.84	0.63	*
16	板厚100mm，其他同上	0.47	0.59	0.59	0.66	—	—	*
17	三夹板，龙骨间距50cm×50cm，空腔厚50mm	0.21	0.74	0.21	0.10	0.08	0.12	−2.255
18	三夹板，龙骨间距50cm×50cm，空腔厚50mm，填矿棉	0.27	0.57	0.28	0.12	0.09	0.12	*
19	三夹板，龙骨间距50cm×45cm，空腔厚100mm	0.60	0.38	0.18	0.05	0.04	0.08	−2.255
20	五夹板，龙骨间距50cm×45cm，空腔厚50mm	0.09	0.52	0.17	0.06	0.10	0.12	−3.485
21	空腔厚100mm，其他同上	0.41	0.30	0.14	0.05	0.10	0.16	−3.485
22	空腔厚150mm，其他同上	0.38	0.33	0.16	0.06	0.10	0.17	−3.485
23	七夹板，龙骨间距50cm×45cm，空腔厚160mm	0.58	0.14	0.09	0.04	0.04	0.07	*
24	空腔厚250mm，其他同上	0.37	0.13	0.10	0.05	0.05	0.10	*
25	空腔厚50mm，内填玻璃棉毡，其他同上	0.48	0.25	0.15	0.07	0.10	0.11	*
26	9mm厚纸面石膏板，空腔厚45mm	0.26	0.13	0.08	0.06	0.06	0.06	0.864
27	4mm厚纤维水泥板，空腔厚100mm	0.22	0.15	0.08	0.05	0.05	0.05	2.361

续表

序号	构造及材料情况	下述频率（Hz）的吸声系数 α						碳排放（kgCO₂e/m²）
		125	250	500	1000	2000	4000	
28	穿孔三夹板，孔径5mm，孔距40mm，空腔厚100mm	0.04	0.54	0.29	0.09	0.11	0.19	−2.255
29	板后贴布，其他同上	0.28	0.69	0.51	0.21	0.16	0.23	−2.217
30	穿孔三夹板，孔径5mm，孔距40mm，空腔厚100mm，内填矿棉	0.69	0.73	0.51	0.28	0.19	0.17	*
31	穿孔五夹板，孔径8mm，孔距50mm，空腔厚50mm	0.09	0.19	0.34	0.28	0.17	0.15	−3.485
32	空腔厚100mm，其他同上	0.11	0.35	0.30	0.23	0.23	0.19	−3.485
33	空腔厚150mm，其他同上	0.18	0.55	0.32	0.20	0.23	0.10	−3.485
34	空腔厚100mm，内填0.5kg/m² 玻璃丝布包玻璃棉，其他同上	0.33	0.55	0.55	0.42	0.26	0.27	*
35	9.5mm厚穿孔石膏板，穿孔率8%，空腔50mm，板后贴桑皮纸	0.17	0.48	0.92	0.75	0.31	0.13	1.418
36	空腔360mm，其他同上	0.58	0.91	0.75	0.64	0.52	0.46	1.418
37	12mm厚穿孔石膏板，穿孔率8%，空腔50mm，板后贴无纺布	0.14	0.39	0.79	0.60	0.40	0.25	0.190
38	空腔360mm，其他同上	0.56	0.85	0.58	0.56	0.43	0.33	0.190
39	4mm厚穿孔纤维水泥板，穿孔率8%，后空50mm	—	0.05	0.16	0.29	0.24	0.10	2.361
40	4mm厚穿孔纤维水泥板板，穿孔率8%，空腔100mm，板后衬布	0.21	0.41	0.68	0.60	0.41	0.34	2.399
41	4mm厚穿孔纤维水泥板板，穿孔率8%，空腔100mm，板后衬布，空腔填50mm厚玻璃棉	0.53	0.77	0.90	0.73	0.70	0.66	4.341
42	4mm厚穿孔纤维水泥板，穿孔率4.5%，空腔100mm，板后衬布	0.42	0.33	0.30	0.21	0.11	0.06	2.399
43	空腔填50mm厚玻璃棉，其他同上	0.50	0.37	0.34	0.25	0.14	0.07	4.341
44	4mm厚穿孔纤维水泥板，穿孔率20%，空腔100mm，内填50mm厚超细玻璃棉	0.36	0.78	0.90	0.83	0.79	0.64	4.303
45	1.2mm厚穿孔钢板，孔径2.5mm，穿孔率15%，空腔30mm，填30mm厚超细玻璃棉	0.18	0.57	0.76	0.88	0.87	0.71	30.360
46	0.8mm厚微穿孔板，孔径0.8mm，穿孔率1%，空腔50mm	0.05	0.29	0.87	0.78	0.12	—	20.240
47	空腔厚100mm，其他同上	0.24	0.71	0.96	0.40	0.29	—	20.240
48	空腔厚200mm，其他同上	0.56	0.98	0.61	0.86	0.27	—	20.240
49	微孔玻璃布（成品），空腔厚100mm	0.06	0.21	0.69	0.95	0.61	0.76	*
50	微孔玻璃布，空腔360mm	0.26	0.53	0.61	0.64	0.74	0.63	*
51	微孔玻璃布，空腔720mm	0.28	0.41	0.58	0.65	0.65	0.73	*

续表

序号	构造及材料情况	下述频率（Hz）的吸声系数 α						碳排放（$kgCO_2e/m^2$）
		125	250	500	1000	2000	4000	
52	双层微孔玻璃布，前空腔180mm，后空腔180mm	0.31	0.57	0.93	0.83	0.75	0.73	*
53	微孔玻璃布悬挂大厅中心	0.12	0.18	0.41	0.61	0.54	0.43	*
54	木搁栅地板	0.15	0.10	0.10	0.07	0.06	0.07	22.262
55	实铺木地板	0.05	0.05	0.03	0.06	0.05	0.05	22.262
56	化纤地毯5mm厚	0.12	0.18	0.30	0.41	0.52	0.48	*
57	短纤维羊毛地毯8mm	0.13	0.22	0.33	0.46	0.59	0.53	*

注：以上碳排放数据未对离墙情况和龙骨的碳排放情况进行计算；*表示未找到相关材料碳排放数据。

常用建筑构造吸声系数见表6-5。

常用建筑构造吸声系数　　　表6-5

序号	构造	下述频率（Hz）的吸声系数					
		125	250	500	1000	2000	4000
1	清水砖墙勾缝	0.02	0.03	0.04	0.04	0.05	0.05
2	砖墙抹灰	0.01	0.01	0.02	0.02	0.02	0.03
3	水磨石或大理石面	0.01	0.01	0.01	0.02	0.02	0.03
4	板条抹灰	0.15	0.10	0.06	0.05	0.05	0.05
5	混凝土地面	0.01	0.01	0.02	0.02	0.02	0.02
6	吊顶：预制水泥板厚16mm	0.12	0.10	0.08	0.05	0.05	0.05

本章小结

建筑声环境调控是通过科学设计，对建筑内部及周边的声音环境进行优化，以达到提高居住和工作舒适度、保护人们健康、增强信息传递效率等目的。建筑声调控原理主要基于声学原理和人耳对声音的感知特性，通过合理布局、选用适当材料和构造，以及采取有效隔声、吸声措施来实现。

在建筑声环境调控中，需要了解声音的基本物理属性，如频率、波长、振幅等，以及声音的传播规律，如反射、折射、衍射和散射等，根据室内音质需求和声环境特点，对建筑采取必要的隔声或降噪处理。

常用建筑材料的吸声系数是衡量其吸声性能的重要指标，而碳排放则与材料的生产和处理过程相关。在选择吸声材料和设计吸声构造方案时，需要综合考虑其声学性能和碳排放性能。

思政小结

　　建筑声学主要研究声音在建筑空间内的传播、吸收和反射等特性，以及如何通过设计来改善室内的音质和声环境。在实现碳中和这一宏伟目标的过程中，建筑声学发挥不可或缺的潜在贡献。良好的室内声环境对于人们的居住舒适度和工作效率有至关重要的影响。当室内声音过于嘈杂或者回声过大时，人们的注意力和工作效率都会受到负面影响。长期处于不良的声环境中，不仅会影响人们的身心健康，还会导致工作效率的下降和能源消耗的增加。通过建筑声学手段，可以对室内声环境进行精细化设计和控制。一方面，隔声材料的生产和使用是建筑声学的重要组成部分，而这些材料的生产、运输和使用过程中都会产生碳排放。另一方面，良好的建筑声学设计可以提高建筑空间的舒适度，降低人们对空调、音响等设备的依赖，从而减少碳排放。因此，青年学生作为未来社会的建设者和接班人，应当积极关注建筑声学与建筑碳排放之间的关系和联系。不仅需要掌握扎实的建筑声学知识，还需要具备强烈的环保意识和社会责任感，在未来的学习和实践中不断探索和创新，为推动绿色建筑和低碳生活的发展贡献自己的力量。同时，通过努力和实践，能够更加深入地理解建筑声学与建筑碳排放之间的内在联系，为实现建筑碳中和目标提供新的思路和方法。

思考题

1. 简述人耳的构造和人的听觉特点。
2. 简述多层吸声材料、共振吸声结构和空间吸声体的吸声特点。
3. 简述围护结构声传递特点与隔声构造措施。
4. 简述建筑中声传播的特点与音质设计方法。
5. 简述单层匀质密实墙与双层匀质密实墙的隔声特性。

参考文献

[1]　杨柳．建筑物理[M]．5版．北京：中国建筑工业出版社，2021．
[2]　刘加平．建筑物理[M]．4版．北京：中国建筑工业出版社，2009．
[3]　柳孝图．建筑物理[M]．3版．北京：中国建筑工业出版社，2010．
[4]　吴硕贤，张三明，葛坚．建筑声学设计原理[M]．北京：中国建筑工业出版社，2000．
[5]　F. Alton Everest, Ken C. Pohlmann. 声学手册[M]．5版．郑晓宁，译．北京：人民邮电出版社，2016．
[6]　前川善一郎，J H 林德尔，P 罗德．环境声学与建筑声学[M]．2版．燕翔，译．北京：中国建筑工业出版社，2013．
[7]　马大猷．现代声学基础[M]．北京：科学出版社，2004．

第 7 章 建筑通风与空气品质调控

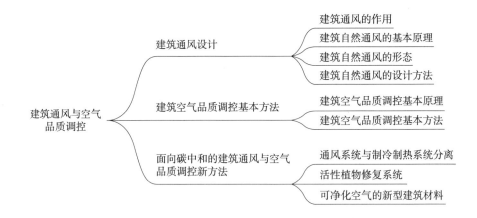

7.1 建筑通风设计

建筑室内通风是影响人体健康的重要因素之一，它通过空气质量及气流的作用直接影响人，并通过对室内气温、湿度及内表面温度的影响间接对人体产生作用。在我国，季风性气候使得大部分地区夏季潮湿，通风除了保障室内空气质量之外，还常常用来降温除湿。即使是同一地区，不同季节对于通风的要求可能有所不同，通过合理的建筑和细部设计来控制室内通风的气流流量、流速和流场，满足不同的需求，这就是建筑通风设计的目的。

7.1.1 建筑通风的作用

通风具有三种不同的功能。第一，健康通风，用室外的新鲜空气更新室内空气，保持室内空气质量符合人体卫生要求，这是在任何气候条件下都应该予以保证的；第二，热舒适通风，利用通风增加人体散热和防止皮肤出汗引起的不舒适，改善热舒适条件；第三，降温通风，当室外气温低于室内气温时，把室外较低温度的空气引入室内可以给室内空气和表面降温。这三种功能的相对重要性取决于不同季节与不同地区的气候条件。如图7-1、图7-2即为建筑自然通风及温度分布对于室内热舒适的影响。

1）健康通风

健康通风的作用是保证室内空气质量（Indoor Air Quality，IAQ），为室

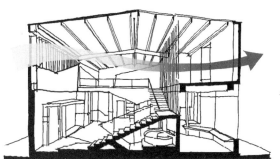
图7-1 建筑自然通风示意图

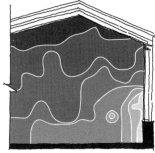
图7-2 温度分布影响室内热舒适性示意图

内活动提供必需的氧气量，防止 CO_2 过量、减少令人不愉快的气味，并保证 CO 浓度低于危害健康的水平。

室内空气质量取决于多种因素，自然形态下，氧气及 CO_2 含量的波动很小，室内氧气需求量主要取决于室内人员数量及新陈代谢水平，相应排出的 CO_2 量也与此成正比。在封闭的室内空间，随着其中人员的新陈代谢活动，空气中的氧气含量将会减少，CO_2 含量将会增加，引起人的不舒适感。对 CO_2 含量的接受程度因人而异，与卫生条件和生活习惯也有关。

严格说来，气味并非影响健康的因素，而是影响舒适与愉快的一种因素。室内不应有明显难闻的气味。通风可以排除室内可感觉到的气味，所需新风量随室内人数、清洁程度及生活习惯，特别是吸烟条件而不同。由于人对于气味的适应很快，因此，长时间待在气味很浓的室内将降低人对气味变化的敏感性。另外，不同气味的消散方式不同，这在一定程度上影响通风率。CO（俗称煤气）是不完全燃烧的产物，过量吸入 CO 会使人窒息，因此必须及时通风排除。

室内装修和家具的材料及其胶粘剂散发的挥发性有机物（Volatile Organic Compounds，VOC），如甲醛等，会造成室内空气污染，危害人体健康。这已经成为普遍关注的问题，一方面需要采用绿色无害材料，另一方面也要依靠通风来排除难以完全避免的挥发性有机物。一般情况下，通过窗缝的空气渗透足以满足室内最低新风量，甚至在无风时也可以因室内外温差作用而得到一定的气流量，只有气密性好的房间或水蒸气产量较多的房间才需要提供特殊的通风。

2）热舒适通风

健康通风与气候条件无关，而热舒适通风则与室内温度和湿度相关，其目的在于维持室内适宜的温度和湿度。热舒适通风取决于气流速度和形式，而非换气量或换气次数，流过室内的空气流量与气流速度之间并无直接数量关系。气流量和气流速度之间的关系取决于室内空间的几何形状和开口的位置。在热舒适通风中，重要的是使用面积上的气流速度而不是换气率。

在休息状态及低湿度条件下，特别是衣着单薄时，低气流速度较为合适，但当湿度及新陈代谢率增高，衣着较厚时，为了防止皮肤潮湿及排汗散热效率降低，需要较高的气流速度。当气流速度达到一定水平，生理和感觉上的要求取得一致时，即可明确地得出最佳气流速度。从热平衡方程式中可计算出，在不同的气温、湿度、衣着及新陈代谢率条件下，为满足舒适所需的气流速度。

温度在 35℃ 以下时，随着气温增加，人体与环境之间温差减小，此时，为了取得相同的散热效果所需的舒适气流速度也随之增加。温度在 35℃ 以上时，增加气流速度就会提高对流增热，最终的热效应取决于湿度、新陈代谢率及衣着条件。对热舒适通风的要求取决于建筑使用特点和气候条件，所需气流速度取决于温度、湿度及活动强度，不同功能的房间对室内气流形式及气流速度分布的要求也有所不同。

3）降温通风（结构通风）

由于空气的热容量很低，在不通风的情况下，室内空气温度将接近围护结构内表面的温度，而内表面温度又受外表面温度影响。在室内和室外通风时，室外空气以原有温度进入室内空间并在流动过程中与室内空气混合，与室内各表面进行热交换。室内通风可以是持续的，也可以是间歇的，其通风效果究竟是增热还是降温取决于通风前室内外的温差。当室内气温高于室外时，通风可以降低室内温度，反之效果也相反。一般情况下，傍晚及夜间的室温常高于室外，所以夜间通风常能起到降温的效果。至于白天通风的作用是增热还是降温，取决于室内外气温孰高孰低。

建筑通风要求不仅与气候有关，还与季节有关。在干燥的寒冷地区，不加控制的通风会带走室内热量，降低室内空气温度；同时，由于室外空气绝对湿度低，进入室内温度升高后将导致相对湿度降低，给人造成不舒适感。在潮湿的寒冷地区，需要控制通风以避免室温过低，同时避免围护结构凝结。在湿热地区，建筑通风的气流速度需要保证散热和汗液蒸发，人才会感到热舒适。在干热地区，需要控制白天通风，只要能够保证室内空气质量即可，在夜间室外气温下降以后，充分利用夜间通风给围护结构的内表面降温和蓄冷。

7.1.2 建筑自然通风的基本原理

气流穿过建筑的原因是其两边存在的压力差，压力差源于两个方面：室内与室外空气的温度梯度引起的热压和外部风的作用引起的风压。

1）风力通风（Cross Ventilation）

风力通风也叫风压通风，是依靠建筑物通风口两侧的压力差来实现，必须借助风速气流。建筑物一侧为正压区，一侧为负压区，通过水平风压来推进气流，实现自然通风的目的。风力通风较适用于湿热气候的"开放型通风"。建筑的侧街、边廊、庭院等，都是利用风力进行通风的典型代表。

风压通风与室外风速、风向及风口面积直接相关，具有很大的变化性和不可控性。当风在其行进方向上遇到建筑等障碍物时，由于建筑物具有一定的物理宽度和高度，室外的风将会绕过建筑物沿着其原始方向继续前行，建筑物迎风面会形成正压区，建筑物背风面会形成负压区。与此同时，在空气压力差的作用下，正压区附近的室外空气就会从开启的外窗或者窗户缝隙进入室内，负压区附近的室内空气又会从窗户或者门窗缝隙流入室外，室内外空气得以进行交换，形成我们日常生活中常说的"穿堂风"，如图7-3所示。

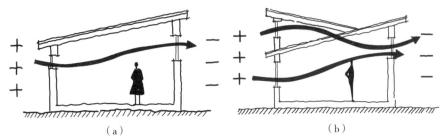

图7-3 窗户的剖面位置对室内气流的影响
(a) 单一空间；(b) 组合空间

房屋通风效果与其开间、进深有密切的关系。双侧通风的建筑，其平面进深一般不超过楼层净高的5倍，而单侧通风建筑的进深一般不超过净高的2.5倍。例如，对于一个矩形占地的办公建筑，可以设计成多种平面布局。

如图7-4所示，在层高一定的情况下，U形平面适合中间为走廊、两侧布置房间的办公形式，由于进深较小，就更容易创造良好的自然通风效果，同时中间的内院又可以形成视觉景观，不足之处在于较难形成完整的大空间。而大进深、集中式的平面布局形态能够创造灵活自由的开放办公形式，但由于进深过大，需要通过机械辅助才能满足基本的通风需求。

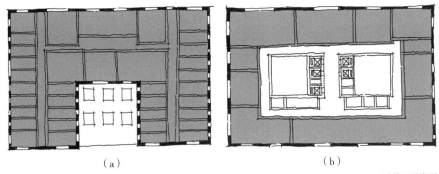

图7-4 不同平面形式的通风类型
(a) U形平面通风；(b) 集中式平面通风

2) 热压通风（Stack Ventilation）

热压通风也叫浮力通风，是利用热空气上升、冷空气下降的热浮力原理进行换气。与风压通风利用空气压力差进行通风不同，热压通风是利用室内外空气的温度差来进行通风的。热压通风较适用于凉爽气候的"封闭型通风"。热压通风与建筑物的高度有关，在挑高中庭或者大型空间内，较容易产生气温差而进行热压通风。

当建筑物内部出现垂直气温差时，室内热空气会因为密度小而上升，造成建筑物内高处空气压力比室外空气压力大，空气因此从建筑物顶部的天窗或者烟囱溢出。同时，由于建筑物内部空气的上升，建筑物下部空气压力变小，直至小于建筑物底部室外空气的压力，导致建筑物外部的冷空气从建筑物底部门窗洞口进入室内，这样室内外就形成了连续不断的换气，如图7-5和图7-6所示。

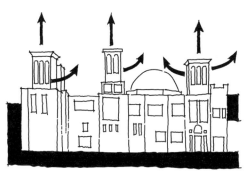 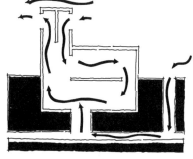

图7-5 波斯捕风装置示意图　　图7-6 "坎儿井"工作原理示意图

3）热压和风压的综合作用

建筑内的实际气流是在热压与风压综合作用下形成的，开口两边的压力梯度是上述两种压力各自形成的压力差的代数和，这两种力可以在同一方向起作用，也可以在相反方向起作用，视风向及室内外的温度何者较高而定。由于通过开口的气流量与综合压力差的平方根成正比，因此，即使两种力的作用方向一致，通过开口的气流量也仅比在较大的一种力单独作用下所产生的气流量稍多一些。

由于热压取决于室内外温度差与气流通道的高度（即开口间的垂直距离）之乘积，因此只有当其中的一个因素有足够大的量时，才具有实际重要的意义。在居住建筑中，气流通道的有效高度很小，在普通单层建筑中小于2m，必须有相当大的室内外温差才能使热压通风具有实际用途。一般地，这种较大的温差值只在冬季和在寒冷地区才能出现，在夏季除非设置烟囱等高差较大的拔风设施，普通房间依靠热压不足以提供具有实际用途的通风。

热压和风压促成的气流除了数量上的差别外还有质量上的差别。热压通风是单凭压力差促使空气流动，在进风口处的气流速度通常很低，因此，如在一房间内全部外墙上下不同高度布置两排窗户，且单靠热力促使空气流动，假设室内气温较高，此时空气即通过较低的开口进入并沿着内墙面上升而由上部的开口流出，对于室内的整个空气团仅能促成很小的运动。风压通风则不然，它促成的气流可穿过整个房间，气流流场在很大程度上由进入室内的空气团的惯性力所决定，因此可以通过进风口的细部设计加以调整，这样的气流由于在室内形成紊流，对室内自然通风更有意义。

7.1.3 建筑自然通风的形态

1）封闭型通风形态

封闭型通风的主要原理是"浮力原理"和"烟囱效应",在寒冷地区应用较广泛。其形式有烟囱、壁炉、通风塔等,以封闭形态为主,是地域建筑文化的典型特征。伊朗亚兹德捕风塔、法国巴黎的屋顶烟囱都体现了封闭型通风文化,如图7-7所示。

2）开放型通风形态

开放型通风的主要原理是利用新风吹过人体,直接蒸发冷却,在热带地区应用较广泛。其形式主要为大开窗、干栏式等,以开放形态为主。太平洋萨摩亚民居的大面积开敞、日本民居的底部架空都体现了开放型通风文化,如图7-8所示。

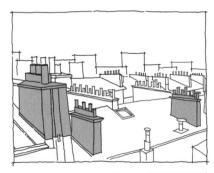

图 7-7 封闭型通风形态

图 7-8 开放型通风形态

7.1.4 建筑自然通风的设计方法

从设计层面实现建筑的自然通风,需要将自然通风与空气浮力、构造形式、遮阳系统以及机械辅助等多个方面相结合,从而实现最终效益的最大化。

1）风力与浮力结合的通风方式

风力与浮力结合的通风方式包括"烟囱""中庭"以及"庭院"设置。

（1）设置"烟囱"

我们常见的烟囱就是利用了浮力通风的原理。效应是火炉、锅炉运作时,产生的热空气随着烟囱向上升,在烟囱的顶部离开。因为烟囱中的热空气散溢而造成的气流,将户外的空气抽入填补,令火炉的火更猛烈。这个过程也称为烟囱效应。例如英国国会议事堂,如图7-9所示,这座建筑是利用瓦斯灯燃烧形成烟囱效应,并促进室内的风力通风。

建筑设计时，还可以将烟囱变形，与地域文化结合，形成独特的建筑构件。例如西班牙巴塞罗那的米拉公寓，该建筑无一处是直角，这也是高迪作品的最大特色。高迪认为只有神是直线的，其余都是曲线。不仅如此，建筑师还在房顶创造了一些奇形怪状的突出物，有的像披上全副盔甲的士兵，有的像神话中的怪兽，有的像教堂的大钟。其实，这是特殊形式的烟囱和通风管道，它有效的自然通风系统替代了所有形式的空调机。这些突出物后来也成了巴塞罗那的象征，不仅在于它造型上的独创性，也是实用意义上的成功范例，如图 7-10 所示。

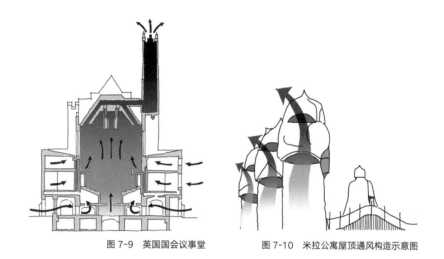

图 7-9　英国国会议事堂　　　　图 7-10　米拉公寓屋顶通风构造示意图

（2）设置"中庭"

在冬季，中庭是个封闭的大暖房。在"温室作用"下，成为大开间办公环境的热缓冲层，有效改善了办公室热环境并节省供暖的能耗。在过渡季节，它是一个敞开空间，室内和室外保持良好的空气流通，有效地改善了工作室的小气候。在夏天，中庭的百叶遮阳系统能有效地避免直射阳光，使中庭成为一个巨大的凉棚。中庭可以设置在建筑中部，可以设置在外侧，也可以通过变形形成类烟囱的小尺度吹拔空间，如此都可以达到促进风力与浮力结合的通风效果，如图 7-11 所示。

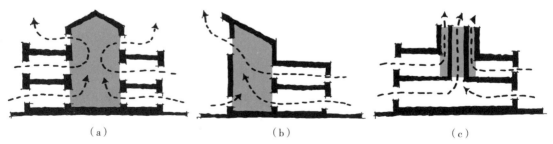

图 7-11　设置"中庭"自然通风的三种形式
（a）中庭在建筑中部；（b）中庭在建筑外侧；（c）中庭变形小尺寸吹拔空间

（3）设置"庭院"

庭院的通风原理与中庭类似，将中庭打开，即形成了庭院。而庭院优于中庭之处在于，庭院可以引入丰富的自然景观，并对通风起到过滤、净化的作用，改善微气候环境。自然风经过外部院落，通过室内进入内部庭院，热压使其沿庭院内壁上升，从而促进风压通风，如图7-12所示。

实际设计中将风力与浮力结合，根据不同的空间形态采取不同的通风形式，才能更有效地实现建筑的自然通风。位于英国莱彻斯特的蒙特福德大学女王馆就是一个优秀案例。建筑师将庞大的建筑分成一系列小体块，既在尺度上与周围古老的街区相协调，又能形成一种有节奏的韵律感，同时小的体量使得自然通风成为可能。其中，位于指状分支部分的实验室、办公室进深较小，可以利用风压直接通风；而位于中间部分的报告厅、大厅及其他用房则更多地依靠"烟囱效应"进行自然通风。同时，建筑的外围护结构采用厚重的蓄热材料，使得建筑内部的得热量降到最低。正是因为采用了这些措施，虽然女王馆建筑面积超过1万 m^2，但相对于同类建筑而言全年能耗却很低。其风环境分析如图7-13所示。

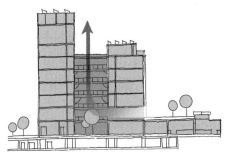 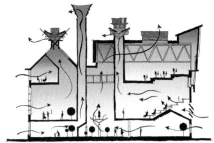

图7-12 庭院通风示意图　　图7-13 蒙特福德大学女王馆室内风环境分析图

2）促进建筑自然通风的构造形式

促进建筑自然通风的构造形式包括捕风塔（帽）、导风板以及太阳能烟囱等。

（1）捕风塔（帽）

当建筑体量小，内部的"竖井"空间高度不够形成有效温差时，也可以做成冲出屋面的竖向突出空间，其形式除了烟囱外，还可以做成风塔、风帽的形式。捕风塔的形式多种多样，已经产品化生产，做工精细完善，能够适应各种形态的建筑需求。英国考文垂大学兰彻斯特图书馆（图7-14）、英国赫特福德郡加斯顿建筑研究办公楼（图7-15），都是将捕风塔与建筑形态结合的典范。变形后的捕风塔成为建筑造型的重要元素，既表达了建筑的技术美，又实现了自然通风的需求，可以说是功能与艺术的完美结合。

图 7-14 兰彻斯特图书馆

图 7-15 加斯顿建筑研究办公楼

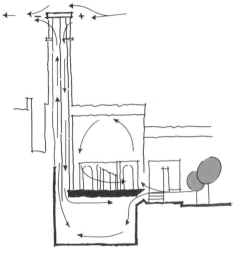
图 7-16 捕风塔剖面与室内气流示意图

不仅如此，捕风塔还可以将气流引入地下室，从而解决地下空间自然通风的问题，如图 7-16 所示。

（2）导风板

当建筑开口方向与主导风向垂直，自然风无法进入建筑室内的时候，可以采用导风板，在局部形成正压区与负压区，引导自然风流入室内。导风作用既可以通过建筑上的附加板状构造实现，也可以通过建筑自身形体变化实现，如图 7-17 所示。在一些建筑中，导风板还可转化为表皮元素，既起到导风的作用，又成为建筑外部形态表达的母题，如图 7-18 所示。

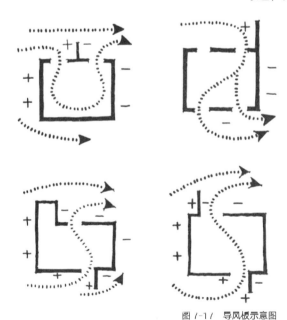
图 7-17 导风板示意图

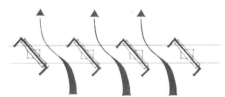
图 7-18 高层建筑外表皮导风板分析图

159

（3）太阳能烟囱

太阳能烟囱是优化的"烟囱效应"。可以在建筑上增设垂直或斜向的空间，从而促进浮力通风，如图 7-19 所示。通过在烟囱的侧壁增加太阳能板或深色吸热材料，形成"太阳能烟囱"，从而使烟囱内流经的气流温度升高，加快上升速度，促进浮力通风的效果，如图 7-20 所示。

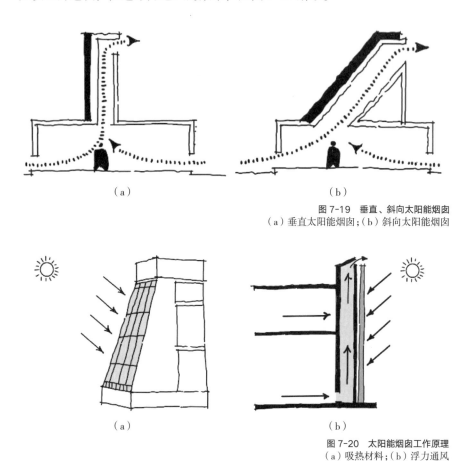

图 7-19 垂直、斜向太阳能烟囱
（a）垂直太阳能烟囱；（b）斜向太阳能烟囱

图 7-20 太阳能烟囱工作原理
（a）吸热材料；（b）浮力通风

3）导风系统与遮阳系统相结合

由于导风板和遮阳板具有相似的形态特征，因此将二者结合既可以改善室内风环境，又可以调节光环境，能够起到事半功倍的效果。

新加坡义顺邱德拔医院是一个将导风系统与遮阳系统相结合的优秀案例。该医院拥有 550 张病床及高品质的医疗服务，它的建立标志着一个面向社区的高品质且经济的综合性医疗中心在新加坡北部成立。该医院的绿色设计建立在对患者舒适度的考量之上。外立面设计和内部空间布局有利于加强采光及最大限度地为所有病房增加自然通风和减少眩光。以自然通风为主的五床病房和十床病房享有很好的自然景观，而单床病房和四床病房则拥有诸如床头触摸屏等一流的综合设施，如图 7-21 所示。

图 7-21　新加坡义顺邱德拔医院

公费病房的朝向利于"捕捉"盛行的北风和东南风，使进入室内的风速达到至少 0.6m/s，给病人提供了一个舒适的环境温度，同时减少了 60% 的空调使用能耗。布满铝合金散热片的建筑外墙被称作"聚墙"，可通过增加外墙的风压将盛行风导入建筑。新加坡国立大学进行的风洞试验发现，这些铝条的使用可以让空气流动提高 20%~30%。

自费病房采用模块化的可调节式百叶窗来控制进入病房的气流。灰色茶玻璃用于减少眩光，而这些百叶窗呈 15° 角的设置可达到最佳的换气效果和最小的雨水渗漏概率。固定百叶即"雨季百叶"设置在外墙与病床等高的位置，即使是在大雨天，也可保障最低限度的空气交换。

窗户上的遮阳板可以保护患者免受眩光的直接照射，也可将阳光反射到室内天花板形成漫射光来增强病房内的亮度而节约能源。遮阳板大大提高了病房的照明舒适度，也减少了照明有效区域内高达 30% 的能源需求。装有固定滤网的帷幕墙则用以调节阳光直射和眩光，这些帷幕的角度提供了最佳的景观视线和遮阳效果。

4）机械辅助通风与自然通风结合

德国柏林国会大厦议会大厅改建工程为了保证新风质量以及室内的舒适度，采用机械辅助通风与自然通风相结合的通风策略。将通风系统的进风口设在西门廊的檐部，新鲜空气经机械装置吸入大厅地板下的风道，并在此过程中过滤、降噪，然后从座位下的送风口低速而均匀地散发到大厅内，至此机械通风结束。新风从人们的脚下进入使用空间，通过热交换温度升高，热空气向上流动，通过穹顶内倒锥体的中空部分排出室外。此时，倒锥体成了巨大的拔气罩，既不会干扰穹顶内部功能使用，又促进了议会大厅的自然通风效果。大厦大部分房间还可以通过侧窗得到自然通风和换气，侧窗既可以自动调节也可以人工控制，根据换气量的需求进行调整，如图 7-22 所示。

此外，建筑师还把自然通风与地下蓄水层的循环利用结合起来。柏林夏季很热，冬季很冷，设计充分利用自然界的能源和地下蓄水层，把夏季的热能储存在地下给冬季用，同时又把冬季的冷能储存在地下给夏季用。国会大厦附近有深、浅两个蓄水层，浅的储冷，深

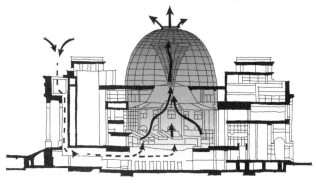

图 7-22　德国柏林国会大厦通风示意图

的储热，设计中把它们考虑成大型冷热交换器，形成积极的生态平衡。

由此可见，在一些大型建筑中，由于通风路径较长，流动阻力较大，单纯依靠自然风压与热压往往不足以实现自然通风。对于空气污染和噪声污染比较严重的城市，直接的自然通风还会将室外污浊的空气和噪声带入室内，不利于人体健康。在这种情况下，常常采用一种机械辅助式的自然通风系统。

7.2 建筑空气品质调控基本方法

室内空气环境是建筑环境中的重要组成部分，其中包括室内湿热环境和室内空气品质。对于室内空气品质的定义，美国供热制冷空调工程师学会颁布的标准《ASHRAE 62-1989 Ashrae Standard Ventilation for Acceptable Indoor Air Quality》中兼顾了室内空气品质的主观和客观评价：良好的室内空气品质应该是"空气中没有已知的污染物达到公认的权威机构所确定的有毒物浓度指标，且处于这种空气中的绝大多数人（≥80%）对此没有表示不满意。"

室内环境中，人们不仅对空气的温度和湿度敏感，对空气的成分和各成分的浓度也非常敏感。空气的成分及其浓度决定了空气的品质。人们约有90%的时间在室内度过，每天呼吸的空气为十多立方米，约20kg。室内空气品质不仅影响人体的舒适和健康，还影响室内人员的工作效率。良好的室内空气品质能够使人感到神清气爽、精力充沛、心情愉悦。然而近三十年来，世界上不少国家室内空气品质出现了问题，很多人抱怨室内空气品质低劣，造成他们出现一些病态反应：头痛、困倦、恶心和流鼻涕等。调查研究表明，造成室内空气品质低劣的主要原因是室内空气污染，这些污染一般可分为物理污染（如粉尘）、化学污染（如有机挥发性化合物，英文名为 Volatile Organic Compounds，VOCs）和生物污染（如霉菌）三类。因此，为了有效控制室内污染、改善室内空气质量，需要对室内污染全过程有充分认识。

7.2.1 建筑空气品质调控基本原理

1）室内空气环境的基本要求

室内空气环境质量是决定居住者健康、舒适的重要因素，人们一般对室内空气环境存在如下基本要求：

（1）满足室内人员对新鲜空气的需要

即使是在有空调的房间，如果没有新风的保证，人们长期处于密闭的环境内容易产生胸闷、头晕、头痛等一系列症状，形成"病态建筑综合征"。因此，必须保证对房间的通风，使新风量达到一定的要求才能保证室内人员的身体健康。

（2）保证室内人员的热舒适

研究表明，人员的热舒适和室内环境有很大关系。经过一定处理（除热、除湿）的空气通过空调系统送到室内，可以保证室内人员对温度、湿度、风速等的要求，从而满足人员对热舒适的要求。

（3）保证室内污染物浓度不超标

室内空气污染物的来源多种多样，有从室外带入的污染物，如工业燃烧和汽车尾气排放的NO_2、SO_2、O_3等；有室内产生的污染物，如室内装饰材料散发的挥发性有机化合物、人体新陈代谢产生的CO_2、家用电器产生的O_3以及厨房油烟等其他污染物。室内污染物源可以散发到空间各处，在室内形成一定的污染物分布。大量的污染物在空间存在会对人体健康产生不利影响。

符合上述基本要求的室内空气环境通常需要合理的通风气流组织来营造。所谓通风，是指把建筑物室内污浊的空气直接或净化后排至室外，再把新鲜的空气补充进来，从而保持室内的空气环境符合卫生标准。好的通风系统不仅要能够给室内提供健康、舒适的环境，而且应使初始投资和运行费用都比较低。因此根据室内环境的特点和需求，采取最恰当的通风系统和气流组织形式，实现优质高效运行，是室内空气环境营造最重要的内容。

2）影响室内空气品质的污染源和污染途径

（1）室内污染源

室内空气污染按其污染物特性可分为以下三类：

①化学污染：主要为有机挥发性化合物（VOCs）、半有机挥发性化合物（SVOCs）和有害无机物引起的污染。有机挥发性化合物包括醛类、苯类、烯类等300种有机化合物，这类污染物主要来自建筑装饰装修材料、复合木建材及其制品（如家具）。而无机污染物主要为氨气（NH_3），主要来自冬期施工中添加的防冻液，以及CO_2、CO、NO_X、SO_X等主要来自室内的燃烧产物。

②物理污染：主要指灰尘、重金属和放射性氡（Rn）、纤维尘和烟尘等引起的污染。

③生物污染：细菌、真菌和病毒引起的污染。

（2）室内空气污染途径

室内空气污染受室外空气、建筑装饰装修材料、空调系统、家具和办公用品（家用电器）、厨房燃烧产物以及室内人员等多种因素的影响，如图7-23所示。下面分别对室内空气污染的途径及其特点作简要介绍。

①室外空气

室内空气污染和室外空气污染密切相关。近年来室内空气品质变差的部

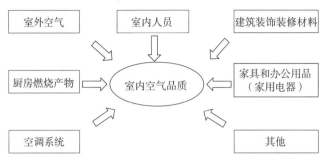

图 7-23 影响室内空气品质的室内空气污染途径

分原因就是室外大气污染日益严重,因此对室外空气污染有必要进行了解。表 7-1 对与室内空气品质相关的室外大气污染物做了一个简单的总结。其中有些污染物可以通过室内外的空气交换进入室内,而有些室内污染物则会随着通风被排至室外。一般说来,室内 VOCs/SVOCs 浓度要高于室外,而在室外污染比较严重的地区,室内 NO_X、SO_X 浓度较低。

与室内空气品质相关的室外大气污染物简介　　表 7-1

污染源	污染物	对人体健康的主要危害
工业污染物	NO_X、SO_X、TSP(总悬浮颗粒物和 HF)	呼吸病、心肺病和氟骨病
交通污染物	CO、HC(碳氢有机物)	脑血管病
光化学反应	O_3	破坏深部呼吸道
植物	花粉、孢子和萜类化合物	哮喘、皮疹、皮炎和其他过敏反应
环境中微生物	细菌、真菌和病毒	各类皮肤病、传染病
灰尘	各种颗粒物及附着的病菌	呼吸道疾病及某些传染病

②建筑装饰装修材料

室内装饰装修材料的大量使用是引起室内空气品质变差的一个重要原因。北京市化学物质毒物鉴定中心曾报道,北京市每年由建材引起室内污染,造成的中毒人数达万人,因此对室内常见建材的污染物散发应该引起足够的重视。常见的散发污染物的室内装饰装修材料主要有:无机材料和再生材料、合成隔热板材、壁纸和地毯、人造板材及人造板家具、涂料、胶粘剂以及吸声和隔声材料。

③空调系统

暖通空调系统和室内空气品质密切相关,合理的空调系统及其管理能够大大改善室内空气品质,反之,也可能产生和加重室内空气污染。空调系统可能对室内空气品质产生不良影响的部件主要有:新风口、混合间、过滤器、风阀、盘管、表冷器托盘、送风机、加湿器以及风道系统。

④家具和办公用品（家用电器）

家具和办公用品（家用电器）也是室内污染的一个主要污染源。家具会使用有机漆和一些人工木料（如大芯板），常释放有机挥发气体，如甲醛、甲苯等。另外，打印机、复印机散发的有害颗粒也会威胁人体健康，而目前在电脑使用过程中也会散发多种有害气体，降低人的工作效率。

⑤厨房燃烧产物

厨房烹饪使用煤、天然气、液化石油气和煤气等燃料，会产生大量含有 CO、CO_2、NO_X、SO_X 等的气体及未完全氧化的烃类—羟酸、醇、苯并呋喃及丁二烯和颗粒物。江苏省卫生防疫站对民用新型燃料在燃烧时所产生的有害气体的污染程度进行了测定，结果表明，燃烧 120min 后，有一定通风，室内甲醇和甲醛的平均浓度分别为 $3.91mg/m^3$ 和 $0.1mg/m^3$，不通风条件下分别为 $11.78mg/m^3$ 和 $0.49mg/m^3$，可见污染程度比较严重。

此外，烹调本身也会产生大量的污染物，烹调油烟是食用油加热后产生的。通常炒菜温度在 250℃ 以上，油中的物质会发生氧化、水解、聚合、裂解等反应。随着沸腾的油挥发出来，这种油烟有 200 余种成分，其中含有致癌物质，主要来源于油脂中不饱和脂肪酸的高温氧化与聚合反应。

⑥室内人员

室内人员可能产生的污染除了吸烟以外还有人体自身由于新陈代谢而产生的各种气味。这些新陈代谢的废弃物主要通过呼出气体、大小便、皮肤代谢等带出体外。

⑦其他

其他室内污染的途径是指除了上述途径之外的一些途径，包括日用化学品污染、人为污染、饲养宠物带来的污染等，这里不再赘述。

7.2.2 建筑空气品质调控基本方法

室内空气污染物由污染源散发，在空气中传递，当人体暴露于污染空气中时，污染就会对人体产生不良影响。室内空气污染控制可通过以下三种方式实现：①污染物源头治理；②通过新风稀释和合理组织气流；③空气净化。下文分别就这三个方面进行介绍：

1）污染物源头治理

从源头治理室内空气污染，是治理室内空气污染的根本之法。污染物源头治理有以下几种方式：

（1）消除室内污染源。最好、最彻底的办法是消除室内污染源，譬如，一些室内建筑装修材料含有大量的有机挥发物，研发具有相同功能但不含有害有机挥发物的材料可消除建筑装修材料引起的室内有机化学污染；又如，一些地毯吸收室内化学污染后会成为室内空气二次污染源，因此，不用这类地毯就可消除其导致的污染。

（2）减小室内污染源散发强度。当室内污染源难以根除时，应考虑减少其散发强度。譬如，通过标准和法规对室内建筑材料中有害物含量进行限制就是行之有效的办法。我国制定并发布了《室内装饰装修材料有害物质限量》系列标准，该标准限定了室内装饰装修材料中一些有害物质的含量和散发速率，对于建筑物装饰装修材料的使用作了一些限定，同时也对装饰装修材料的选择有一定的指导意义。

（3）污染源附近局部排风。对一些室内污染源，可采用局部排风的方法。譬如，厨房烹饪污染可采用抽油烟机解决，厕所异味可通过排气扇解决。

2）通过新风稀释和合理组织气流

新风稀释是改善室内空气品质的一种行之有效的方法，其本质是提供人所必需的氧气并用室外污染物浓度低的空气来稀释室内污染物浓度高的空气。美国标准《ASHRAE 62-1989 Ashrae Standard Ventilation for Acceptable Indoor Air Quality》和欧洲标准《CENCEN CR1752：Ventilation for Buildings-Design Criteria for the Indoor Environment》中，给出了感知空气品质不满意率和新风量的关系，如图 7-24 所示。可见，随着新风量加大，感知室内空气品质不满意率下降。考虑到新风量加大时，新风处理能耗也会加大，因此，针对实际应用中采用的新风量会有所不同。室内新风量的确定需从以下几个方面考虑：

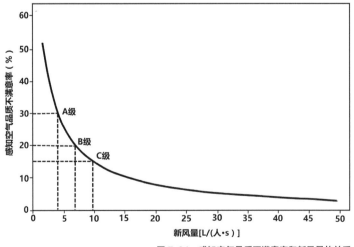

图 7-24 感知空气品质不满意率和新风量的关系

（1）以 O_2 为标准的必要换气量

必要新风量应能提供足够的 O_2，满足室内人员的呼吸要求，以维持正常生理活动。人体对 O_2 的需要量主要取决于能量代谢水平。人体处在极轻活动状态下所需 O_2 约为 $0.423m^3/(h·人)$，通过表7-2的内容可估算出人体处于不同情况下的耗氧量。由此可见，单纯呼吸 O_2 所需的新风量并不大，一般通风情况下均能满足此要求。

（2）以室内 CO_2 允许浓度为标准的必要换气量

人体在新陈代谢过程中排出大量 CO_2，同时 CO_2 浓度与人体释放的污染物浓度有一定关系。故 CO_2 浓度常作为衡量指标来确定室内空气新风量。人体 CO_2 发生量与人体表面积和代谢情况有关。不同活动强度下人体 CO_2 的发生量和所需新风量见表7-2。

不同活动强度下人体 CO_2 的发生量和所需新风量　　　　表7-2

活动强度	CO_2 的发生量 [$m^3/(h·人)$]	不同 CO_2 允许浓度下必需的新风量 [$m^3/(h·人)$]		
		0.10%	0.15%	0.20%
静坐	0.014	20.6	12	8.5
极轻	0.017	24.7	14.4	10.2
轻	0.023	32.9	19.2	13.5
中等	0.041	58.6	34.2	24.1
重	0.075	107	62.3	44.0

（3）以消除臭气为标准的必要换气量

人体会释放体臭，体臭释放和人所占有的空气体积、活动情况、年龄等因素有关。国外有关专家通过实验测试，在保持室内臭气指数为2的前提下得出不同情况下所需的新风量，见表7-3。稀释少年体臭的新风量比成年人多30%~40%。

不同情况下所需的新风量　　　　表7-3

设备		每人占有气体体积（m^3/人）	新风量 [$m^3/(h·人)$]	
			成人	少年
无空调		2.8	42.5	49.2
		5.7	27.0	35.4
		8.5	20.4	28.8
		14.0	12.0	18.6
有空调	冬季	5.7	20.4	—
	夏季	5.7	<6.8	—

（4）以使室内空气品质符合国家标准的必要换气量

基于建筑物的用途、室内人数、活动强度等影响室内空气污染物产生和积累的因素，结合国家标准中推荐的换气次数（以每小时换气次数表示），计算所需的新风量。具体计算方法是将室内空间的体积乘以推荐的换气次数，得到每小时所需的新风量。

室内可能存在污染源，为使室内空气品质达到《室内空气质量标准》GB/T 18883—2022 的要求，需通新风换气。换气次数需要多少，需根据室内空气污染源的散发强度、室内空间大小和室外新风空气质量情况以及新风过滤能力等确定。通风通常有自然通风和机械通风两种形式。机械通风又分全空间通风和局部空间通风（包括个体通风）两种形式。

3）空气净化

空气净化是指从空气中分离和去除一种或多种污染物，实现这种功能的设备称为空气净化器。使用空气净化器是改善室内空气质量、创造健康舒适的室内环境的有效方法。空气净化是室内空气污染源头控制和通风稀释不能解决问题时不可或缺的补充。此外，在冬季供暖、夏季使用空调期间，采用增加新风量来改善室内空气质量，需要将室外进来的空气加热或冷却至舒适温度而耗费大量能源，使用空气净化器改善室内空气质量可减少新风量，降低采暖或空调能耗。目前，空气净化的传统方法主要有：过滤器过滤、吸附净化、紫外线杀菌（UVGI）和 O_3 净化；空气净化的新型方法主要有：光催化净化、低温等离子体净化和植物净化。

（1）空气净化传统方法

①过滤器过滤

过滤器的主要功能是处理空气中的颗粒污染。一种普遍的误解是过滤器的工作原理就像筛子一样，只有当悬浮在空气中的颗粒粒径比滤网的孔径大时才能被过滤掉。其实，过滤器和筛子的工作原理大相径庭。其是通过显微镜拍摄颗粒物，然后被纤维过滤器收集的情形，其中圆球状的物体是被捕获的颗粒物。一旦这些颗粒物和过滤器纤维接触，就会被很强的分子力粘住。

②吸附净化

吸附对于室内 VOCs 和其他污染物来说是一种比较有效而又简单的消除技术。目前比较常用的吸附剂主要是活性炭，其他的吸附剂还有人造沸石、分子筛等。

③紫外线杀菌（UVGI）

紫外线杀菌是通过紫外线照射，破坏及改变微生物的 DNA（脱氧核糖核酸）结构，使细菌当即死亡或不能繁殖后代，达到杀菌的目的。

④ O_3 净化

O_3 是已知的最强的氧化剂之一。其强氧化性、高效的消毒和催化作用使其在室内空气净化方面有积极的贡献。O_3 的主要应用在于灭菌消毒，它可即刻氧化细胞壁，直至穿透细胞壁与其体内的不饱和键化合而杀死细菌，这种强灭菌能力来源于其较高的还原电能力。

（2）空气净化新型方法

①光催化净化

光催化反应的本质是在光电转换中进行氧化还原反应。根据半导体的电子结构，当半导体（光催化剂）吸收一个能量大于其带隙能（E_g）的光子时，电子（$e-$）会从价带跃迁到导带上，而在价带上留下带正电的空穴（$h+$）。价带空穴具有强氧化性，而导带电子具有强还原性，它们可以直接与反应物作用，还可以与吸附在光催化剂上的其他电子给体和受体反应。

②低温等离子体净化

等离子体是物质存在的第四种状态，是由电子、离子、原子、分子和自由基等粒子组成的集合体，具有宏观尺度的电中性和高导电性。等离子体中的离子、电子和激发态原子都是极活泼的反应性物种，可以使通常条件下难以进行或进行速度很慢的反应变得十分快速。脉冲电晕等离子体化学处理技术是利用高能电子（5e~20eV）轰击反应器中的气体分子，经过激活、分解和电离等过程产生氧化能力很强的自由基、原子氧和臭氧等，这些强氧化物质可迅速氧化掉 NO_X 和 SO_2，在 H_2O 分子作用下生成 HNO_3 和 H_2SO_4。

③植物净化

绿色植物除了能够美化室内环境外，还能改善室内空气品质。美国宇航局的科学家威廉·沃维尔发现绿色植物对居室和办公室的污染空气有很好的净化作用，他测试了几十种不同的绿色植物对几十种化学复合物的吸收能力，发现所测试的各种植物都能有效降低室内污染物的浓度。24h 照明条件下，芦荟吸收了 $1m^3$ 空气中所含的 90% 的甲醛；90% 的苯在常青藤中消失，而龙舌兰则可吞食 70% 的苯、50% 的甲醛和 24% 的三氯乙烯。威廉又做了大量的实验证实绿色植物吸附化学物质的能力来自盆栽土壤中的微生物，而不主要是叶子。与植物同时生长在土壤中的微生物在经历代代遗传后，其吸收化学物质的能力还会加强。所以，可以说绿色植物是普通家庭都能用得起的空气净化器。

另外有些植物还可以作为室内空气污染物的指示物，例如紫花苜蓿在 SO_2 浓度超过 0.3ppm 时，接触一段时间后，就会出现受害的症状；贴梗海棠在 0.5ppm 的 O_3 中暴露半小时就会有受害反应。香石竹、番茄在浓度为 0.05~0.1ppm 的乙烯下几个小时，花萼就会发生异常现象。因此，利用植物对某些环境污染物进行检测是简单而灵敏的。

7.3 面向碳中和的建筑通风与空气品质调控新方法

7.3.1 通风系统与制冷制热系统分离

将通风系统与制冷制热系统分开是目前的发展趋势。历史上，商业建筑曾经拥有集制冷制热系统于一体的通风系统。在典型的单层零售商店的屋顶上看到的那些方盒子就是制冷制热单元，较小的三角形附属物是通风进风口的雨罩。在大型商业建筑中，进风口通常是一面高大的格栅墙，通过管道与中心加热或制冷处理器相连。不过，将通风与制冷制热系统分离在绿色建筑中的结果是令人满意的，理由如下：

（1）降低了风扇的能耗。通风气流速度通常远小于制冷制热时气流的速度。在没有制热与制冷的需求时，如果依靠大型中央风扇来带动少量的通风空气，消耗的能量会比实际需求大很多倍。

（2）对于通风气流，可以实现更多的自定义控制，与制冷、制热气流速度的控制完全分开。

（3）对于制冷和制热的气流，也可以实现更多的自定义控制。

（4）使建筑中的气压更容易得到平衡。比如，一个典型的小型屋顶通风单元，如果将通风空气送入室内的同时没有排出任何空气，那么建筑内会形成气压，迫使气体泄漏的发生，容易形成诸如墙体构件结露的问题。

（5）需要的管道系统尺寸更小，因此能够降低层高。

7.3.2 活性植物修复系统

伦斯勒理工学院建筑科学与生态中心开发的活性植物修复系统（Active Phytoremediation System，APS）是一种生物机械混合系统，可以改善室内空气质量，同时降低与传统空调系统相关的能源消耗和外部空气污染。APS通过将常见植物的空气清洁能力扩大200倍进行运作。其实现方法为：在空气分散到使用空间之前，主动引导建筑中的空气经过植物的根和根状茎，使系统中的污染物被滞留和消化在该区域。APS由最优化的模块组成，这些模块的水培箱里培育了多种植物类型。

由于其模块性，系统是可升级的，它可以被建筑手法整合进多种建筑尺寸与类型。这个模块是为实现分解和循环而设计的，在低成本、高技术的基础上得以实现，提升了它在多种建筑类型中的适应性和再利用的潜力。

APS旨在通过主动消除挥发性有机化合物、颗粒物和其他室内空气中的生化污染物来显著减少与病态建筑综合征相关联的健康风险，同时在寒冷的季节为采暖室内增加空气湿度。通过减少吸取新鲜空气的需求，它也显著降低了建筑的整体能源消耗，同时还减少了与外界城市空气污染物（如O_3）的接触，如图7-25所示。

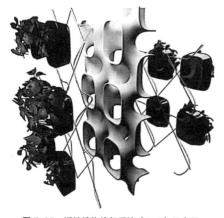

图 7-25 活性植物修复系统（APS）示意图

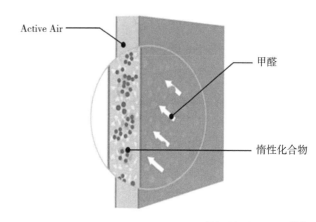

图 7-26 Active Air 技术

7.3.3 可净化空气的新型建筑材料

减轻室内空气污染物传播的最有效方法之一是选择优质的建筑材料。这可以从根源减少和消除室内空气污染物。现在市面上已经有很多专门为安全的室内环境而创造的无毒现代材料，寻找带有绿色标签或健康认证的建筑用品是减少室内空气污染的好方法。在建筑物和房屋中使用那些用新技术制造的产品也可以在 BREEAM、LEED 和 WELL（评级系统）认证中获得加分。

Active Air 研发的天花板和石膏板等材料可以捕获并稀释 70% 的室内挥发性有机物。他们提供了一种被动式的持久技术，无论温度如何，该材料都不会释放已被捕获的气体。它们基本不需要维护和管理，因此在减少甲醛方面比额外的通风更有效。它们的实用性还在于，它们只需被放置在建筑物的底部或内部，而不是作为浮于表面的装饰材料（如涂料），后者更容易损坏，且不能提供同样的净化功能。同时，Activ Air 面板可穿过水基、丙烯酸或环氧涂料层和透气墙纸（已经过 Eurofins 和 VITO 实验室的第三方测试），且同样有效，符合 ISO 16000—23：2018 EN 标准。采用这种智能材料并不影响屋主对室内环境的打造。

使用这些毒素稀释材料是让室内空气质量保持安全的最简单的方法之一，因为它不仅为新建建筑节约了成本，而且也为老建筑的修复和翻新提供了更实用和经济的解决方案。后者往往被限制在老旧的设置中，缺乏适当的通风和日照选择。最重要的是，老旧的公寓和住宅中的湿度经常会偏高。因此，去除 VOCs 的纸面石膏板是消除翻新房屋中现有霉菌和生物污染物的理想方式。因为，Activ Air 即使经过多次翻新和重新装饰也不会失效，而是能够永久性地减少甲醛，如图 7-26 所示。

本章小结

本章简要阐述了建筑通风与空气品质调控的相关基础知识，分别从建筑通风以及建筑空气品质两方面总结现有的设计手法，并介绍了部分当代新的建筑通风与空气品质调控方法。

通风，是指把建筑物室内污浊的空气直接或净化后排至室外，再把新鲜的空气补充进来，从而保持室内的空气环境符合卫生标准。好的通风系统需要具备健康、热舒适以及降温的功能。室内空气环境常见的营造方法从实现机理上可分为自然通风和机械通风两种模式。其中，自然通风的基础原理是气流利用建筑两侧存在的压力差实现的，即外部风的作用引起的风压通风与室内、室外空气的温度梯度引起的热压通风。

室内空气环境质量需要满足室内人员对新鲜空气的需要、保证室内人员的热舒适以及保证室内污染物浓度不超标。影响室内空气品质的室内污染源主要分为化学污染、物理污染以及生物污染三类。室内空气污染途径分为室外空气、建筑装饰装修材料、空调系统、家具和办公用品（家用电器）、厨房燃烧产物、室内人员及其他。控制室内空气污染、提高室内空气品质可以通过以下三种方法实现：源头治理、通过新风稀释和合理组织气流、空气净化。

思政小结

2021年7月16日，我国国家领导人在亚太经合组织领导人非正式会议上的讲话表示，力争2030年前实现碳达峰、2060年前实现碳中和。我们要坚持以人为本，让良好生态环境成为全球经济社会可持续发展的重要支撑，实现绿色增长。我国国家领导人在党的二十大报告中强调，加快实施一批具有战略性、全局性、前瞻性的国家重大科技项目，增强自主创新能力，努力破解技术和创新难题，争取形成"产学研用"紧密结合的学科发展特色。传统的建筑通风模式已经无法满足新时代的发展需求，我们要积极探索新的技术和方法来改善建筑的通风设计和空气品质调控效果。因此，本章提出一些可应用于建筑行业的新技术和新方法，以减少污染物的释放和提高室内环境质量，这将有助于人们更好地解决建筑通风与空气品质调控问题，建立健全绿色低碳循环发展的经济体系，推动经济社会发展全面绿色转型。

思考题

1. 简要说明建筑通风设计的作用及其意义。

2. 试分析风压通风与热压通风各自的作用原理。

3. 简要说明提高室内空气品质的方式。

4. 列举几个与"建筑自然通风的设计方法"中所提到的方法一致的案例。

参考文献

[1] 刘念雄，秦佑国. 建筑热环境 [M]. 北京：清华大学出版社，2005.

[2] 崔愷，刘恒. 绿色建筑设计导则 [M]. 北京：中国建筑工业出版社，2021.

[3] 珍妮·洛弗尔. 建筑围护结构完全解读 [M]. 南京：江苏凤凰科学技术出版社，2019.

[4] 朱颖心. 建筑环境学 [M]. 3版. 北京：中国建筑工业出版社，2010.

[5] 程大锦. 图解绿色建筑 [M]. 天津：天津大学出版社，2017.

[6] 舒欣. 碳中和导向的气候适应性建筑设计策略研究 [J]. 当代建筑，2022（11）：109-112.

第 8 章 建筑围护结构

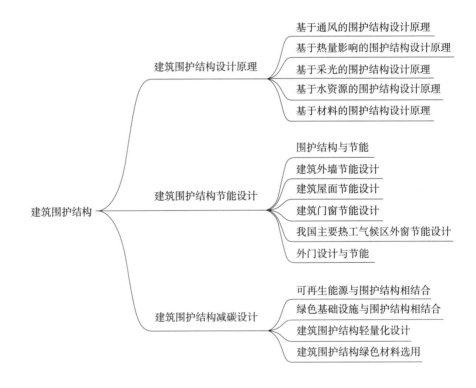

8.1 建筑围护结构设计原理

建筑围护结构不仅是建筑的外部外观，还在很大程度上影响了建筑内部环境的质量、温度、采光和能源效率。因此，合理的围护结构设计对于实现室内环境的舒适性至关重要，与环境调控密切相关。

8.1.1 基于通风的围护结构设计原理

建筑表面的风和空气运动产生不同压力，使空气穿过缝隙和洞口，有意或无意地形成建筑通风。建筑表皮是通风发生的表面区域，且必须持续防止不正常的空气外泄，这依赖于外界环境、气温和内部空间要求的多变性和动态性。

很多建筑依靠机械化的空调或通风系统来控制空气交换率、湿度和温度，将稀释后的室内空气与室外空气混合。但为了满足系统效率的提升，建筑往往被密封以防止使用者活动（例如开窗户）造成的系统不平衡。用来铺设顶棚、墙、地板和装配家具的材料可能严重影响室内空气质量，它们是建筑中最常更换且是室内空气污染最大的组件。"病态建筑综合征"（Sick Building Syndrome，简称 SBS，是发生在建筑物中的一种对建筑使用者健康的急性影响，但具体病因、病情无法检测）被归咎于糟糕的室内空气质量，部分问题与供热通风和空气调节系统（HVAC）有关。研究表明，全空调系统建筑的使用者中 SBS 患者最多。此外，在封闭的建筑中，人体与外部环境失去了接触和联系，对于室内环境的控制也很少。

建筑系统致力于用轻质的表皮维持室内温度，但外墙的气密性往往会有一定折损（尤其在开洞结合点处），通过外表皮泄漏的空气会带走调节温湿度后的空气且损耗能量。图 8-1 表现了需要通过表皮解决的与空气相关的问题：外部情况的可变因素，如气候朝向、周边情况（例如交通）；时间（白天、黑夜、季节）；对室内环境的期望，如建筑尺寸（高和深）等。

在建筑围护结构设计中，空气传播常与两个问题结合进行考虑：外部以通风为目的的空气交换，墙体间用来阻止热量流失或冷空气外渗的气密层。内部气流可通过利用热浮力制造压力差得到转换。低密度热空气上升，高密度冷空气被压下来取代了热空气，这也被称为"烟囱效应"，这个基本原则在墙体尺度和建筑整体剖面尺度下可被应用于建筑围护结构设计，以利用自然通风。

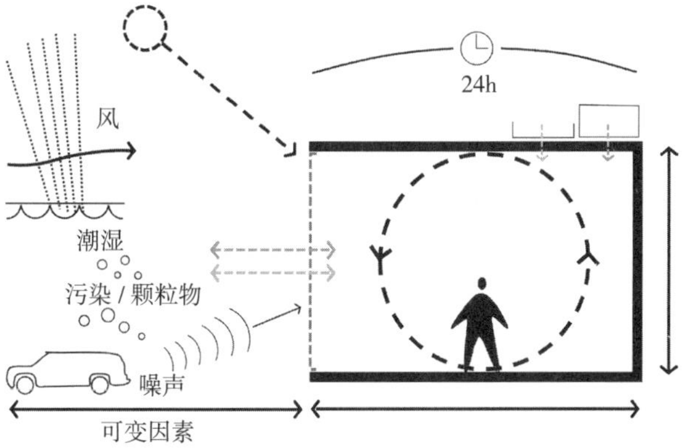

空气运动由压力差和热浮力决定。如图 8-2 所示，气流总是从正压区流向负

图 8-1 需要通过表皮解决的与空气相关的问题

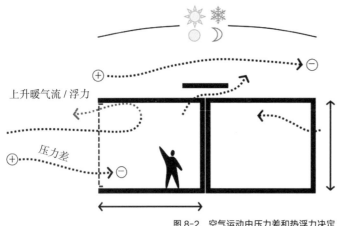

图 8-2 空气运动由压力差和热浮力决定

压区,或从热到冷。通过考虑建筑/空间中的高度、进深、开洞的位置和尺寸,在建筑的垂直表皮(立面)或水平表皮(屋顶)上,这个特性可应用于其与系统的整合。考虑应建立在位置、朝向、一天中的时间和季节性温度变化的基础上。

据此原则,空气总是在压力差中获得平衡,从正压区移动到负压区。在建筑整体尺度下,风速和朝向也应被考虑在内。建筑的迎风面会受到正压力,但压力并不稳定且与其所处的具体地点和季节性变化有关。如果空气随方向发生变化,则应考虑到通风最坏的情形——建筑的背风面(距压力面最远的一面)。如同建筑表皮的面积、朝向和轮廓一样,建筑的总体高度、邻近建筑和地形也可以显著改变气流。

在一个双层表皮建筑中,两层材料(往往是玻璃)间的空隙形成一个空气间层,被阳光加热后会产生烟囱效应。双层表皮之间的空气升温时会上升,将冷空气向下拉。这个原则建立在热空气浮力的基础上,适用范围包括一个窗户单元、一整面墙或一个包括中心庭院或天井的建筑,它们都可以通过双层表皮交换空间中的空气和热量。

墙体剖面中的气密性取决于气密层的连续性。气密层出现任何故障或断裂都会引起空气压力变化,导致配件产生空气通道,并可能带来水蒸气。对于细部的仔细考虑和协调将有助于确保建筑表皮成为一个连续的气密层,尤其是系统之间的部分和高质量构造。构造完成后应立刻检查空气泄漏。

图 8-3 显示了谢菲尔德大学展览中心窗框、气孔和太阳能风道的细节设计。流入空气由窗户下方的衰减器被引入,到达位于窗户单元内外分界处的气孔,在此通过打开的内部窗户进入室内,或者通过烟囱效应将热空气拉上烟囱。

8.1.2 基于热量影响的围护结构设计原理

如我们的皮肤是身体进行热交换的区域那样,建筑的表皮也是建筑进行热交换的区域。但建筑表皮性能往往在内部环境系统的运作中不被考虑,没有得到充分运用。在钢筋混凝土结构的支持下,现代建筑表皮使用了大量玻璃。与承重砖石墙相比,单

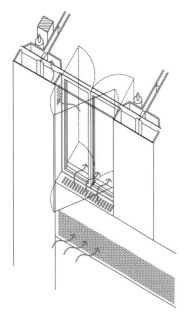

图 8-3 谢菲尔德大学展览中心窗框、气孔和太阳能风道的细节设计

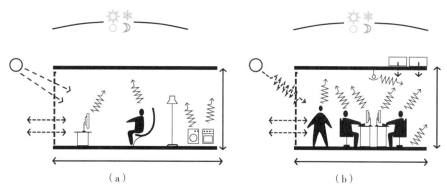

图 8-4 住宅与商业/办公建筑热量不同示意图
（a）住宅热量示意图；（b）商业/办公建筑热量示意图

元化幕墙系统蓄热能力低，只能依赖隔热层和玻璃来防止热流失。

如图 8-4 所示，其中显示了住宅与商业/办公建筑中热量的不同之处。除了建筑建造类型、层高、平面进深等因素，热量与一天中的时间和季节也有关系。然而，办公建筑常拥有更多使用者和家具，从而需要将得热问题（尤其在下午时段）作为首要问题处理。

然而，由于建筑表皮是有缝隙的，可随时与外部环境进行冷空气或热空气的交换，造成能源浪费。此外，大量使用不具有专业性能的玻璃会向室内传递太阳热量，而未合理进行细部设计和构造的墙体会将热传导到室外。例如，一栋建筑的通透与否与表皮玻璃面积直接相关，但我们并不需要 100% 的玻璃才能获取足够的采光，因为 100% 的玻璃会给外界的得热及失热带来重大挑战。

通过建筑表皮进入围合空间的热流随气候、季节、当天温度高低、朝向和太阳光角度发生变化，如图 8-5 所示。热能通过辐射、对流和（或）传导从热向冷流动。内部热量获取与室内空间的功能、布置和设备相关，外部热量获取与项目所在地的气候条件、场地微气候、太阳强度和建筑周边环境相关，室内外热量获取和流失的最大值代表了负荷峰值，如果负荷可以在时间

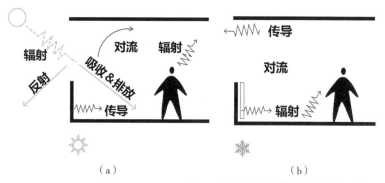

图 8-5 通过建筑表皮进入围合空间的热流变化
（a）晴朗及高温天气；（b）寒冷及雨雪天气

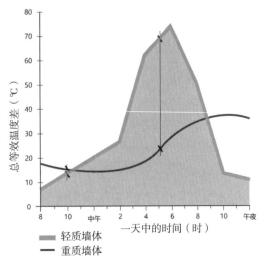

图 8-6 热曲线图

上分散，负荷峰值便会下降，如果最高值和最低值不能被降低或分散，维持建筑舒适水平所需的能量就会减少。比如，混凝土可以吸收热量并在有温差的时候释放热量。当表面与空间接触时，这种热滞留的原则可以被用来延迟热传递，以降低空间的负荷峰值，如图 8-6 所示。图中显示了采用轻质墙体和重质墙体所带来的温度差值。重质墙体的曲线表现了室内的负荷载峰值是如何消减的，从而降低了空调设备系统的设计负荷峰值。

有捕获层或空气腔的材料可以比密集材料更高效地阻拦热流失。因此，通过装配隔热层可以减少热流失。材料的 U 值是每单位温度的热以传导方式通过围护结构时的流失率——数值越大，热量流失越多。R 值表现了围护结构对于热流的阻碍能力——数值越大，阻碍越大，见式（8-1）。在任何可能的情况下，建筑朝向都应该最优化，以减少或增加所得的太阳能热量。

$$U = \frac{1}{R} \tag{8-1}$$

式中　U——材料热导系数，$W/m^2 \cdot k$；

　　　R——围护结构热阻，$m^2 \cdot k/W$。

建筑表皮和环境系统的整合提供了将结构作为散热片获得热量的可能性。更大规模的结构与隔热良好的建筑表皮结合，会在冬季的白天维持和储存热量，然后在夜间将热量辐射到空间中，避免早上房间过冷。高性能玻璃（低 U 值玻璃）表皮不透明区域的良好热学性能以及气密层的连续性是建筑表皮能源性能实现最优化的关键点。在建筑调试过程中，空气泄漏试验可以检查气密层总体性能，并指出有问题的地方。

建筑表皮的深度和遮阳设施（如图 8-7 中描绘的建筑系统部分）被用来在最大化利用天然光的同时解决或实现可能的太阳能得热。除直接相关系统之外，综合的表皮设计作为一种整体性的方法，可与基地的地形、微气候以及室内环境相协调。除此以外，围护结构的性能也要避免受到冷桥的消极影响。

8.1.3　基于采光的围护结构设计原理

本节所说的光是指由阳光产生的某个空间的照明度。采光不是可以单纯由数值和测量解决的问题。几十年的研究表明，与光的接触提高了人们的舒

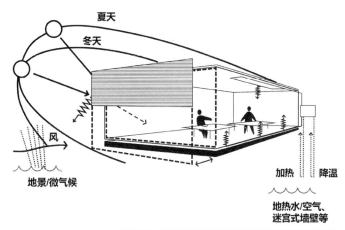

图 8-7 建筑表皮的深度和遮阳设施利用天然光示意图

适感和生产效率，这是因为人们是重视视觉感受的生物。建筑表皮提供了光的通道，伴随着波动、方向、颜色和阴影，其同时也作为景观及内部环境与外界的连接。

出于对大进深建筑和最大化建筑面积的需求，随着人工光照系统的发展和空调的普及，平面与表皮的比例逐渐增大。因此，光不再被以最大效率应用于室内空间照明。通常，大面积、朝向不佳和无遮阳的玻璃窗会将建筑内部直接暴露于阳光下，从而影响使用者的舒适度。百叶窗可以减少通过窗户进入的强光，但这样需要以室内灯光补偿损失的光照，造成了能源消耗。

利用光的基本难题在于当太阳高度角较高的时候（夏至日附近），人们能得到更好的采光，但阳光也总是最热，需要避免过热。当太阳高度角较低的时候（冬至日附近），人们想要光和热，但须考虑由低太阳高度角产生的眩光，如图 8-8 所示。

太阳的角度和轨迹与建筑所处的位置和环境有关，而它们都是持续变化的。天然光和阳光直接或间接（通过建筑附加构件的反射或建筑表面）地被传递到室内，这种传递不仅受地理位置影响，也与周边环境（建筑遮阳、水体、植被等）或周围建筑表皮有关。

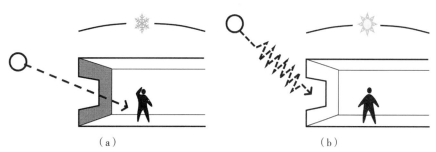

图 8-8 不同季节的天然光问题
（a）冬季：热但是有眩光；（b）夏季：光亮但是热

光照通常用勒克斯（lx）等级来测量，但由于光的等级通常并不连续，"日光系数"就成为评判光照等级的标准。日光系数（DF）用以测量室内天然光的效率，其在普通阴天时或窗户不干净的条件下，以室内照明和室外之间的百分率计算。DF值为2%~5%时被认为是"光和热之间的良好平衡"。如果建筑的DF值大于5%，就会对通过玻璃区域产生的夏天的得热和冬天的失热产生不利影响。

得热和光照需要根据室内使用者的舒适度进行考虑，这可由太阳得热系数（SHGC）和可见光透过率（VLT）分别测得。SHGC显示了一块玻璃区域阻挡太阳热量的能力——测量值从0~1。值越高，代表会有越多的热量从玻璃中被传递过去。VLT是指穿过玻璃系统的可见光占光总量的百分比。低可见光透过率使得室内较暗，同时低可见光透过率会影响人们的舒适程度。根据所处地区不同，有时得热是受欢迎的。在凉爽的环境中，窗户或墙体中玻璃的热性能（由U值测定）变得更加关键，因为天然光与建筑中热流失的比率非常重要。季节性循环、地理位置和温度一样需要被考虑，大陆性气候同时包括寒冷的冬季和炎热（同时可能是潮湿）的夏季，天然光并非越多越好，反射和反差对于房间的视觉舒适性有显著影响。如果空间中的光照等级变化得过于极端，人们的眼睛没有足够的时间来适应，那人们对亮和暗的观念会产生变化。

通过表皮合理利用天然光会增加使用者的舒适等级，并减少人工光照的强度、荷载峰值和能量消耗，如图8-9所示。然而，这并不是要求我们建造一个全透明的建筑表皮，当墙体面积的25%~30%（地面面积的10%~20%）为玻璃时，大部分商业和居住建筑就足以获得好的天然光等级。此外，遮光板和反射器可以协助将天然光的潜力发挥到最大，将天然光投射得更均匀、更远。例如，一个布置合理的遮光板可以协助阻止透明玻璃下部的阳光得热，同时通过透明玻璃上部将光反射进入建筑内部——将光反射在顶棚上，提供一个更加扩散的"上方灯光"。

遮阳通常布置在商业建筑的西、南立面，根据地理位置有时也布置在北立面上，以避免眩光和多余得热（在北半球）带来的不适。当在玻璃表皮外侧时遮阳最为有效，其原则为：尽早阻止阳光进入建筑会保证得热产生的影响最小。

人工照明是消耗能源的主要方面。入射的天然光与人工照明间的控制和协调必须从类型、布局等方面整合进建筑表皮策略。福斯特建筑事务所在马德里

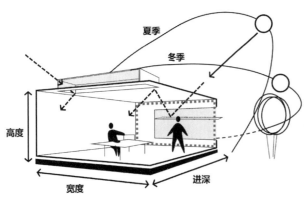

图8-9 建筑表皮、设备和形式的整合对提供良好的自然采光至关重要

图 8-10 遮阳系统实例

的法院项目中创造了一个动态的表面结构，它可将得到的多余太阳能热量最小化，同时允许天然光进入建筑。作为建筑环境策略的关键部分，霍伯曼联合事务所根据合同要求设计了多种定制的遮阳系统，如图 8-10 所示。这些遮阳单元的设计受到阳光通过树叶产生光斑的启发，布置在法庭的中心环形天井和八个外围天井中。其中，阴影形状为六边形，与屋顶斜肋构架相匹配。它们由一系列穿孔金属板组成，与轴臂连接，可以侧向移动或收缩，在视线上与屋顶结构相协调。同时，遮阳系统阻止了直射光直接穿透办公室的玻璃墙，将可进入中间天井的阳光最大化。

8.1.4 基于水资源的围护结构设计原理

全球变暖、气候变化、低效的系统等因素都对全球供水危机负有责任。地下水资源有限，而表层水资源不足以满足日益增长的需求。潜在的水资源通常通过管道或直接流入江河湖海，缺乏循环利用来补充当地的水资源。这些问题严重影响了全球水资源的可持续利用，需要采取综合措施来解决，如图 8-11 所示。

大量的建筑构造问题与水密切相关。对于建筑表皮构件来说，水可能会侵蚀某些构件，导致腐蚀和锈蚀。建筑表皮密闭防水试验的成功与否取决于细部构造和排水构件的设计和质量。如果这些方面处理不当，水可能会以雨水、水蒸气或凝聚的方式对建筑造成损害。因此，在建筑表皮设计中必须全面考虑建筑围护结构的防水，通常有以下三种方式：

（1）表面封闭系统：在穿透之前将全部水阻拦，是第一道防线。

（2）水管理系统：允许部分水通过第一道防线然后直接流出（例如空心墙结构）。

（3）压力平衡系统（例如雨幕系统）：系统中表皮第一层和第二层之间的压力差可以阻止水进一步渗入建筑。水渗透需要从由外而内和由内而外两方面考虑。空气中的水（气体或液体形式）通过室内活动，如呼吸、清洗和烹饪产生，如果其被允许进入墙体却无法排出，水便会在墙体处发生凝结，引发侵蚀、腐蚀和锈蚀。如果在配件中将水蒸气密闭层和空气密闭层结合起来，则更容易建立连续的保护层。

基础设施、景观和建筑的一体化对于水

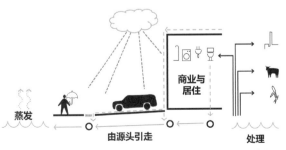

图 8-11 雨水收集与区域利用的潜力

图 8-12 干热地区进行水循环净化和热控制的太阳能建筑表皮系统

的控制、保留和再利用至关重要。通过在场地内部控制水，可以减少污染和水流失，并补给地下水。同时，还可以为建筑使用者提供便利和舒适。水在适应场地条件和气候方面可以起到积极作用，靠近建筑的水体可以作为蓄热设施来影响建筑周边的微气候，季节交替性地储存能量，像湿地和调节湖一样成为场地水管理系统的一部分。在空气进入建筑前，水蒸发可以产生冷却效果，通过降低空气温度提高室内舒适度。

可持续排水系统（Sustainable Urban Drainage Systems，SUDS）是管道排水系统的替代方案，它模拟了自然排水的存储、缓慢传送和体积减小等过程。SUDS 的每个考虑都与场地特性相关，同时也取决于土壤类型、水流分界线的位置和地方法规。SUDS 致力于减少建筑排水的径流率和其体积，同时进行水处理，以尽可能去除附近污染物的影响。SUDS 策略可以采用多种技术，如绿色屋顶、可渗透铺地和澄清池。

对于干热地区的水体修复和舒适度调节来说，进行水循环净化和热控制的太阳能建筑表皮系统是建筑一体化的太阳能利用策略，建筑通过植入可调整立面系统，以实现利用太阳热能对水进行加热杀菌处理并提供热水，满足建筑中的多种中水需求，显著降低建筑对于水和热能供应的需求。

通过保护场地内水体、进行水循环净化和热控制，太阳能建筑表皮系统在提供立面系统的同时可显著降低建筑对水和能源的需求，如图 8-12 所示。

8.1.5 基于材料的围护结构设计原理

建筑师常常将材料视为构图和视觉上的自由选择搭配，而忽略了对材料背景、性能、生命周期或环境影响等方面的考虑。优秀的建筑材料常以一种附加的方式，而非作为适宜设计本身的一部分被使用。例如在材料尺度中，涂层可以增强玻璃的热传递、遮阳系数和采光等性能；在系统尺度中，可以增加建筑"层"，如双层表皮，但这些材料或手段是否本来就是适合的，或者正确的呢？

现代建筑表皮包括一系列由主结构系统以某种方式支持的附加层，这些层由固体透明元素（通常应用于窗户，但不限于窗户）以及空气隔绝层、水蒸气隔绝层、隔热层和内外面层结合而成，有些层可以被有目的地整合成一层。

与建筑主要结构分离的建筑表皮系统通常被称为幕墙，可以根据它们建造和装配的方式分为框式系统或单元式（也称模数化）系统。在单元式系统

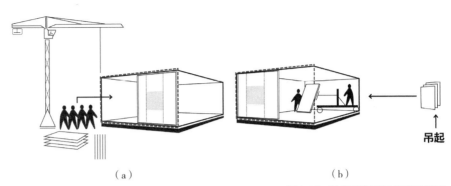

图 8-13 框式系统和单元式系统安装图
(a) 框式系统；(b) 单元式系统

中，装配件组件在场地内逐件组装，而单元式系统由在工厂组装上釉后的大型单元组成，这些单元被运往场地，然后被安装在建筑结构上，基柱网由内部平面需求、性能、花费和建造方法等决定，如图 8-13 所示。

在阿尔福德—霍尔—莫纳汉—莫里斯建筑事务所设计的图利街（TooleyStreet）办公室案例中，建筑师将建筑围护系统性能作为整体结构表皮与设备策略部分进行考虑。对于办公空间的设计，需要考虑空间灵活性的需求与造价之间的平衡。建筑师与顾客权衡决定将窗户布置于可以为使用者提供最强"开放性"感受的区域，办公室达到了通透的目的，但表皮只有 50% 而非 100% 为窗户区域。通过减少少量灵活性（此例中移除了用以固定内部隔板的玻璃竖框中的 1/3），建筑的每日舒适度和性能都得到了很大的提升。在施工图中，人们用单条直线表示材料，而现实中事物是不规则的，会与理想的直线产生偏差。材料会因温度和湿度膨胀或收缩而发生位移，由于静荷载和附加荷载（如风吸力和压力）发生变形，偏差的形成同样与基础和构造过程相关。同时，建筑表皮系统也需要考虑稳定性、安全、空气泄漏、防火防水等产生的误差。

偏差并不在每张平面或剖面中画出，而是在施工图附带的说明文件中加以说明。数字模型可以说明偏差，但本质上人们仍然会在施工文件中单独说明偏差，无论是为了一个次级配件还是为了一个单独的组件。在设计过程中尽早地进行建模、测试、与工程师和承包商协商，有助于找出建筑中偏差较大的区域，以便在施工前通过设计避免或减轻问题。如图 8-14 所示，埃利斯·莫里森建筑事务所设计了犯罪学学院的这个转角交接，制作了三维模型并由覆层承包商施耐德集团检验，在设计发展过程中完全协调设计意图、性能和可建造性。

系统和建筑表皮材料的应用必须适合设计语境，同时，材料科学在复合材料、表面涂层和薄膜方面的发展使得专门化的材料更能满足性能要求。保罗·唐纳利教授和他在圣路易斯华盛顿大学的团队全面研究了相变材料

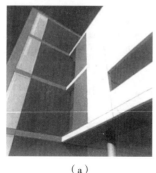 

（a）　　　　　　　　（b）

图 8-14　数字模型减小偏差实例
（埃利斯·莫里森建筑事务所设计的犯罪学学院）
（a）转角交接三维模型；（b）转角交接建成照片

（a）　　　　　　　　（b）

图 8-15　椰子壳作为干燥板
（a）椰子壳，椰壳板的原材料；
（b）由 CASE 团队研发的椰壳板，由农业废料制造

（Phase Change Materials，PCMs）作为建筑表皮一部分时的作用与性能，PCMs 在从液体向固体转换时对能量进行储存和释放，反之亦然。由于其热舒适特性，它们被应用于衣服和工业设计，但由于价格和适用性的限制，它们在建筑市场发展缓慢。通过"吸收"内部空间多余的热量，PCMs 可以在控制太阳能得热方面起到作用，蓄热并延缓释放以营造舒适环境、降低系统负荷峰值，并可以在后期需要的时候利用热能。通过应用于建筑表皮配件或内部墙体构造中，这种材料可以同时满足美学和舒适性两个方面的要求。

伦斯勒理工学院建筑科学与生态中心（Center for Architecture Science and Ecology，CASE）的一个团队正在研究将农业废料椰子壳发展为结构材料的可行性。椰子壳板有望成为进口木材产品的高性能替代品，尤其是在热带。在工业生产中，椰子壳产品可被改造并应用于建筑材料中。椰子壳中固有的木质素高聚物免除了高性能覆盖板对于合成黏结剂的需求。当椰子壳被制造为干燥板时，它可以吸收水蒸气，营造一个更干燥、更舒适的内部环境。该团队提出的建筑设计原型将椰壳板与被动冷却策略相结合，提供更舒适的环境，具有可应用于多种建筑类型的减少能源消耗的潜力，如图 8-15 所示。

8.2 建筑围护结构节能设计

前文介绍了建筑围护结构设计中需要考虑的因素及需要注意的问题和原理，本节将讲述围护结构节能，也就是通过改善建筑物围护结构的热工性能，达到夏季隔绝室外热量进入室内（即隔热），冬季防止室内热量泻出室外（即保温），使建筑物室内温度尽可能接近舒适温度，以减少通过采暖或制冷等辅助设备来达到合理舒适室温的负荷，最终达到节约能源、合理调控建筑室内外环境的目的。

8.2.1 围护结构与节能

建筑外围护结构的基本功能是从室外空间分割出适合居住者生存活动的室内空间。它通过在室内空间与室外空间之间建立屏障，以保证在室外空间环境恶劣时，室内空间仍能为居住者提供庇护。外门窗是穿越室内外空间屏障联系两个空间的通道，在室外环境良好时建立室内外联系，在室外环境恶劣时隔断室内外联系，来改善室内环境。墙体、屋面保温隔热的目的是为了加强外围护结构的基本功能，削弱室内外的热联系，提高建筑抵御室外恶劣环境（气候）的能力，减少围护结构的冷热耗量。

建筑的得热和失热主要包括十个方面，如图 8-16 所示。其中得热部分有：①通过墙和屋顶的太阳辐射得热：构件的外表面吸收了太阳辐射并将其转换成热能，通过热传导传到构件的内表面，再经表面辐射及空气对流换热将热量传入室内；②通过窗的太阳辐射得热：主要是直接透过玻璃的辐射；③居住者的人体散热；④电灯和其他设备散热；⑤采暖设备散热。建筑的失热部分有：⑥通过外围护结构的传导和对流辐射向室外散热；⑦空气渗透和通风带走热量；⑧地面传热；⑨室内水分蒸发，这部分水蒸气排出室外所带走的热量（潜热）；⑩制冷设备吸热。为取得建筑中的热平衡，让室内处于稳定的适宜温度中，在室内达到热舒适环境后应使以上各项得热的总和等于失热的总和，即：①+②+③+④+⑤=⑥+⑦+⑧+⑨+⑩。建筑中得热和失热的多少不仅与建筑的朝向、体形、窗墙比等因素密切相关，外围护结构设计对建筑室内热环境和节能也有很大影响。

建筑热过程主要包括以下方面：内、外扰通过外围护结构的热传递过程及围护结构内、外表面的热平衡和室内空气的热平衡。其中，室内空气的热平衡过程决定室内空气温度，而围护结构内、外表面的热平衡过程决定内、外表面温度和传热过程的边界。

建筑的外围护结构分为透明围护结构和非透明围护结构。非透明围护结构主要由热惰性较大的混凝土、砌块砌体构成，传热过程包括围护结构表

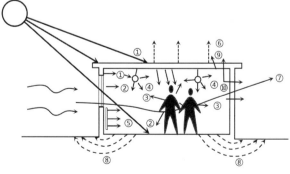

①通过墙和屋顶的太阳辐射得热；
②通过窗的太阳辐射得热；
③居住者的人体散热；
④电灯和其他设备散热；
⑤采暖设备散热；
⑥通过外围护结构的传导和对流辐射向室外散热；
⑦空气渗透和通风带走热量；
⑧地面传热；
⑨室内水分蒸发；
⑩制冷设备吸热

图 8-16 建筑的热平衡示意图

面的吸热、放热和结构本身的导热三个过程,这些过程又涉及导热、对流和辐射三个基本传热方式,并且内、外扰量均是动态的。对于围护结构的外表面,受到太阳辐射的加热作用、与周围空气的对流换热作用、与地面及天空进行长波辐射的散热作用。这些得失热量之和若为正,则表明围护结构表面吸热;若为负,则表明围护结构表面放热。围护结构的内表面同样也存在表面之间的辐射换热、表面与室内空气的对流换热和直接进入室内的太阳辐射得热。内外表面的吸、放热状态决定了围护结构的导热状态,进入围护结构的热量一部分储存于围护结构之中,另一部分穿过围护结构到达其余表面,正是由于非透明围护结构具有蓄存热量的能力,所以当作用于围护结构表面的温度波动时,并不会立即引起另一表面温度的同样变化,而是在时间上发生延迟、振幅上发生衰减。

建筑透明围护结构与非透明围护结构的热过程有很大不同。透明围护结构主要是指外窗的玻璃,这类材料的蓄热能力很小且透光率高。由于蓄热能力弱,所以透明围护结构的传热过程按稳态考虑,而透光率高使得太阳辐射可以直接进入室内,被围护结构的各内表面吸收,引起各内表面温度发生变化,然后再通过对流换热方式传递给室内空气。建筑围护结构的热过程有夏季隔热、冬季保温及过渡季节通风等多种状态,是室外综合温度波作用下的非稳态传热过程。

如图 8-17 所示,夏季白天室外综合温度高于室内,外围护结构受到太阳辐射被加热升温,向室内传递热量,夜间室外综合温度下降,围护结构向室外散热,即夏季存在建筑围护结构内、外表面日夜交替变化方向的传热,以及在自然通风条件下对围护结构双向温度波作用;冬季除通过窗户进入室内的太阳辐射外,基本上是以通过外围护结构向室外传递热量为主的热过程。因此,在进行围护结构保温隔热设计时,不能只考虑热过程的单向传递而把围护结构的保温性能作为唯一的控制指标,应当根据当地的气候特点,同时考虑冬夏两季不同方向的热量传递以及在自然通风条件下建筑热湿过程的双向传递。

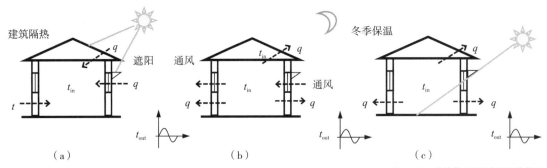

图 8-17 建筑的围护结构热量传递图
(a)夏季隔热;(b)夜间通风;(c)冬季保温

8.2.2 建筑外墙节能设计

外墙是建筑围护结构中传热面积最大的部分，对整个建筑能耗有决定性影响。据统计，外墙的传热面积约占整个建筑外围护结构总面积的66%，通过外墙的热损失占外围护总能耗的48%，由此可见外墙在外围护结构传热中所占的地位。因此，在围护结构的节能设计中，外墙节能设计占有重要位置。外墙节能设计主要是提高墙体的保温隔热性能，以减少其冬季热量损失以及降低夏季外墙内表面温度。

按组成材料的不同，外墙保温主要有单一材料墙体（外墙自保温）和复合材料墙体两种类型。近年来，随着我国国民经济水平的提高和人民居住条件的改善，对外墙的保温设计也提出了越来越高的要求。单一墙体已不能满足节能建筑体系和建筑可持续发展的要求，复合墙体成为建筑行业发展的主流和方向。复合墙体根据保温层位置的不同，可以分为外墙外保温、外墙内保温和外墙夹芯保温三种形式。

1）外墙外保温

国内从20世纪80年代中期开始外墙外保温技术的试点，并将该技术广泛应用于建筑领域。近年来在自主研发的基础上，通过引进和使用国外先进的外墙外保温技术，使我国的外墙外保温技术水平得到了迅速提高，现在已形成多种技术并存、相互促进、彼此竞争、共同提高的局面。

随着我国节能工作的不断深入和节能标准的提高，用于外墙外保温的材料和技术不断改进，外墙外保温技术相比其他外墙保温技术具有以下优点：

（1）外保温复合墙体的内侧为钢筋混凝土或砌体等重质结构层，其热容量大、蓄热性能好，当供热不均匀时，围护结构内表面、房间热稳定性较好，感觉较为舒适；同时也使太阳辐射得热、人体散热、家用电器及炊事散热等因素产生的"自由热"得到较好的利用，有利于节能。

（2）外保温层完整地包裹建筑物外墙面，可基本消除热桥，从而有效降低热桥造成的附加热损失；此外对防止或减少保温层内部产生凝结水和防止围护结构的热桥部位内表面局部凝结都有利。

（3）保温层处于结构层外侧，室外气候变化引起的墙体内部温度变化发生在外保温层内，使内部的主体墙冬季温度提高、湿度降低，温度变化较平缓，热应力减少，因而主体墙体产生裂缝、变形、破损的危险大为减轻，有效地保护了主体结构，尤其是降低了主体结构内部温度应力的起伏，提高了结构的耐久性。

（4）外保温的保温层不占室内使用面积，且不影响室内装修和设施安装，便于既有建筑的节能改造，综合经济效益高。

外墙外保温的优越性已被越来越多的建筑师和房产开发商所认识和接受。但是，外保温系统位于建筑物外表面，直接面向室外大气环境，除系统的性能应能承受各种不利因素的作用和满足保温隔热要求外，其安全性和可靠性尤为重要；另外，对外保温系统的性能构造方法和施工技术的要求也很高。外墙外保温主要包括膨胀聚苯板薄抹灰外保温及挤塑聚苯板薄抹灰外保温构造做法。

（1）膨胀聚苯板（EPS）薄抹灰外保温

膨胀聚苯板薄抹灰外保温系统由导热系数低、容重小和自重轻的模塑聚苯乙烯泡沫板、增强型耐碱玻璃纤维网格布以及粘贴和抹面用聚合物胶浆组成，做法是在建筑物墙体外部采用聚合物胶浆直接粘贴聚苯板，在聚苯板的表面粘贴玻璃纤维网格布和锚栓辅助固定，然后抹聚合物水泥胶浆饰面层。膨胀聚苯板薄抹灰外保温在欧美地区应用于实际工程已有近50年的历史，拥有完备的产品质量标准、检测方法及完善的施工技术规程和技术保障措施。大量工程实践证实，膨胀聚苯板薄抹灰外保温技术成熟可靠，使用年限可超过25年。该体系由于具有保温效果可靠、结构体系安全、耐久性良好、重量轻、施工简单易行和价格适中等特点，近年来在我国得到了广泛而深入的发展，目前已成为应用最广泛、应用量最大的保温体系。

（2）挤塑聚苯板（XPS）薄抹灰外保温

挤塑聚苯板薄抹灰外保温是指置于建筑物外墙外侧的保温及饰面，是由挤塑聚苯板、胶粘剂和必要时使用的抹面胶浆和耐碱玻纤网布及涂料等组成的系统。XPS内部具有密实的闭孔蜂窝结构，与EPS相比压缩强度和抗拉强度高、导热系数和吸水率低。因此，XPS较EPS具有更好的保温隔热性能，对同样的建筑物外墙使用厚度小。但EPS的柔韧性比XPS好，且强度较低，材料本身可以消除由于温度变化、吸水性所造成的变形及挤压所产生的应力，因而不会影响系统表面抹灰及涂料。XPS由于强度大，温度变化产生的加压应力无法得到很好释放，会造成XPS表面抹灰及涂料产生挤压开裂或脱落，影响建筑外保温的使用寿命。针对挤塑聚苯板的特性及其在外墙保温应用中的不利因素，通常采用下列技术措施：提高胶粘剂、抹面胶浆与挤塑聚苯板的黏结强度；在挤塑聚苯板表面涂刷界面剂或将表面打毛；使用不带表皮或高密度的挤塑聚苯板。在对挤塑聚苯板的粘贴固定方式采取措施进行处理后，目前工程上使用其作为保温层的应用技术日趋成熟。

2）外墙内保温的设计

外墙内保温是将保温材料置于墙体内侧，其特点是保温材料不受室外气候的影响和无须考虑可能因温度突然降低而产生凝结水。在我国建筑节能起步阶段，外墙内保温有着广泛的应用。由于当时的条件还不能充分支持外墙外保温技术的应用，而内保温具有造价低、安装方便等优点，在国内迅速发展起来。近年来，由于外墙外保温技术的飞速发展和国家的政策导向，外墙内保温技术在国内发展较为缓慢。此外，由于冬季结露和建筑节能标准的提高，外墙内保温在我国的寒冷和严寒地区已很少采用，但在夏热冬冷和夏热冬暖地区还是将保温材料复合在基层墙体内侧，简便易行。外墙内保温技术具有以下优点：

（1）内保温结构一般为干作业运作，能够充分发挥材料的保温作用；对保温材料和饰面的防水、耐候性等技术指标的要求不高，取材方便、造价较低。

（2）保温材料位于室内，耐久性好，使用也较为安全，在高层建筑和室外环境较为恶劣地区较为适用，可较好地解决外墙保温在安全上的问题。

（3）由于保温材料热容量小，对室内温度调节较快，适用于电影院、体育馆等间歇性使用的建筑。保温材料被楼板所分隔，仅在室内单层高范围内施工，施工不受气候的影响，非常便利。

外墙内保温相对于外墙外保温具有以上优点的同时，实际应用中还存在"热桥"保温和结露等技术问题。内保温不能隔断梁、横墙与柱子在墙体中形成的热桥，因而不可能杜绝由于热桥存在而带来的热损失，保温隔热性能差；外墙内保温结构可能出现冷凝、结露现象，导致墙体变形影响结构耐久性和室内舒适度；外墙内保温占用室内空间，减少了住户的使用面积，而且不利于室内装修等。

外墙内保温主要包括复合板内保温、保温板内保温、保温砂浆内保温、喷涂硬泡聚氨酯内保温和玻璃棉、岩棉、喷涂硬泡聚氨龙骨内保温五种外墙内保温系统，主要构造包括：

（1）复合板内保温系统是将保温层与界面层、石膏层等预制复合成整体的内保温板，使用时直接将成品板粘贴于墙内侧，再涂面层，见表8-1。此种结构施工简单，便于使用者自主装修改造使用。

（2）保温板内保温是将保温层用胶粘剂固定在基层上，必要时可使用锚栓辅助固定。保温层厚度按不同的气候设计，保温板在基层墙体上的粘贴可采用条粘法、点粘法或满粘法。

（3）保温砂浆内保温是由无机轻集料保温砂浆保温层、抗裂防护层及饰面层组成的内保温系统，见表8-2。保温层与基层之间及各层之间黏结必须牢固，不应脱层、空鼓和开裂。

复合板内保温系统基本构造表　　　　　　　　　表 8-1

基层墙体	保温系统构造				构造示意
	黏结层	复合板		饰面层	
		保温层	面板		
混凝土墙体、砌体墙体	胶粘剂或黏结石膏+锚栓	EPS 板、XPS 板、PU 板、纸蜂窝填充憎水型膨胀珍珠岩保温板	纸面石膏板、无石棉纤维水泥平板、无石棉硅酸钙板	腻子层+涂料或墙纸（布）或面砖	①②③④

保温砂浆内保温系统基本构造表　　　　　　　　　表 8-2

基层墙体	保温系统构造				构造示意
	界面层	保温层	防护层		
			抹面层	饰面层	
混凝土墙体、砌体墙体	界面砂浆	保温砂浆	抹面胶浆+耐碱纤维网布	腻子层+涂料或墙纸（布）或面砖	①②③④

3）外墙夹芯保温设计

夹芯保温复合墙体由结构层（内叶墙）、保温层、空气层和保护层（外叶墙）组成，内、外两层墙的间距为 50~70mm，并用适当数量的经过局部防腐处理的拉结钢筋网片或拉结钢筋穿过保温层，钢筋的两端（有弯钩）砌筑在内、外叶墙里，以实现内、外叶墙的连接，使三层牢固结合。外侧墙体与保温层之间要预留 25~50mm 的密闭空气层，从而将外界的湿气隔绝在主体结构之外。外墙夹芯保温根据夹芯方式的不同可分为填充式夹芯保温和发泡式夹芯保温。填充式外墙夹芯保温即在外墙体内、外叶墙之间放置保温板材；发泡式夹芯保温即在内、外叶墙中采用现场发泡，使泡沫塑料充填于夹芯墙中。根据不同地区节能 50%、65% 的标准，对外墙传热系数限值、夹芯墙保温层的厚度要求不同，目前保温材料多采用聚苯板、岩棉板、玻璃棉板和现场发泡保温板等。

目前，我国常用的有多孔砖夹芯墙体和混凝土砌块夹芯墙体两种夹芯保温复合墙体。多孔砖夹芯墙结构层一般采用承重普通多孔砖，以装饰多孔砖作外叶清水装饰饰面，两叶墙之间按照保温层厚度要求留出空腔，填充保温材料，两叶墙之间以专用拉结件或拉结钢筋拉结，如图 8-18 所示。

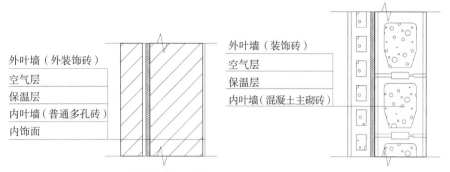

图 8-18 多孔砖夹芯保温构造图　　图 8-19 混凝土砌块夹芯保温构造图

混凝土砌块夹芯墙结构层一般采用混凝土砌块，保温层采用聚苯板，保护层采用装饰性劈离砌块砌体；结构层、保温层、保护层随砌随放置拉结钢筋网片或拉结钢筋，使三层牢固结合，如图 8-19 所示。夹芯外保温复合墙体不仅具有外保温墙体的特点，也具有其自身的优点：

（1）夹芯保温墙体是把保温层夹在内、外叶墙体中间，可以有效保护保温材料不被破坏，保温材料利用率提高，使用周期延长。

（2）夹芯保温墙体适用范围广，既适用于采暖建筑又适用于空调建筑，既适用于新建建筑又适用于旧建筑节能改造，既适用于寒冷和严寒地区又适用于夏热冬冷和夏热冬暖地区。

（3）夹芯保温墙体设置空气层，可以充分利用空气隔声、隔热、保温等优势，使建筑的热工性能更佳，减少材料使用和节约资源。

4）外墙自保温设计

外墙自保温墙体主要是指采用保温砌块、加气混凝土砌块等具有较大热阻的单一墙体材料及相关的砌筑砂浆、连接件等配套材料砌筑、安装，配套合理的"冷桥"及"接缝"处理措施构成的外墙保温系统。外墙自保温体系构成建筑物"主体"结构，基本实现与建筑物同寿命的耐久性目标；自保温体系性能稳定、耐久，保温隔热效果不会随时间的延长而劣化，效果可靠；自保温体系的材料多数为不燃材料，防火性能良好，在高温下也不会产生有毒气体和物质；自保温体系的多数材料为无机硅酸盐制品，其中有些产品能够大量利用工业废渣和废料，有利于资源利用和环保，属国家产业政策推荐或提倡使用的产品和材料。因此，自保温体系很适合节能市场的需求，且符合我国发展新型节能墙体材料的政策。我国应用较多的自保温墙体材料有蒸压加气混凝土砌块、轻集料混凝土空心砌块、多孔砖和复合墙板等。

蒸压加气混凝土是以硅、钙为原材料，以铝粉（膏）为发气剂，经蒸压养护制造而成的制品。作为轻质多孔的自保温墙体材料，用其做外墙可以有效地增大围护结构的热阻值和热惰性指标，减少建筑物与环境的热交换，有效实施建筑节能。蒸压加气混凝土砌块保温隔热性能优良，在夏热冬冷地区的墙体可满足节能 50% 的目标，与其他措施相结合，可实现建筑节能 65% 的设计目标。轻集料混凝土空心砌块密度小、强度适中、保温性能好、隔热、隔声、抗冻性能好且与抹灰材料相容性好，不易空鼓脱落，有利于结构设计且施工方便，有利于降低工程造价。砌块在生产过程中能够使用粉煤灰、炉渣等工业废料，有利于环境保护，因而是国家产业政策提倡使用的新型墙体材料。轻集料混凝土空心砌块具有较好的保温隔热性能，配合以具有适当保温隔热性能的砌筑砂浆和辅助具有适当保温隔热性能的保温砂浆等，可以使所砌筑的砌体围护结构的传热系数满足夏热冬冷地区 50% 的节能标准要求。

8.2.3 建筑屋面节能设计

屋面是建筑围护结构的重要部位，屋面节能在建筑围护结构节能中具有相当重要的作用。目前，在多层住宅建筑中，屋面的能耗约占建筑总能耗的 5%~10%，占建筑顶层能耗的 40% 以上。因此，屋面保温隔热性能是影响建筑顶层居住环境质量和降低空调采暖能耗的重要因素。从节能角度而言，屋面主要有保温与隔热两种节能设计。屋面保温是为了降低严寒和寒冷地区建筑顶层房屋的采暖耗热量和改善顶层房屋冬季的热环境质量；屋面隔热是为了降低夏热冬暖和夏热冬冷地区建筑顶层房屋的室内温度从而减少其空调能耗。

1）屋面保温节能设计

屋面保温设计旨在降低建筑顶层耗热量和改善顶层房屋冬季的热环境质量。屋面在稳定传热条件下防止室内热损失的主要措施是提高屋面热阻，提高屋面热阻的办法同样是设置保温层。为了减少屋面的热量损耗，屋面保温层设计时优先选用导热系数小、重量轻、吸水率低和抗压强度高的保温材料。20 世纪 90 年代以后，随着我国化学工业的蓬勃发展，开发出了重量轻、导热系数小的聚苯乙烯泡沫塑料板、泡沫玻璃块材等屋面保温材料；近年来又推广使用重量轻、抗压强度高、整体性能好、施工方便的现喷硬质聚氨酯泡沫塑料保温层，为屋面工程的节能设计提供物质基础。屋面保温按照结构层、防水层和保温层所处的位置不同可分为正置式保温屋面和倒置式保温屋面。

（1）正置式保温屋面

正置式保温屋面适用于严寒、寒冷地区和夏热冬冷地区的新建和改造住宅的屋顶保温。将屋面保温层设在防水层下面，在结构层和防水层之间形成封闭的保温层,这种方式叫作正置式保温。正置式保温屋面与非保温屋面的不同是增加了保温层和保温层上下的找平层及隔汽层。因为传统保温屋面常用非憎水性保温材料,吸湿后导热系数大大增加导致保温性能下降,无法满足保温要求。所以要将防水层做在其上面防止水分渗入,保证材料的干燥起到保温隔热的作用。另外为防止室内空气中的水蒸气随热气流上升,透过结构层进入保温层降低保温效果,需在保温层下面设置隔汽层。为了提高材料层的热绝缘性,最好选用导热性小、蓄热性大的材料。保温层厚度根据建筑热工和节能设计计算确定。同时,保温材料不宜选用吸水率较大的材料,以防止屋面湿作业时保温层大量吸水降低材料保温性能。

(2)倒置式保温屋面

倒置式保温屋面于20世纪60年代开始在德国和美国被采用,其特点是保温层做在防水层之上,对防水层起到屏蔽和保护作用,使之不受阳光和气候变化的影响,也不易受到来自外界的机械损伤。倒置式保温屋面适用于严寒、寒冷地区和夏热冬冷地区的新建和改造住宅的屋顶保温。倒置式保温屋面的坡度不宜大于3%,其保温材料应采用如聚苯乙烯泡沫塑料板、聚酯泡沫塑料板等吸湿性较小的憎水材料,不宜采用如加气混凝土或泡沫混凝土等吸湿性强的保温材料。保温层上应铺设防护层,以防止保温层表面破损和延缓其老化过程。

2)屋面隔热节能设计

屋面隔热可采用架空、蓄水、种植和热反射膜的隔热层。但当屋面防水等级为Ⅰ级、Ⅱ级或在寒冷地区、地震地区和振动较大的建筑物上,不宜采用蓄水屋面;架空屋面宜在通风较好的建筑物上采用,不宜在严寒和部分寒冷地区采用;种植屋面应根据地域、气候、建筑环境等条件,选择适宜的屋面构造形式。

(1)通风(架空)隔热屋面

通风(架空)隔热屋面是由实体结构变为带有通风空气间层的双层屋面的结构形式,其隔热原理是:一方面利用架空的面层阻挡直射阳光,另一方面利用风压和热压作用将间层中的热空气不断带走,使通过屋面板传入室内的热量大为减少,从而达到隔热降温的目的。通风隔热屋面适用于夏热冬冷和夏热冬暖地区的新建和改造住宅的屋顶隔热。平屋顶一般采用预制板块架空搁在防水层上,它对结构层和防水层有保护作用。预制板有平面和曲面两种形状。平面的为大阶砖或预制混凝土平板,用垫块支架。架空间层的高度宜为180~300mm,架空板与女儿墙的距离不宜小于250mm。通常垫块支在板的四角,架空层内空气纵横方向都可流通时,容易形成湍流,影响通风风速。如果把垫块铺成条状,使气流进出正负关系明显,气流可更为通畅。一般尽可能将进风口布置在正压区，正对夏季白天主导风向，出口最好布置在负压区。房屋进深大于10m时，中部须设通风口，以加强通风效果。曲面形状通风层，可以用1/4砖在平屋顶上砌拱作通风隔热层；也可以用水泥砂浆做成槽形、弧形或三角形等预制板，盖在平屋顶上作为通风屋顶，施工较为方便，用料亦省。

（2）种植隔热屋面

种植隔热屋面是利用屋面上种植的植物阻隔太阳能防止房间过热的隔热措施，其隔热原理有以下三个方面：一是植被茎叶的遮阳作用可以有效降低屋面的室外综合温度，减少屋面的温差传热量；二是植物的光合作用会消耗太阳能用于自身的蒸腾；三是植被基层的土壤或水体的蒸发会消耗太阳能。因此，种植屋面是十分有效的隔热节能屋面，适用于夏热冬冷和夏热冬暖地区的屋面隔热。种植屋面可用于平屋面或坡屋面，一般由结构层、防水层、找平层、蓄水层、滤水层和种植层等构造组成。种植屋面坡度不宜大于3%，屋面坡度较大时排水层和种植介质应采取防滑措施。种植屋面相对较为复杂，结构层采用整体浇筑或预制装配的钢筋混凝土屋面板；防水层应设置涂膜防水层和刚性防水层两道防线，以确保防水质量；种植屋面栽培的植物宜选择浅根植物，不宜种植根深的植物。

（3）蓄水隔热屋面

蓄水隔热屋面是在屋面上蓄水用来提高屋顶的隔热能力，其隔热原理是水在蒸发时吸收大量的汽化热，而这些热量大部分从屋面所吸收的太阳辐射中摄取，所以大大减少了经屋顶传入室内的热量，相应地降低了屋面的内表面温度。水的蓄热容量大，加上水面蒸发降温作用，可取得良好的夏季隔热效果。但蓄水屋面蓄水后，夜间外表面温度始终高于无水屋面，很难利用屋顶散热，且屋顶蓄水也增加屋顶静荷重。蓄水屋面坡度不宜大于0.5%，蓄水深度宜为150~200mm；屋面应划分为若干蓄水区，每区边长不宜大于10m；变形缝两侧应分成两个互不连通的蓄水区；屋面应设排水管、溢水口和给水管，排水管与水落管或其他排水出口连通。

（4）反射隔热屋面

屋顶表面材料的颜色和光滑度对热辐射的反射作用对屋顶的隔热降温也有一定的效果。例如屋面采用淡色砾石铺面或用石灰水刷白对反射降温都有一定效果，适用于炎热地区。如在通风屋面中的基层加一层铝箔，则可利用其第二次反射作用，对屋顶的隔热效果将有进一步的改善。用浅色的屋面材料也可以将更多的光线通过高侧窗或矩形天窗反射进室内。如果白色屋面被直接放置在朝南的矩形天窗前，将会有更多的光线反射进天窗，因此矩形天窗的玻璃面积可以减少大约20%。

8.2.4 建筑门窗节能设计

在建筑的整个外围护结构中，门窗是建筑与外界热交换最敏感的部位，是保温隔热的最薄弱环节。资料表明，我国采暖居住建筑门窗面积通常占围护结构的20%~30%，但经窗户损失的热量约占外围护结构热损失的50%，如果采取节能措施，那么门窗的节能约占整个建筑节能的40%。在建筑中门窗既要具有采光、通风、装饰等功能，又要具有较好的保温隔热、隔声和防火等性能。从建筑节能的角度看，建筑外门窗既是热量流失大的构件，同时也是建筑的得热构件，也就是太阳热能通过门窗传入室内。因此，应根据不同地区的建筑气候条件、功能要求以及其他环境、经济等因素来选择适当的外门窗材料、窗型和相应的节能技术，因地制宜地选择节能措施，发挥节能的作用。

影响门窗热量损耗的因素很多，主要有通过门、窗框材料及玻璃传导的热损失，门、窗框材料与玻璃的辐射热损失和门、窗户缝隙造成的空气对流热损失三个方面。门、窗户的传导热损失占整个门、窗户热损失的23.7%，主要是指通过门、窗框材料和玻璃的传导热损失，玻璃的传导热损失在全部传导热损失中所占比例很小。门、窗户的辐射热损失中玻璃的面积较大，所产生的辐射热损失占绝大部分，窗框材料与室内外空气接触的面积较小，辐射热损失很少。门、窗户缝隙造成的空气对流热损失中窗框搭接缝隙产生的渗透热损失占主要部分，窗户气密性等级越高，则热量损失就越少。在我国通常用门、窗的传热系数下值来表示门窗的保温隔热性能，而欧洲采用的是 U 值，U 值包含玻璃和窗框的传热系数以及门窗的气密性，比 K 值更能综合地反映窗的保温隔热性能。影响门、窗节能效果的因素有窗型、玻璃、窗框和遮阳等。

（1）窗型是指窗的开启方式，目前常见的窗型有：固定窗、平开窗、推拉窗、上悬窗、中悬窗和下悬窗等，不同窗型的节能效果有所不同。固定窗窗框嵌在墙内，玻璃直接固定在窗框上，玻璃和窗框之间用密封胶封堵，窗体气密性好，节能效果佳。平开窗窗框和窗扇之间通常采用密封材料封堵，窗扇之间有企口，窗户关上后密封效果好，节能效果较好。推拉窗窗框下设有滑轨，窗框与窗扇之间有较大空隙，气密性最差，节能效果差。

（2）玻璃在门窗中占有的面积最大，对窗的节能性能影响也最大。常用的门窗玻璃有普通玻璃、Low-E玻璃、普通中空玻璃、充惰性气体的中空玻璃和真空玻璃等，各类玻璃的传热系数见表8-3。低辐射镀膜（Low-E）玻璃可以有效控制入射到室内的太阳光，并阻挡来自室外的红外辐射，同时强烈地反射室内长波辐射，其保温隔热性能良好；Low-E玻璃对阳光中的红外热辐射部分有较高的反射率，红外发射率可达到0.03，能反射80%以上的红外能量，对可见光部分则有较高的透过率。中空玻璃是以两片或多片玻璃与空气层结合而成，中间为真空或者充惰性气体，其保温隔热性能较普通玻璃有很大提高，导热系数比单片玻璃低 50% 左右。真空玻璃由于夹层空气极其稀薄，热传导和声音传导的能力变得很弱，因而比中空玻璃有更好的隔热保温性能和防结露、隔声等性能。随着玻璃加工技术的发展，中空玻璃 Low-E 玻璃和真空玻璃的开发使用给建筑节能带来新的突破。

门窗常用玻璃的传热系数　　　　　　表 8-3

玻璃种类	5mm 普通玻璃	4mm Low-E 玻璃	普通中空玻璃 5+12A+5	充氩气中空玻璃 5+12A+5	真空玻璃
传热系数 W/($m^2 \cdot K$)	6.1	3.9	3.0	2.2	2.66

（3）窗由玻璃和窗框等结构组成，当玻璃保温隔热性能提高后，窗框材料的保温隔热性能也应相应提高，以降低整体的综合传热系数。窗框材料通常用木材、铝合金型材、塑钢型材和塑料型材（PVC、UPVC 型材）等，其传热系数见表 8-4。木窗框热工性能好、热导率低，隔热保温性能优异，但由于其耗用木材较多，易变形，会引起气密性不良和容易引起火灾，现在很少作为节能门窗的材料。铝合金窗框轻质耐用，抗风压性和耐久性良好，解决导热的方法是设置"热隔断"，将窗框组件用不导热材料分割为内、外两部分，可大幅度降低铝合金窗框的传热系数。塑钢窗（PVC 窗）用具有良好隔热性能的塑料做窗框内加固，保温隔热性能优良，节能效果突出，是具有绿色节能环保性能的新型节能窗框材料。

门窗常用型材的传热系数　　　　　　表 8-4

型材	60 系列木窗型材	普通铝窗型材	断热铝窗型材	塑料窗型材（1 腔）	塑料窗型材（3 腔）
传热系数 W/($m^2 \cdot K$)	1.5	5.5	3.4	2.4	1.7

（4）外窗遮阳可以限制直射太阳辐射进入室内，还能够限制散射辐射和反射辐射进入室内，可有效改善室内的热环境和光环境。窗口遮阳形式按其安装位置可分为内遮阳和外遮阳。窗户内遮阳是建筑最常使用的遮阳方式，一般有布窗帘、百叶窗帘、卷帘等形式。内遮阳的优点是经济易行、灵活，可根据阳光的照射变化和遮阳要求而调节，有利于房间的通风、采光；其缺点是虽然可以避免太阳直接照射室内物体，但并不能大幅度减少进入室内的辐射得热，不能作为有效的遮阳手段。窗户外遮阳在降低建筑室内得热、调

节室内光、热环境方面最为有效，太阳辐射被外遮阳设施阻隔之后，不会直接到达建筑表面。外遮阳首先是通过反射作用将来自太阳的直接辐射热量传递给天空或周围环境，减少了建筑的太阳辐射得热；其次，外遮阳吸收了太阳辐射得热之后温度升高，可以通过红外长波辐射的方式向周围环境放热，只有其中很小的一部分被辐射到建筑表面上。外遮阳有水平式遮阳、垂直式遮阳、挡板式遮阳和综合式遮阳等形式。

（5）门可采用岩棉板、复合式蜂窝纸或采用双层板间填充聚苯乙烯提高保温效果。以往住宅阳台门多为半玻璃金属门，下部金属板传热系数很大，如在金属板上粘贴聚苯乙烯板，对于降低传热系数效果明显。对于节能住宅来说，阳台门推荐使用塑料门。一般住宅进户门外表面为金属板，内表面为三夹板，中间有4cm左右的空隙可填充岩棉毡、矿渣棉或聚苯乙烯泡沫板，以降低传热系数。

8.2.5 我国主要热工气候区外窗节能设计

为确保建筑设计能够适应各区域的气候特性，实现能源效率和室内环境舒适度的优化，我国建筑热工气候区依据《民用建筑热工设计规范》GB 50176—2016，划分为严寒地区、寒冷地区、夏热冬冷地区、夏热冬暖地区和温和地区五个主要区域。严寒地区主要包括东北三省及内蒙古、河北、北京、山西、陕西的部分地区；寒冷地区覆盖天津、山东、宁夏全境以及北京、河北、山西、陕西、辽宁、甘肃、河南、安徽、江苏的部分地区；夏热冬冷地区包括上海、浙江、江西、湖北、湖南全境及江苏、安徽、四川、陕西、河南、贵州、福建、广东、广西的部分地区；夏热冬暖地区主要指海南、台湾全境以及福建、广东、广西、云南的部分地区；温和地区涵盖云南、贵州、四川、西藏部分地区。

1）严寒和寒冷地区外窗节能设计

严寒和寒冷地区冬季寒冷多风，窗户部分热量流失最大。建筑围护结构中窗户的耗热量包括两个方面：一是窗框和玻璃的传热耗热量；二是窗户缝隙的空气渗透耗热量。因此严寒和寒冷地区窗户节能就从这两个方面着手，一方面减少窗框和玻璃的导热系数，增强保温性能；另一方面改善窗户制作安装精度，加装密封条，减少空气渗透即冷风渗透量。

（1）降低窗的传热系数，减少窗的传热耗热量。严寒和寒冷地区在窗框材料的选择上以塑料为佳；若采用塑钢门窗，其传热性能应满足节能要求；也可选用断桥式铝合金窗框，其传热系数低且产品质量稳定。型材的阻热性能优劣还取决于型腔断面的设计，通常PVC型材的型腔可分为单腔、双腔、三腔和四腔，严寒和寒冷地区建筑中适合选用双腔和三腔结构。严寒和寒冷地区将窗户做成双层窗、单框双玻窗或中空玻璃窗，可提高玻璃的热阻值，降低传热系数，有利于节能。双层窗是传统的窗户保温节能做法，双层窗之间常有15~50mm厚的空间，但外窗使用双层窗所耗窗框材料多。单框双层玻璃窗双层玻璃形成的空气间层并非绝对密封，窗户在冬季使用时很难保证外层玻璃的内侧表面在任何阶段都不形成冷凝，使用中有可能达不到预期的节能效果。单框塑钢中空玻璃窗已在严寒和寒冷地区广泛采用，中空玻璃的双层玻璃密封空间内装有一定量的干燥剂，在寒冷的季节玻璃内表面温度不低于干燥空气的露点温度，可避免玻璃表面结露，整个窗户玻璃的保温性能良好。

（2）提高窗的气密性，减少窗户空气渗透耗热量。严寒和寒冷地区的外窗气密性等级应符合国家标准，并注意密封材料和密闭方法的互相配合，以提高外窗气密水平。平开窗开启扇在关闭状态密封胶条的压紧力大、节能性能好，在建筑中应采用平开窗。在保证换气次数的情况下，外窗应以固定扇为主，开启扇为辅。塑料窗的窗框与窗边墙之间应填挤保温性能良好的材料，表面采用抗老化性好的弹性密封膏，保证窗户与墙体的结合部位在不同气温条件下均能严密无缝。

（3）增加夜间保温措施。严寒和寒冷地区冬季昼夜温差非常大，夜间通过窗户的传热耗热量和空气渗透耗热量都远远大于白天。南向窗户从白天充分利用太阳辐射热的角度考虑，会加大窗户面积，这使增加夜间保温措施非常必要。具有保温特性的窗帘作为阻挡辐射热的屏障非常有效，紧密的织物窗帘如安装得当，能使窗帘与窗户之间形成静止的空气层，有助于冬季夜晚室内保温。

2）夏热冬冷地区外窗节能设计

夏热冬冷地区的建筑气候具有夏季时间长、太阳辐射强度大、冬季湿冷的气候特点，不同于北方寒冷地区，因此不能照搬严寒和寒冷地区的节能经验。夏热冬冷地区的门窗节能应侧重在夏季防热上，同时兼顾窗户的冬季保温。

（1）加强窗户的隔热性能。窗户的隔热性能主要是指外窗在夏季阻挡太阳辐射热射入室内的能力。采用各种特殊的热反射玻璃或贴热反射薄膜有很好的效果，如果选用对太阳光中红外线反射能力强的热反射材料，如低辐射玻璃，则更理想。但在选用材料时要考虑到窗的采光问题，不能以损失窗的透光性来提高隔热性能，否则节能效果会适得其反。

（2）加强窗户遮阳。在满足建筑立面设计要求的前提下，增设外遮阳板、遮阳篷及适当增加南向阳台的挑出长度都能起到一定的遮阳效果。在窗户内侧，设置如窗帘、百叶、热反射帘或自动卷帘等可调节的活动遮阳，以便夏季减少太阳辐射得热，冬季又得到日照。如设置镀有金属膜的热反射织物窗帘，在玻璃和窗帘之间构成约50mm厚的流动性较差的空间层，能取得很好的热反射隔热效果。

（3）改善外窗的保温性能。改善外窗的保温性能主要是指提高窗的热阻，同时也能提高其隔热性能。由于单层玻璃窗热阻小、保温性能差，采用双层玻璃窗或中空玻璃，利用空气间层热阻大的特点，能显著提高窗的保温性能。另外，选用导热系数小的窗框材料，如塑料、断热型材等，均可改善外窗的保温性能。

3）夏热冬暖地区外窗节能设计

我国夏热冬暖地区夏季长、冬季短或无冬，隔热是围护结构节能的主要问题。建筑能耗与围护结构的表面颜色和透过太阳辐射的性能有极大的关系，太阳辐射能是建筑能耗的主要负荷，而外门窗是太阳辐射透入室内的主要途径，足见外门窗在节能中的重要性。建筑门窗节能设计须满足夏季防热、通风、防雨水、抗风的要求，冬季不必考虑保温。

（1）降低玻璃遮阳系数。外窗遮阳系数越小，表明进入室内的太阳辐射热就越小，有利于降低空调负荷。夏热冬暖地区采用遮阳系数指标来保证外窗节能效果，通常以遮阳系数小于0.5为基本要求，但是普通玻璃在这种情况下可见光透过率都小于60%。外窗玻璃60%以上的可见光透过率是保证室内明亮的基本要求，这需要将照明和节能两者统筹考虑在满足室内明亮的基本要求下，尽量降低遮阳系数。

（2）遮阳。夏热冬暖地区的建筑应尽量采取遮阳措施，以最大限度地减少阳光的直接照射。在南方湿热地区，气温日较差很小，围护结构的蓄热能力对自然通风降温的意义不大。采取遮阳措施可以使建筑室内长期处于阴凉的地方，从而实现最大限度地降温。同时，对于空调建筑遮阳也可以减少太阳辐射进入室内，从而减少空调负荷。建筑遮阳的方法有很多，常见的窗户遮阳是在设计外窗时在玻璃内部加百叶窗帘。另外，普遍使用的门窗遮阳措施是采用外卷帘或内卷帘，一般外卷帘遮阳比内卷帘的效果好。

（3）减少窗户传热。单层玻璃的绝热性能较差，不宜单独使用作为夏热冬暖地区的外窗材料。利用空气间隔层的作用可使玻璃传热系数降低到3W/($m^2 \cdot K$)左右，可将外窗设计成双层中空玻璃窗，从而提高玻璃系统的热阻值，降低传热系数以利节能。夏热冬暖地区适宜采用中空节能玻璃外窗，相对于其他节能措施性价比最高。此外，还可在中空玻璃空气间层中充入惰性气体。对于夏热冬暖地区外窗框材加强阻热性能而言，断桥隔热铝合金型材是当前的首选，也是今后外窗型材应用发展的趋势。

8.2.6 外门设计与节能

外门是指建筑的户门和阳台门,户门和阳台门下部门芯板部位都应采取保温隔热措施,以满足节能标准要求。户门应具有防盗、保温、隔热等多功能要求,构造一般采用金属门板,可在双层板间填充岩棉板、聚苯板来提高门的保温隔热性能。阳台门有两种类型:落地玻璃阳台门可按外窗做节能处理;有门芯板及部分为玻璃扇的阳台门的玻璃扇部分按外窗处理,门芯板采用菱镁、聚苯板夹芯型代替钢质门芯板。在严寒地区,公共建筑的外门应设门斗(或旋转门),寒冷地区宜设门斗或采取其他减少冷风渗透的措施。夏热冬冷和夏热冬暖地区,公共建筑的外门也应采取保温隔热节能措施,如设置双层门、采用低辐射中空玻璃门、设置风幕等。

8.3 建筑围护结构减碳设计

围护结构的减碳设计控制主要涉及四部分内容,包括与可再生能源的结合、与绿色基础设施的结合、轻量化设计以及绿色材料的选用。

8.3.1 可再生能源与围护结构相结合

在建筑设计中,集成可再生能源系统是实现建筑减碳和节能目标的关键策略。通过在屋顶、立面以及遮阳系统中集成太阳能光伏板,不仅可以有效捕获太阳能进行电力生产,还能提升建筑的隔热性能,同时减少太阳辐射进入室内,降低冷暖负荷。此外,通过优化建筑布局和形态,利用风能资源进行自然通风,以及利用地热能源进行供暖或制冷,可以显著降低建筑对化石燃料的依赖,减少碳排放。整合智能能源管理系统和多能互补系统,可以实现可再生能源的高效利用和能源供需的平衡,使建筑能够自给自足甚至为电网供电,从而推动建筑行业朝着可持续发展方向迈进。

可再生能源系统与建筑外围护结构的融合不仅体现在利用太阳能、风能和地热等自然资源减少能源消耗和碳排放上,更在于通过智能化、系统化的设计和管理,优化能源的使用,实现建筑从能源消耗者向能源生产者的转变。这种设计理念不仅有助于建筑本身的节能减碳,也对推进整个社会的能源结构转型和环境保护具有重要意义。

8.3.2 绿色基础设施与围护结构相结合

绿色基础设施与围护结构(如墙体、屋顶等)的设计相结合,特别是绿色屋顶、雨水收集与再利用系统及地面渗透系统，可以进一步提高建筑的能效，减少雨水径流并改善地表水质，从而降低碳排放。围护结构作为建筑与外界环境之间的界面，其设计对于实现能源节约和环境保护至关重要。

（1）绿色屋顶

绿色屋顶指的是在建筑的屋顶上种植植被。这些植被能吸收雨水，通过植物的蒸腾作用和土壤的过滤作用减少雨水直接从屋顶流入排水系统的量，从而减轻城市排水系统的负担。绿色屋顶还能改善城市的空气质量，降低建筑内部的温度，节省能源消耗。

（2）雨水收集与再利用系统

雨水收集系统通过收集屋顶和地面的雨水，然后将其储存起来。储存的雨水可以用于冲厕所、灌溉植被、补充水景等，有效减少对传统水资源的依赖。通过适当的处理，收集的雨水甚至可以用于洗衣，进一步提高水资源的利用率。

（3）地面渗透系统

地面渗透系统是指利用透水铺装、渗透沟渠、渗透井等措施，增加雨水在地面的渗透量，减少雨水径流量。这样不仅可以补充地下水，还可以减缓洪水发生的风险，并提高地表水质。透水铺装可以在停车场、人行道、庭院等地方使用，既实用又环保。

将绿色屋顶、雨水收集与再利用系统及地面渗透系统综合应用到建筑设计中，可以实现水资源循环利用，减少对传统水资源的依赖。这样不仅能够提升城市的生态环境，还能在应对气候变化、促进可持续发展方面发挥重要作用。此外，这些措施还有助于提高居民的生活质量，创造更加宜居和绿色的生活环境。

8.3.3 建筑围护结构轻量化设计

建筑围护结构设计的核心原则在于减少建筑的自重，从而降低基础负荷，减少材料用量，并提高结构效率。

（1）轻质材料选择。选择轻质结构材料，如钢、铝、玻璃纤维等，以减少建筑自重。这些材料具有高强度和较低密度，可在保持结构强度的同时降低材料需求。

（2）模块化设计。采用模块化设计原则，将建筑划分为可重复的单元，以减少建筑部件的数量并减轻围护结构负担。模块化设计还有助于提高施工效率。

（3）高效的连接技术。选择高效的连接技术，如螺栓连接、黏结连接等，以确保结构的稳定性和承载能力。

8.3.4 建筑围护结构绿色材料选用

建筑师团队应提倡尽可能采用环境负荷小的围护结构材料,即绿色建材、可循环可回收再利用的建材。减少水泥钢筋、玻璃等高碳建材的使用,鼓励多用各种低碳建材,应强调选用植物纤维残渣等新型环保建材,逐步形成以低碳建材为主的建筑新格局。

(1)再生材料选择。选择可再生材料,如木材、竹子,它们可以迅速再生,减少对有限资源的依赖。

(2)回收材料。使用回收材料,如再生混凝土、再生钢材,以减少新原材料的开采和生产,同时降低碳排放。

(3)低能耗材料。选择能源密度较低的材料,如陶瓷、石材,减少制造过程中的能源消耗。

(4)材料生命周期分析。进行材料生命周期分析,综合考虑材料的采集、生产、运输、使用和处理环节的环境影响,以选择最环保的材料。

本章小结

建筑围护结构的设计原则要求以综合的视角考虑建筑与外部环境之间的交互,特别是在通风、热量处理、采光及其与建筑材料和结构的关系方面。通过利用建筑表面风和空气运动产生的压力差来促进自然通风,同时注重外墙的气密性,以防止能量损失。围护结构是一个动态系统,旨在优化内部空间的舒适度和能源效率。此外,考虑到日光系数、太阳得热系数和可见光透过率等性能指标,以及通过遮阳系统和天然光与人工照明的整合,进一步强化了对室内环境质量的控制,同时减少了对机械系统的依赖。根据以上原则,建筑围护结构设计不仅解决了传统的排水、保温问题,还提高了通风和采光的效率,展示了建筑与环境之间相互作用的复杂性和动态性。

建筑围护结构与节能的核心目标是通过优化墙体、屋顶、门窗的设计与材料选择,以及采用合理的遮阳策略,来提升建筑物的热效率和降低能源消耗。这不仅包括提高外墙和屋面的保温隔热性能,还涉及选择合适的窗型和玻璃材料,以及实施有效的遮阳措施,以适应不同地区的气候特点,实现冬季保暖和夏季降温的目的,从而在满足室内舒适度的同时达到节能减排的效果。

思政小结

为深入落实党中央、国务院有关部署,做好科技支撑碳达峰、碳中和工作，科技部等九部门联合印发了《科技支撑碳达峰碳中和实施方案（2022—2030年）》。政策解读中进一步明确了建筑、交通低碳零碳技术攻关行动。其围绕交通和建筑行业绿色低碳转型目标，以脱碳减排和节能增效为重点，大力推进低碳零碳技术研发与推广应用。实现碳达峰和碳中和的目标对于我国促进资源环境持续性、实现长期发展至关重要。这一目标的实现不仅需要跨学科、多领域的集成创新，更需要重点在建筑这种高碳排放行业进行技术突破与系统优化。在此背景下，建筑围护结构的节能降碳技术创新显得尤为关键。因此，本章介绍了建筑围护结构的设计原理、节能设计及减碳设计。

思考题

1. 轻量化建筑围护结构在减少建筑能耗和提高施工效率方面的优势是什么？是否存在劣势，如何解决？

2. 在选择绿色建材时，应如何权衡材料的环境影响、成本和性能？举例说明几种高效的绿色建材及其应用。

3. 如何在建筑设计初期就考虑围护结构与可再生能源系统的集成，例如太阳能光伏板或风能系统，以实现建筑的能源自给自足？

4. 就如何通过改进门窗设计来提高建筑节能效率提出你的观点。（特别关注双层玻璃、中空玻璃和Low-E玻璃的应用，以及如何根据不同的气候条件进行选择，优化能源利用）

参考文献

[1] 珍妮·洛弗尔. 建筑围护结构完全解读[M]. 李宛,译. 南京：江苏凤凰科学技术出版社，2019.
[2] 朱颖心. 建筑环境[M]. 3版. 北京：中国建筑工业出版社，2010.
[3] 郑洁,黄炜,赵声萍,等. 绿色建筑热湿环境及保障技术[M]. 北京：化学工业出版社，2007.
[4] 李麟学. 热力学建筑原型[M]. 上海：同济大学出版社，2019.
[5] 班广生. 建筑围护结构节能设计与实践[M]. 北京：中国建筑工业出版社，2010.

第 9 章 建筑节能新技术

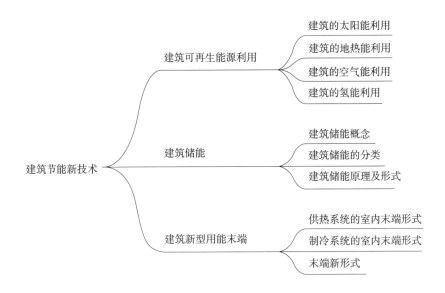

9.1 建筑可再生能源利用

近年来，随着建筑节能需求的不断提升，建筑不仅需要通过合理的场地、空间、围护结构等设计实现宜居空间的营造，充分利用可再生能源和高能效设备创造舒适、节能的空间也成为建筑减碳的重要方面。其关键在于需要根据建筑所处的地域环境，分析其能够利用的可再生能源禀赋，选择配套的蓄能设备，依据室内的需求和功能条件选取合适的末端形式。本章围绕上述问题，分别针对建筑的可再生能源利用、建筑储能、建筑新型用能末端形式进行介绍。

9.1.1 建筑的太阳能利用

教学视频 4

太阳辐射是室外环境中最重要的成分之一，对建筑室内外环境有重大影响。照射到地球表面的太阳辐射仅为太阳发出的总辐射能量的二十二亿分之一，但却是地球光热能的主要来源，是大气运动、生物活动的最主要驱动因素。对于建筑节能来说，太阳能是各种可再生能源中最重要的能源，也是能量最大、无污染的可利用能源。目前《建筑节能与可再生能源利用通用规范》GB 55015—2021 中已经要求新建建筑应当安装太阳能系统。

当地球位于日地平均距离处时，地球大气上界垂直于太阳光线的单位面积在单位时间内所受到的太阳辐射的全谱总能量称为太阳常数。太阳常数的常用单位是瓦每平方米（W/m^2）。根据世界气象组织公布的数据，通常取 $1368W/m^2$ 为太阳辐射常数值。到达地面的太阳辐射能量主要集中在波长为 0.3~2.5um 的范围，其中约 50% 的能量集中在 0.4~0.76um 的可见光范围，约 7% 的能量位于 0.4um 的紫外光谱区，43% 的能量位于 0.76um 以上的红外光谱区。由于经过大气层的反射、散射和吸收过程，太阳辐射强度不断衰减，到达地面的辐射可以分为两个部分，沿入射方向照射到地面的部分称为直射辐射；另一部分被大气散射后从各个方向到达地面，称为散射辐射。直射辐射和散射辐射之和称为总辐射。

建筑对太阳辐射能量的利用主要有两种途径：①太阳辐射通过光热效应直接转化为热能，简称太阳能光热；②太阳辐射通过光电效应转化为电能，简称太阳能光伏。本节主要针对这两个方面进行介绍。

1）太阳能光热利用

建筑中的太阳能光热利用形式主要包括建筑围护结构对太阳辐射热的直接利用和通过设备进行的太阳能集热系统两类。首先是在建筑本体的太阳辐射热利用方面，依托建筑的太阳能利用设计，主要包括直接受益窗、附加阳光间、集热蓄热墙等。

（1）直接受益窗

直接受益窗是一种典型的集热型围护结构，在各种类型的被动式太阳能采暖方式中，直接受益窗是最简单的。所谓直接受益，就是让阳光直接加热采暖房间，把房间本身当作一个包括太阳能集热器、蓄热器和分配器的集合体，即阳光通过南向玻璃进入采暖房间，被室内地板、墙壁、家具等吸收后转变为热能，给房间供暖。直接受益窗供热效率较高，缺点是晚上降温快，室内温度波动较大，对于仅需要白天供热的办公室、学校教室等比较适用。

直接受益窗既是得热部件，又是失热部件，在太阳热能透过玻璃进入室内的同时也会产生向室外散发的热损失。一个设计合理的集热窗应当能够保证在冬季通过窗户的太阳得热量大于通过窗户向室外散发的热损失，而在夏季使照在窗户上的日照量尽可能少。窗户能否成为一个得热部件，主要与当地气象条件、房间采暖设计温度及窗的保温状况等因素有关。改善直接受益窗的保温状况有以下两条途径：一是增加窗的玻璃层数；二是在窗上增加活动的夜间保温装置。增加玻璃层数，可以加大窗的热阻，进而减少热损失，但同时玻璃的透过系数及窗的有效面积系数降低，使透过玻璃的太阳得热量也相应减少。玻璃的层数应当结合有无夜间保温和气候条件的不同而进行区分。当无夜间保温时，增加玻璃层数对提高房屋热性能会起较大作用，但在有了夜间保温后，其作用就相应减小。在气候比较温和的地区，这一趋势就更加明显。

直接受益窗大部分使用的是双层中空玻璃，且中空玻璃窗的窗墙面积比应大于50%。对于用于住宅的直接受益窗，还需要增加活动保温装置，以减少室内热量散失。室内的重质蓄热地面和蓄热墙体应选用混凝土、砖、石、土坯等蓄热系数较大的材料，也可考虑使用相变蓄热材料。如图9-1所示，展示了典型的直接受益窗构造形式。

（2）附加阳光间

附加阳光间是通过直接获得太阳热能而使温度产生较大波动的空间，其工作原理与直接受益窗类似，阳光透过大面积透光围护结构后加热阳光间空气，并照射到地面、墙面上使其吸收和蓄存一部分热能，另一部分阳光可直接照射

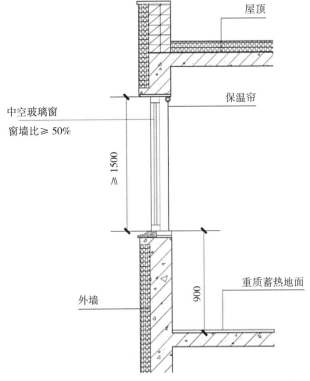

图9-1 直接受益窗典型构造

进入采暖房间。过热的空气可以立即用于加热相邻的房间，或者储存于蓄热体中直到没有太阳照射时使用。在一天内的所有时间，附加阳光间内的温度都比室外高，这一较高的温度使其作为缓冲区减少建筑的热损失。

附加阳光间朝向宜处于南向或南偏东至南偏西夹角不大于 30° 范围内，其与采暖房间之间宜设置可启闭的门窗，以利于空气热循环，并保证一定的气密性。与直接受益窗不同，大多数附加阳光间采用双层玻璃建造，且不再附加其他减少热损失的措施，但若为了将热损失减少到最小，也可以安装保温卷帘。附加阳光间内侧墙面可开启面积宜大于 15%，附加阳光间内地面和墙面宜采用深色表面，且不宜在上方设置地毯等影响蓄热的物品。

附加阳光间的玻璃窗、蓄热地面与蓄热墙体构造与直接受益窗相同，需要在阳光间上开设排风口，大多数阳光间每 20~30m² 的玻璃就需要 1m² 的排风口，阳光间屋顶可做成倾斜玻璃以增加集热量，但须考虑倾斜玻璃易积灰的特点及强度需求。附加阳光间典型构造如图 9-2 所示。

（3）集热蓄热墙

集热蓄热墙又称特朗勃墙（Trombe Wall），是一种在重质实体墙作为主要蓄热媒介的基础上，在其外表面覆盖透明玻璃窗形成的集热蓄热型围护结

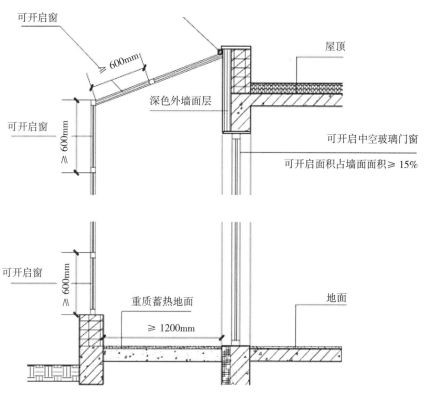

图 9-2 附加阳光间典型构造

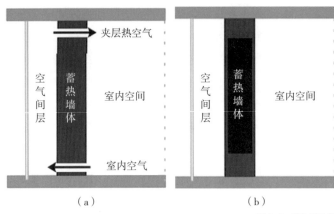

图 9-3 集热蓄热墙
(a) 有风口的集热蓄热墙；(b) 无风口的集热蓄热墙

构。通常在实体墙的外表面涂以高吸收系数的无光黑色涂料，并与密封的玻璃窗之间有一较窄空气间层。集热蓄热墙可以分为有风口及无风口两大类，如图 9-3 所示。

冬天白天有日照时，照射到玻璃表面的阳光一部分被玻璃吸收，一部分透过玻璃照射到墙体表面。玻璃吸收太阳辐射后温度上升，并向室外空气及集热蓄热墙间层中空气放热；透过玻璃的太阳辐射绝大部分被涂有高吸收系数涂料的墙表面吸收，表面温度升高，一方面向间层空气放热，一方面通过墙体向室内传导，传导过程中部分热量蓄存于墙体内，部分传向室内，室内获得的这部分热量即集热蓄热墙的传导供热。间层中空气被加热后温度上升，通过上、下风口与室内空气形成自然循环，热空气不断由上风口进入室内，并向室内传热，这部分热量即集热蓄热墙的对流供热。夜间蓄热墙放出白天蓄存的热量，室内继续得热，间层中空气温度则不断下降，当间层中空气温度低于室内温度时应及时关闭风口的风门，这是至关重要的，否则会形成空气倒流，加大室内的热损失。最简单而有效的自控风门是在上、下风口装塑料薄膜。夏天为避免热风从上风口进入室内应关闭上风门，打开空气间层通向室外的风门，使间层中热空气排入大气，并可辅之以遮阳板遮挡阳光的直射，但必须合理地计算以避免其对集热墙的遮挡。

太阳能光热利用的另一种形式是建筑设备对太阳辐射的热利用，主要为结合太阳能热水系统的多种形式的太阳能集热器。太阳能热水系统的核心部件是太阳能集热器，是用来吸收太阳辐射并转化为热能传递给介质的装置。常见的太阳能集热器分为平板型和真空管型太阳能集热器。

(1) 平板型太阳能集热器

平板型太阳能集热器是太阳能热利用系统中接收太阳辐射并向传热工质传递热量的非聚光型部件。其基本结构如图 9-4 所示，主要包括吸热板、透明盖板、隔热层和外壳等。其工作原理为：太阳光透过玻璃盖板照射在集热

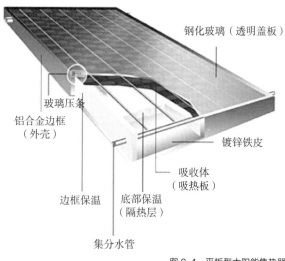

图9-4 平板型太阳能集热器

板芯上，集热板芯将太阳能转化为热能传递给流道中的工质，从而完成太阳能到热能的转化过程。保温材料用于减少热损失。平板型太阳能集热器是目前太阳能热利用的主要产品，已经广泛应用于生活热水、工业热水、建筑采暖等诸多领域，具有制作简单、吸热面积大、承压性能高、使用寿命长、不易损坏、易与建筑结合等特点。

在平板形状的吸热板上，通常都布置有排管和集管。排管是指吸热板纵向排列并构成流体通道的部件；集管是指吸热板上下两端横向连接若干根排管并构成流体通道的部件。吸热板的材料种类很多，有铜、铝合金、铜铝复合、不锈钢、镀锌钢、塑料、橡胶等。结构形式有管板式、翼管式、扁盒式、蛇管式等。在吸热板上覆盖有深色涂层以最大限度吸收太阳辐射能，称为太阳能吸收涂层。依据涂层光学特性是否随辐射波长变化，常分为两大类：非选择性吸收涂层和选择性吸收涂层。涂层外侧覆盖有透明盖板，通常采用平板玻璃和玻璃钢板为材料，其功能主要有：①透过太阳辐射，使其投射在吸热板上；②保护吸热板，使其不受灰尘及雨雪的侵蚀；③形成温室效应，阻止吸热板在温度升高后通过对流和辐射向周围环境散热。在平板型太阳能集热器的背部往往设有高保温性能材料制成的隔热层，材料选用岩棉、聚氨酯、聚苯乙烯、玻璃棉等，通过隔热层阻止集热器内部和周围环境之间的热交换。

（2）真空管型太阳能集热器

真空管型太阳能集热器就是将吸热板与透明盖层之间的空间抽成真空的太阳能集热器。真空管主要由内管、外管（也称罩玻璃管）、卡子、吸气剂、真空夹层、选择性吸收涂层、吸气膜组成。与平板型太阳能集热器相比，真空管型太阳能集热器主要通过真空阻止了热量的传导和对流，大幅降低了集热器向周围环境的热损失，热效率相比平板型太阳能集热器提高50%~80%。真空管型太阳能集热器的主要优点包括抗冻能力强、热效率高、启动快、不结垢、保温好、承压高及运行可靠等。按照吸热板材料种类，可分为玻璃吸热板真空管以及金属吸热板真空管两类。

2）太阳能光伏利用

建筑对太阳辐射的光电利用通过光伏发电系统实现。光伏发电系统通常由太阳能光伏电池、蓄电池组、逆变器组成。太阳能光伏电池是实现太阳辐射光能—电能转化的核心部件，其发电单元是一种半导体制作的薄片，通过光电效应或光化学效应将光能直接转化为电能。目前，采用最多的是以光电效应工作的晶硅太阳能电池。其基本工作原理是当太阳光照在半导体 PN 结（将 P 型半导体与 N 型半导体制作在同一块半导体衬底上，中间二者相连的接触面间的过渡层）上时，会形成新的空穴——电子对，进而形成电场，光生空穴流向 P 区，光生电子流向 N 区，接通电路后形成电流。

太阳能发电具备随机性、波动性特征，因此需要配套对应的蓄能装置保证对建筑用电的稳定供应，通常依靠蓄电池来实现这一功能。目前，建筑用太阳能光伏系统中的蓄电池种类很多，包括铅酸蓄电池、镍镉蓄电池、铅酸免维护蓄电池等。在选取蓄电池时，应当综合考虑光电池装机容量、建筑的用电需求等对其容量进行选取。

目前建筑用电通常接入电网，电器的输入端通常以交流电源供电，如日光灯、电视机、电冰箱、电风扇、空调等，绝大多数动力机械也是如此。因此，需要一种把直流转换为交流的装置，这就是逆变器。光伏发电系统中的逆变器是一种变流电路，其作用是把太阳能电池阵列所发出的直流电转换为各种不同要求频率和电压值的交流电。

光伏发电系统的主要优点包括适应恶劣环境、寿命长、运行维护方便、运行过程无污染、无噪声等，而受太阳辐射资源的波动性特征影响，也有输出功率不稳定、需要储能设备配套的劣势。目前，太阳能电池的光电转化效率仍有待提高，成本仍需进一步降低。

和建筑相结合的过程中，光伏发电系统通常有分布式和集中式两大类。分布式光伏电站通常是指利用分散式资源，装机规模较小的、布置在用户附近的发电系统。其中，户用式光伏是分布式光伏的一种，它安装容量小，安装点多。户用式光伏分为光伏建筑一体化（Building Integrated PV，BIPV）和光伏系统附着于建筑（Building Attached PV，BAPV）两大类形式。早期 BAPV 为户用光伏的主要形式，通常将光伏板通过龙骨、支架等安装在居民自有的屋顶上。目前，随着对建筑美学、采光等需求的提升，将光伏同建筑屋顶、立面进行集成的 BIPV 得到了广泛关注和长足发展，如图 9-5 所示。

BIPV 通常采用光伏瓦、光伏玻璃、光伏采光顶等。和传统的光伏组件相比，光伏建筑一体化有助于建筑美学的实现，一定程度上利于自然采光设计，但是其发电效率普遍更低、造价也更高。集中式光伏通常称为集中型太阳能电站，布设在市区、村镇周边开阔地带，其所发电力直接并网，并为建筑、工业、农业等各个产业提供电力。

图 9-5　光伏建筑一体化

位于美国加州的西伯克利图书馆在设计时充分考

虑了光伏板阵列的布置问题。考虑到密集的城市建筑对光伏板的遮挡问题，该图书馆将 120 块太阳能电池板布置在 3 排天窗之间，形成了 4 个阵列。同时，图书馆还将 16 块太阳能集热板布置在屋顶东北角形成 2 个阵列。为最大化获取太阳辐射，设计团队依据当地纬度、建筑朝向，将光伏板的倾斜角度确定为 45°。通过结合光伏光热利用、自然通风/采光、场地设计优化、隔热围护结构以及高能效暖通空调系统，该图书馆实现建筑产能 250MJ/$m^2 \cdot a$，大于建筑能耗的 238MJ/$m^2 \cdot a$，实现产能的目标。

3）太阳能光伏光热一体化

目前针对光伏、光热利用中各自存在的优缺点，提出了一种综合两者优点的光伏光热一体化组件（PV/T）。太阳能光伏光热一体化组件主要由光伏与光热两个部分组成。光伏部分采用技术成熟的太阳能光伏面板，通过控制系统为建筑提供所需电能，主要包括光伏电池、蓄电池、逆变器和控制器等构件。光热部分主要为集热器，将太阳能转换为热能，同时使用热循环机制，冷却太阳电池，提高光电转换效率，更高效地利用太阳热能。光伏组件在长时间受到阳光照射升温后，会产生热失效现象，其发电效率会大打折扣，而如果将其同光热组件结合，多余的热量可以通过光热组件传导给介质作为热能直接被利用，也降低了光伏组件的温度，实现协同提升。PV/T 相比于两者单独使用，其综合太阳能利用效率能够达到 60% 以上。

目前，PV/T 组件的应用依然存在一定的问题，首先是热效率与电效率以及热能品质之间的矛盾。首先，光伏电池需要较低温度的冷却介质以获得较高的发电效率，否则就会造成相应工质获得的热量品质下降，热量品质不足以直接利用。其次是集热工质的选择，以空气为介质的 PV/T 系统传热效果低于以水为介质的 PV/T 系统，热效率、电效率和工质温度均不高，但以水为介质的 PV/T 系统在冬季易产生结冰冻裂问题，需要采取添加防冻液等措施。同时，PV/T 聚焦型集热器聚光系统成本高，结构复杂，加工精度要求高，应用过程较为复杂。

瑞典斯德哥尔摩化工厂厂房屋顶安装有 100m^2 的槽式 PV/T 集热器（设计发电功率 10kW，产热功率 40kW），用于满足化学反应过程中 90℃ 以上的工业用热需求，同时为厂房提供电力供应，如图 9-6 所示。英国伦敦 Walthamstow 的建设采用 PV/T 液体集热器结合地源热泵的系统。夏季地源热泵作为 PV/T 的辅助热源，并且 PV/T 产生额外的热量可以通过地埋管储存在土壤之中；冬季 PV/T 系统仅作为系统的预热，而后靠地源热泵从土壤中取热将水加热到设定温度。通过这种形式的结合，可以达到对太阳能的充分高效利用，如图 9-7 所示。

图 9-6 瑞典斯德哥尔摩化工厂 PV/T 系统　图 9-7 英国 Walthamstow 地源热泵结合 PV/T 系统

9.1.2 建筑的地热能利用

地热能是地球内部产生的储存在地表以下的热量。浅层地热能是指地表以下一定深度范围内（一般为恒温带至 200m 深热量），温度低于 25℃，在当前技术经济条件下具备开发利用价值的地热能。浅层地热能是赋存在地球表层岩土体中的低温地热资源。浅层地热能资源丰富、分布广泛、温度稳定，开发技术臻于成熟，目前已经广泛应用于供暖和空调制冷，是一种很好的替代能源和清洁能源。

我国是一个地热资源相当丰富的国家，每年浅层地热能可利用资源量相当于 3.5 亿 t 标准煤。如全部有效开发利用则每年可节约 2.5 亿 t 标准煤，减少 CO_2 排放约 5 亿 t。在城镇建筑节能方面，在地热资源相对丰富的地区，浅层地热及地源热泵技术与系统在很大程度上可替代传统市政供暖系统，作为城镇居民供热采暖的能量来源。相对于其他可再生能源，地热能的最大优势体现在它的稳定性和连续性。在建筑节能方面，利用浅层地热结合地源热泵系统，能够很大程度上补充和替代传统的市政供暖系统。因此，建筑对地热能的利用方式主要依托于地源热泵系统，其以地源能（土壤、地下水、地表水、低温地热水和尾水）作为夏季制冷的冷却源和冬季采暖供热的低温热源，同时是实现采暖、制冷和生活用热水的一种多功能系统。地源热泵在不同季节的运行机理不同，夏季，热泵机组的蒸发器吸收建筑物内的热量，到达制冷空调，同时冷凝器通过与地下水的热交换，将热量排到地下；冬季，热泵机组蒸发器吸收地下水的热量作为热源，通过热泵循环，由冷凝器提供热水向建筑室内供暖。

地源热泵系统主要由室外地源换热系统、水源热泵机组和室内采暖空调末端系统组成。依照其所使用的低温热源，浅层地源热泵可分为土壤源热泵、地下水源热泵、地表水源热泵及污水源热泵四类。地源热泵的优点在于其能源清洁可再生、能效比高、节省建设用地、运行可靠。在和建筑节能设计相结合时，需要考虑其选址与场地规划、机房位置大小、末端形式等方面。地源热泵通过在建筑物周边土地打竖井或是挖深沟（当采用卧式环路系统时）、直接抽取地表水（当周边有水温、水质、水量符合要求的可用地表水时）输送到板式换热器、将盘管直接放入河水或湖水中（水温、水质、水量符合要求）等几种方式进行热交换，无论哪种方式都必须对场地及周边的水文地质情况进行详细的调查，看是否有可利用的条件。

如果采用第一种方式，建筑周围要有足够的空间进行埋管，如果采用第二、三种方式，需要设计合理的取水构筑物，这都会影响到场地规划设计。通常地源热泵机组放在室内，无需通常空调所需的冷却塔，利于建筑的整体造型设计。江亿院士提出"一机一户，深井回灌"系统，没有集中机房，而是变为了各户的小型热泵，能够像普通空调那样自行调节和分户计量，并且不必悬挂室外机，利于建筑立面的简洁化。地源热泵的末端装置有多种选择，常见的有风机盘管，也可采用辐射吊顶，但必须注意克服夏季吊顶表面结露问题，这些末端装置会影响室内的造型与空间设计。

9.1.3 建筑的空气能利用

空气能是指空气中所蕴含的低品位热能量。根据热力学第二定律，热量不可能从低温热源传到高温热源而不引起其他变化。所以，在不消耗外界能量的基础上，空气是不能够被利用的。热泵可以实现从空气中吸收热量并传到高温物体或环境，这种技术叫作空气源热泵。热泵的使用需要消耗电能或者热能。例如，当家里的空调用于冬季制热时，就是典型的空气源热泵，但是在不用电或不提供热量的情况下，该空调并不会制热。因此，空气源热泵并不是利用空气能驱动，而是用电能或者热能驱动。空气源热泵可以应用于制热、采暖、烘干等多个领域。

空气源热泵通过压缩机系统运转工作，吸收空气中的热量制造热水。具体过程是：压缩机将冷媒压缩，压缩后温度升高的冷媒经过水箱中的冷凝器制造热水，热交换后的冷媒回到压缩机进行下一循环。在这一过程中，空气热量通过蒸发器被吸收导入水中，产生热水。空气源热泵在运行中，蒸发器从空气中的环境热能中吸取热量以蒸发传热工质，工质蒸气经压缩机压缩后压力和温度上升，高温蒸气通过永久黏结在储水箱外表面的特制环形管冷凝器冷凝成液体，释放出的热量传递给空气源热泵储水箱中的水。冷凝后的传热工质通过膨胀阀返回到蒸发器，然后再被蒸发，如此循环往复。

空气源热泵的能效和室外气候条件直接相关，室外空气温度过低时，空气源热泵能效比急速下降，甚至难以启动。一般认为，对于夏热冬冷地区和温和地区，空气源热泵的适用性较好；对于严寒、寒冷地区，当室外空气温度高于-3℃时，空气源热泵能够安全可靠运行，而当夜间温度低于-10℃时，尽量仅在白天时段内在需要空气源热泵供热的建筑（办公建筑、商场等）使用空气源热泵，并且需要避免空气源热泵的结霜现象。西安建筑科技大学研究团队对我国空气源热泵的适用性进行了分区研究，按照最适宜（Ⅰ区）到不适宜（Ⅳ区）划分了四个等级，具体研究可参考本章参考文献[1]。

9.1.4 建筑的氢能利用

氢能是氢和氧进行化学反应释放出的化学能，是一种二次清洁能源，被誉为"21世纪终极能源"，也是在碳达峰、碳中和的大背景下加速开发利用的一种清洁能源。氢具有燃烧热值高的特点，是汽油的3倍、酒精的3.9倍、焦炭的4.5倍。氢燃烧的产物是水，是世界上最干净的能源。氢能源适合大规模、长时间存储，可再生能源电解制氢被认为是应对可再生能源间歇性和季节性储能问题的有效途径，在建筑采暖和区域热电联产中得到了关注和重视。

此外，冷热电联供技术也体现出了较强的技术经济优势。微型热电联供为区域供热的同时提供电力和热量，避免了长距离运输电力的能量损耗，达到节能效果。燃料电池是实现热电联供的有效载体，其能量转换效率高，功率密度大，无污染，不受卡诺循环的影响。氢能的利用目前处于起步阶段，2020年4月国家能源局发布了《中华人民共和国能源法》，首次从法律上确认氢能属于能源范畴。氢能的利用主要涉及制氢方式、氢能的储存运输、氢能的利用方式等。

在氢能制取方面，根据制取来源分为两大类：①非再生制氢，原料是化石燃料；②可再生制氢，原料是水或生物质。按照碳排放量情况，可分为绿氢、蓝氢、灰氢。制备氢气的方法目前较为成熟，从多种能源来源中都可以制备氢气，每种技术的成本及环保属性都不相同，主要分为四种技术路线：氯碱工业副产氢、电解水制氢、化石燃料制氢（天然气制氢、煤气化等）和新型制氢方法（生物质、光化学等）。另外，由于存储、运输等优势，化工原料制氢中甲醇裂解得到重视。面向碳中和目标，未来需要更多的绿氢占比，其主要依托可再生能源进行电解水制氢、光解水制氢和生物质制氢。

在建筑的氢能利用方面，可以利用氢实现对化石能源的替代或掺混，减少燃烧碳排放并提高热效率。同时，也有多种类型的氢燃料电池作为氢能发电方式近年来得到了发展。氢燃料电池是利用氢和氧（空气）直接经过电化学反应而产生电能的装置。换言之，也是水电解槽产生氢和氧的逆反应，不需要进行燃烧，能源转换效率可达60%~80%。

9.2 建筑储能

面向建筑领域碳中和的目标，发展以光电、风电等可再生能源为主的建筑能源系统对储能提出了重大需求。首先，可再生能源具备不稳定和间歇性特征，如夜间无太阳能及太阳能不足时供应减少，建筑储能可确保在可再生能源不足时使用蓄存的能量，进而减少对传统能源的依赖，从而确保建筑能持续使用绿色能源，达到节能降碳的目的。其次，建筑的能源需求受昼夜、季节、天气等因素影响，呈现动态特征和随机性特征，如冬季采暖和夏季制冷通常导致电网在特定时间段面临巨大负荷，储能技术可使建筑在能源供应充足或成本低廉时储存能量，然后在高峰或需求增大时释放，提高能源使用效率，从而实现降低能源消耗和能源高峰电价的双重目标。这一章节主要介绍建筑储能的基本概念、分类、原理、形式和典型案例。

9.2.1 建筑储能概念

建筑储能是指在建筑或建筑群中，利用技术或设备来储存从不同能源来源产生的能量，以便在需要时使用，从而实现能源效率、经济性、可靠性和环境友好性等目标。其中，技术和设备包括电池、热水储存系统、相变材料、飞轮、超级电容器等；不同的能源来源指太阳能、风能、电网电力、地热能等；最终实现的目标是提高建筑的整体能效、降低运营成本、提高电力供应的可靠性，并减少环境影响。

9.2.2 建筑储能的分类

建筑储能按照定义范畴、储能介质、蓄能时长可划分为不同形式：

1）按照定义范畴划分

按照定义范畴区分，建筑储能分为传统储能、虚拟储能和广义储能。传统储能通常指的是通过物理或化学手段将能源转化为某种形式，在需要时释放出来的过程，包括如电池储能、抽水蓄能、压缩空气储能、飞轮储能等。在建筑领域，传统储能的应用包括使用热存储（如冷冻或热水储存）来调节建筑内部的温度或使用蓄电池来存储太阳能或其他电源的电能。

虚拟储能并不涉及实际的能源存储设备，而是通过调整能源需求和使用模式（如需求响应等）实现的储能效果。例如，在电网需求高峰时，通过激励措施鼓励建筑用户减少电力消耗，而在需求低谷时鼓励其使用电力，该方法可创建一种"虚拟"的储能效果，即使没有实际的物理储能设备。

广义储能是一个更宽泛的概念，包括传统储能和虚拟储能的所有形式，可能还包括其他与能源供需、转换、分配和使用有关的策略和技术。这种定

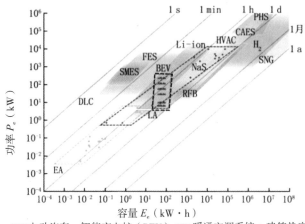

图 9-8　建筑中的广义储能资源（具体研究见本章参考文献 [2]）
（SNG 为合成天然气；H_2 为储氢；PHS 为抽水蓄能；CAES 为压缩空气储能；RFB 为氧化还原液流电池；NaS 为钠硫电池；LA 为铅酸电池；Li-ion 为锂离子电池；FES 为飞轮储能；SMES 为超导储能；DLC 为双层电容）

义的目的是更全面地考虑和利用所有可能的手段来优化能源利用和满足变化的需求，不仅局限于物理的存储设备或特定的调控策略。建筑中的广义储能资源如图 9-8 所示。

2）按照储能介质划分

按照储能介质划分，在建筑领域常用的储能介质主要有热能储存和电能储存（也称为电化学储能）等，其中热能储存方式包含显热蓄热、相变蓄热和化学能蓄热，如图 9-9 所示。

显热蓄热是最常见的热能存储技术，该技术将热量存储在物质中，而不改变其相态，典型的应用包括太阳能热水系统的储水罐或建筑的夜间冷却。相变蓄热使用相变材料（Phase Change Materials，PCMs）来存储和释放热量，当相变材料从固态变为液态或从液态变为固态时，其会吸收或释放大量热量。化学能储能（Chemical Heat Storage）指在化学反应中存储和释放热量，比如通过吸附或解吸作用实现的热存储，该方式的优势在于其可在较长时间内保持热量而不会有过多的热损失。

电化学储能指的是将电能存储为化学能，并在需要时将化学能转换回电能。其主要指的是蓄电池和超级电容器，该种储能技术在建筑中的应用增长迅速，尤其是与太阳能光伏系统结合使用时可起到充分利用太阳能的目的，从而节能降碳。

3）按照蓄能时长划分

按照蓄能时长划分，可分为短期储存、中期储存和长期储存。

图 9-9 建筑储热技术（具体研究见本章参考文献 [3]）

短期储存通常涉及时间跨度从几秒到数小时。该储能方式主要用于平滑瞬时的能源需求峰值，例如应对空调启动时的高峰负载或太阳能光伏产能的短时间内的波动，因此需要快速响应的技术。蓄电池和超级电容器是短期储存的典型技术，其可在短时间内充放电，并持续为建筑提供稳定的能源。

中期储存通常涉及从数小时到数天的时间跨度。该储能方式可应对日常或周期性的能源需求变化，例如夜间的电力需求低谷和日间的高峰，或是云层遮挡导致的太阳能产出减少。对于这种需求，蓄电池技术非常适用，例如锂离子电池或铅酸电池。此外，显热储能和潜热储能也是中期储存的常用技术，因为它们可以在一天内有效地储存和释放大量热能，从而为建筑提供所需的热舒适度。

长期储存，通常涉及从数天到数月甚至更长的时间。该储能方式主要用于在能源供应和需求之间实现季节性的平衡。例如，冬季可能需要更多的能源供暖，而夏季则需要更多的能源制冷。对于这种长时间的能源储存，化学热储能和抽水蓄能技术尤为适用。此外，氢气也被视为一种有效的长期储能方法，尤其是当与太阳能或风能结合时，通过电解水制氢，然后将氢气储存起来，以备后续使用。图 9-10 所示为当解决季节性供需不匹配问题时的储热

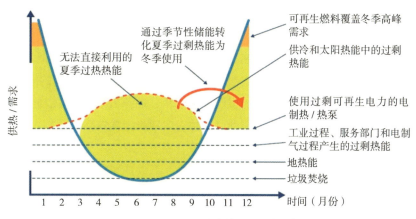

图 9-10 长期储热原理示意图（具体研究见本章参考文献 [3]）

原理示意图，实现季节性的"移峰填谷"。

9.2.3 建筑储能原理及形式

本节主要从储能介质的角度出发，详细介绍建筑储能基本原理与应用。

1）热能存储

热能存储是用于存储建筑中产生或获取的热能，以备后续使用的系统。热能存储的主要形式包括显热蓄热、相变蓄热和化学能蓄热等。

（1）显热蓄热

随着材料温度的升高而吸热，或随着材料温度的降低而放热的现象称为显热蓄热。显热储存的热量与蓄热介质的比热容及质量相关，当物体温度由 T_1 变化到 T_2 时，吸收的热量可通过下式计算：

$$Q = \int_{T_1}^{T_2} mC_p dT \tag{9-1}$$

式中　C_p——物体的定压比热，kJ/（kg·k）；

　　　m——物体的质量，kg。

显热蓄热是基于物质的温度变化来存储和释放热量。初期蓄热介质吸收能源（来自太阳能等），其温度会不断升高，热量将在整个储热体系中分布；当热源减少或消失时，蓄热介质进入热释放阶段，此时蓄热介质的温度开始降低，热量开始传递到周围的环境中，可能通过辐射、传导或对流的方式进行。最终，当蓄热介质与其周围环境达到热平衡时，热释放过程结束。增加显热蓄热的途径包括提高蓄热介质的比热容、增加蓄热介质的质量以及增大蓄热温度差。其中，比热容是物质的热物性参数，选用比热容大的材料作为蓄热介质是增大蓄热量的合理途径。在选择蓄热介质时还必须综合考虑密度、黏度、毒性、腐蚀性、热稳定性和经济性。根据所用材料的不同可分为固体显热储存介质和液体显热储存介质两类，常用的显热储存介质是水、土壤、岩石和融盐等。

水是常用的显热蓄热介质，由于高比热容和低廉的成本，使其成为储存大量热量的理想选择，其使用广泛，如简单的短期蓄热家庭热水储存系统、太阳能区域供暖蓄热水箱、地源热泵系统等。此外，水可作为辐射供暖系统的介质，借助其高热容实现稳定建筑环境调控。岩石也是应用较广的显热蓄热介质，其价格低廉、易于获取，由于石块间的热导率较小且不存在对流扰动，相比液体蓄热系统，石块床蓄热可保持良好的温度分布层。砖块和混凝土是建筑领域的传统材料，其拥有良好的热惰性，可在昼间吸收热量蓄存并在夜间逐渐释放。土壤是相对低成本的蓄热解决方案，特别是在大型太阳能热蓄存系统中,尤其是干燥地区,可利用地下的砂土等来构建地源热泵系统,在夏季可将多余的热能储存到地下,在冬季取出供建筑使用,从而达到节能降耗的目的。

相关典型案例如黄土高原窑洞民居的集成卵石蓄热和集热水箱蓄热等技术(图9-11),采用南向蓄热墙体、南向增设附加阳光间、卵石床蓄热结合附加阳光间、错层窑洞空间布局结合附加阳光间,最终形成"南向阳光间集热+卵石床蓄热+错层空间热压通风"的优化方案。其中,卵石床蓄热器是利用松散堆积的岩石或卵石的热容量进行蓄热,载热介质为空气,空气在床体内部循环以便给床体蓄热和从床体提取热量;蓄热水箱则是通过太阳能集热器收集热量并存储供建筑使用。

(2)相变蓄热

相变蓄热以潜热形式储存,通过利用相变材料在固液相变时单位质量(体积)的相变蓄热量大的特点,把热量储存起来加以利用。在建筑领域,相变蓄热已成为新型节能技术的一个重要组成部分,其优势在于对室内环境的调节是可控的。影响蓄热量大小的因素主要有蓄热量与蓄热介质的相变潜热、相变温度。

相变材料按照相变温度可分为高温、中温、低温相变材料。高温相变材料相变温度高于120℃,主要是熔融盐、金属合金;中温相变材料相变温度

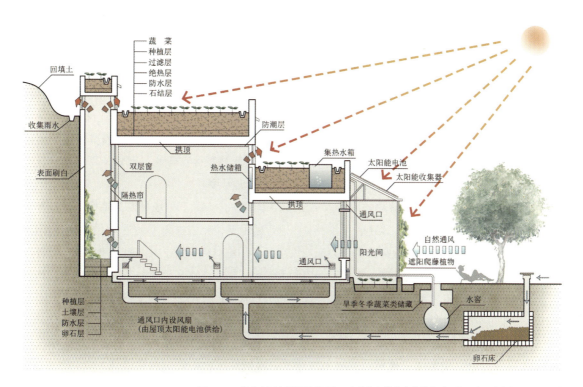

图9-11 黄土高原窑洞民居采用卵石床蓄热和集热水箱蓄热(具体研究见本章参考文献[4])

为 0~120°C，主要是水合盐、有机物和高分子材料；低温相变材料主要是冰、盐水混合物。根据材料的化学组成可分为无机相变材料、有机相变材料和混合相变材料；根据相变方式可分为以下四类：固—固相变、固—液相变、固—气相变及液—气相变。后两种相变方式在相变过程中产生大量的气体，体积变化大，故在实际中很少使用。

固—固相变材料相变时无液相产生，体积变化小，无毒并且无腐蚀，对于容器材料和技术条件要求不高，其相变潜热和固—液相变潜热具有同一数量级，并且具有过冷度轻、使用寿命长、热效率高等优点，是一种理想的蓄热材料。目前，有石蜡、多元醇、高密度聚乙烯以及层状钙钛矿为基本结构，以活性炭、泡沫石墨等为骨架的复合固—固相变材料。固—固相变材料虽然相比于固—液相变材料具有一定的优势，但也存在导热系数低、相变时间长、生产工艺复杂以及产品性价比低等诸多不足，因此，其研究和产业化应用不成熟。

在建筑中，应用最多的相变蓄热装置是固—液相变材料。固—液相变是在特定的温度和压力条件下从固体相变为液体，或从液体相变为固体。在这一过程中，材料会吸收或释放大量的潜热，从而实现能量的储存和释放。理想的固—液相变材料具有以下性质：①熔化和凝固潜热高，与传统的储能材料相比，固—液相变材料通常具有更高的能量储存密度；②温度稳定性好，相变材料在相变过程中温度变化范围很小，这使得它们能够保持基本恒定的热力效率和供热能力；③相变过程是可逆的，可多次进行固—液相变，而不会显著降低其性能；④固—液两相导热系数大、材料密度大、比热容大；⑤经济性好，成本低廉，制作方便。固—液相变材料通常可以根据其组成成分分为以下几类：有机相变材料，包括帕拉芬、脂肪酸等；无机相变材料，包括盐类、金属、混合型相变材料、盐与有机物混合、纳米复合材料等。

与显热蓄热材料相比，相变材料能量密度更高，这意味着其所占物理空间更小。相变材料可进行趋于恒定温度的充能和释能，因此，可根据工程需要专门选择相变材料以提供特定的输出温度。

相变蓄热技术可以广泛应用于建筑结构的多种场景中，将相变材料整合到墙体和屋顶中，可维持室内温度的稳定；相变材料可以嵌入地板中，利用其在夜间释放热量的能力来加热空间；相变材料可用于太阳能储热系统，储存白天收集的热量，以供夜间或阴天使用。其中，冰在相变蓄热中应用广泛，其具备卓越的储冷属性，如高熔化热（334kJ/kg）、高热容量（4.2kJ/kg·K）及无腐蚀性。作为水的固体形式，冰容易获得且廉价，如冰蓄热盘管系统。

冰蓄热盘管系统的工作原理是通过放置在冰罐上方的冷却装置或制冰机使用低压或可再生电力冻结水。冷能通过水或其他传热流体（例如乙二醇）传送以释能。冰蓄热技术在商业上可用于建筑和区域供冷方案，通常具有两种典型配置，即大容量冰蓄热和冰盘管蓄热。大容量冰蓄热系统在冷冻温度下将冰储存于装有冷冻水和冰的一个储罐中。充能时，泵将冷却水从储罐传送到制冰机，之后冰回落到储罐。释能过程中，另一台泵将储罐的冷却水循环至负荷处，之后温水再从负荷处返回到储罐顶部。冷能还能以冰浆的形式储存用作传热流体。冰盘管蓄热系统的储罐中充满了水，且盘管浸没其中。充能过程中，冷却装置将传热流体（例如乙二醇）冷却至零度以下的温度并流经盘管，使盘管周围的水冻结。释能过程中，可使用外部循环或配备热交换器的内部循环将冷能从储罐输送到负荷处。

（3）化学能蓄热

化学能蓄热指利用特定的化学反应来储存热能，然后在需要时通过相反的化学反应来释放能量。化学能蓄热系统可提高能源的利用效率，并且为热电联产系统或建筑供热采暖系统提供能源。与显热蓄热和相变蓄热相比，化学能蓄热具有蓄热密度高的优点。有研究表明，化学能蓄热的储能密度要比显热蓄热或相变蓄热高出2~10倍。化学能蓄热通常可分为两种方式，分别是可逆反应蓄热和吸收蓄热，如图9-12所示。可逆反应蓄热基于两种独立化学物质的可逆反应，其中放热合成反应会产生大量能量；吸收蓄热则从化学势的角度通过破坏吸附剂与吸附质之间的结合力蓄热。吸收蓄热只能在约350℃的温度下工作，但非吸收热化学系统可在更高温度下工作并提供更高的储能密度。由于吸收系统在环境温度下能够长时间保存热能而不发生热量损失，因此热化学蓄热技术成为建筑季节性储能的广泛研究对象。

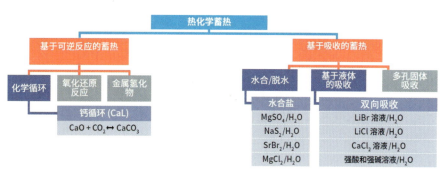

图9-12 化学能蓄热分类和介质

基于吸收蓄热原理，结合热泵和太阳能集热器构成的太阳能吸收热泵系统可在建筑中应用，该系统配备有一个太阳能热源、一个吸收热泵以及分离的浓缩制冷剂和水罐。其工作原理是浓缩制冷剂溶液吸收水分并释放热能；然后通过太阳能集热器进行热能充能，使水分子从制冷剂溶液中解吸，形成水蒸气和浓度更高的制冷剂溶液；最后将两种产物分离并储存，需要热能时再将其组合。该种吸收循环系统更适合低品位热能的储存。

2）电能存储

电能存储也称为电化学储能。电化学储能是利用化学反应，将电能以化学能进行储存和再释放的一类技术。该技术通常使用电池或超级电容器来存储电能。其基本原理是电化学储能系统通过在电极之间转移电荷来存储和释放能源。在充电过程中，电荷从一个电极转移到另一个电极存储能量；在放电过程中，电荷通过一个外部电路返回原来的电极从而释放能量。

电化学储能技术包括蓄电池储能技术和超级电容器储能技术。目前已有的电化学储能器件有铅酸电池、锂离子电池、钠硫电池和液流电池等。建筑领域应用的储能场景主要是建筑用户侧储能和输配侧储能，具体如图9-13所示，旨在缓解可再生能源如太阳能和风能的间歇性问题，促进可再生能源的利用，进而减少碳排放；同时可提高能源利用效率，通过储能可以更好地管理能源需求，降低峰值需求时的能源成本。

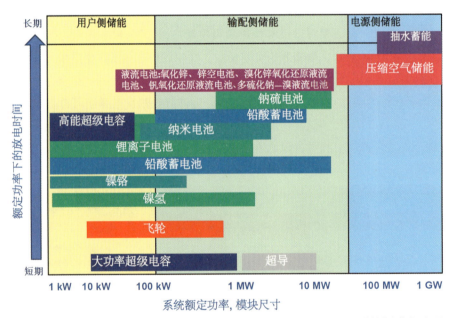

图9-13　不同储能技术的应用场景

蓄电池储能主要是通过电池正负极的氧化还原反应进行充放电。一般由电池体、双向变流器（直流/直流即DC/DC、直流/交流即/DC/AC）、控制装置和辅助设备（安全、环境保护设备）等组成。目前，蓄电池储能系统在建筑多能互补能源系统中应用十分广泛，且是多能互补能源系统中的关键技术。蓄电池储电性能的优劣直接影响储能系统的运行。蓄电池具有环境适应性好、比能量高、效率高、响应时间短和循环寿命长等特点，更好地满足了多能互补能源系统的需求。蓄电池根据使用的电极材料、电解液的不同，性能相差很大。目前蓄电池主要有铅酸电池、锂离子电池、钠硫电池和液流电池等。以锂离子电池的充放电原理为例，其是利用电化学嵌入（脱嵌）反应原理来实现锂离子在正负极间的移动。

超级电容器储能技术具有电池储存电荷的能力，同时具有较高的放电功率，对环境污染较小，是目前较为理想的储能器件。双层电容器通过电极和电解质之间形成的界面双电层储存电能。界面双电层是电极和电解液接触时，由于库仑力、分子间力或者原子间力的作用，使固液界面出现稳定的、符号相反的层电荷。这种电容器的储能过程是可逆的，储存电能的过程中，电解质溶液只进行电化学极化，并没有产生电化学反应。

深圳市建筑科学研究院未来大厦的"光储直柔"系统是较为典型的案例，如图9-14所示。该建筑配置了150kW的光伏系统，储能配置总容量为300kWh，依据蓄电池使用目的、负载运行特点，采用了建筑物集中储能、空调专用储能和末端分散储能形式，确保建筑物更有效地利用自身产生的能源。其通过存储太阳能电池板在日间产生的多余电能，让建筑物在夜间或阴天使用，从而减少对电网的依赖和电能消耗的碳足迹。其次，该储能系统可提高建筑物的能源自给自足度，使建筑物能够在电网停电时继续运行。此外，该建筑也将电动汽车视为一种移动的蓄电池，将其作为一种重要的蓄电池资源，从而发挥对建筑能源系统有效调蓄的重要作用。

建筑储能领域正面临一个快速发展的时期，其中包括新材料和新技术的开发、成本的降低、政府政策的支持和市场需求的增加等。通过合理利用储能技术，有望实现一个更低碳、更可持续的未来。

图9-14 深圳市建筑科学研究院未来大厦的"光储直柔"系统配电方案

9.3 建筑新型用能末端

室内用能末端主要指的是建筑内部直接消耗能源的设备和系统,这些设备和系统对能源的利用效率直接影响整个建筑的能耗水平。本节将从供热、制冷、新末端形式三个方面进行介绍。

9.3.1 供热系统的室内末端形式

供热系统的室内末端散热装置是系统满足用户采暖需求的重要组成部分,将系统产生的热量有效地送至室内,补充房间的热损失,从而保持室内要求的温度。热量传递的方式分为导热、对流和辐射,末端向室内的热量传递方式则主要以对流和辐射为主,其形式主要有散热器、辐射供暖、暖风机等。本章节以上述几种末端形式为主进行介绍。

1)散热器

散热器是我国使用较早的末端形式,也是目前最常见的供热系统室内散热末端,其功能是将供暖系统的热媒(热水或蒸汽)所携带的热量通过散热器壁面传给房间。散热器选择得当与否,将同时影响到采暖效果与系统投资。因此,首先需要对散热器的主要性能指标有所了解。例如,在热工方面,提升散热器的传热系数、增加散热面积,通过优化构造和安装方式强化传热过程,比如增大外壁散热面积(外壁加肋片)、提高散热器周围的空气流动速度、改变散热器材料及外壁表面的材料参数提升辐射传热量等。在经济方面,金属热强度是重要的经济性指标,指的是散热器内热媒平均温度与室内计算温度相差1℃时,每千克质量散热器单位时间所散发的热量。对于不同材质的散热器,经济性评价宜以散热器单位散热量的成本(元/W)来衡量。此外,还有机械强度、易于生产加工、卫生美观、耐久等性能需求。

总之,选取散热器时,必须依据供热系统设计技术参数,充分考虑散热器的导热性能、散热量等从选材、涂层、类型、布局等几方面综合考虑,进行科学合理的选择。

2)辐射供暖

辐射是所有物体的固有特性,无需借助加热工质,直接将热能以电磁波的形式散发并投射于物体上。主要依靠供热部件向围护结构内表面和室内设施辐射热量,进而提高房间空气的温度,这种供暖方式称为辐射供暖。

同对流供暖相比,辐射供暖提高了辐射换热的比例,但仍存在对流换热。所提高的辐射换热比例与热媒的温度、辐射热表面的位置等因素有关。采用辐射供暖时,房间各围护结构内表面(包括供热部件表面)的平均温度高于室内空气温度,这是辐射供暖与对流供暖的主要区别。通常辐射面温度大于150℃时，称为高温辐射供暖；辐射面温度小于150℃时，为中、低温辐射供暖。水媒地板供暖、电热吊顶或电热地板供暖等供暖方式，由于辐射面表面温度一般都控制在30℃以下，都属于低温辐射供暖。

（1）低温辐射供暖末端

①低温热水地板辐射供暖

低温热水地板辐射供暖是应用广泛的供暖方式之一。冬季地面温度适当提高可增加室内人体舒适性，有利于人体健康，而且热辐射面在房间下部可加大对流辐射，因此低温热水辐射供暖主要采用地板供暖的形式。随着高分子塑料管材的出现以及地板供暖的良好特性，使其应用范围从早期的居住建筑不断扩展到宾馆大厅、展览馆、影剧院、体育馆、医院、厂房等场所。

低温热水地板辐射供暖系统通常包括发热体、保温防潮层及填料层等部分。地板供暖目前常用的发热体是水管，水管中的热媒通常为30~60℃的热水。如前所述，辐射板按其安装位置可分为墙面式、地面式、顶面式和楼板式。采用地面式辐射供暖时，由于辐射板为单面供暖，因此需要在发热体底部铺设保温防潮层，以减少向下的热量损失。而楼板式的辐射板可同时向上、下层房间供暖，不必设置保温防潮层。因未设置保温防潮层，施工工艺得到简化，也降低了施工成本，但需注意的是由于没有保温防潮层，热量会通过楼板和墙体向外损失。填料层的主要作用是保护水管，同时也可以起到传热和蓄热的作用，使地面形成温度均匀的辐射面。填料层应具有一定的刚度、强度及良好的传热、蓄热性能。为了防止由于热胀冷缩而造成填料层和地面起鼓或开裂，还应每隔一定距离设置膨胀缝。

地面辐射供暖系统中管路的铺设方式有多种，但要求铺设尽量简单及温度分布均匀。图9-15所示为两种管路铺设方式示意图，其中回字形铺设较为简单，供回水管路相间，温度分布较为均匀，是常用的铺设方式。

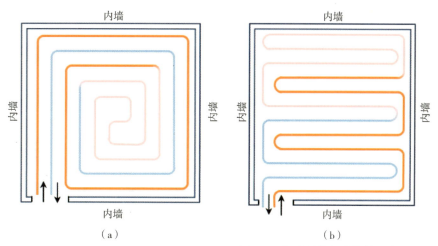

图9-15 地面辐射供暖系统管路铺设方式示意图
（a）回字形布置方式；（b）蛇形布置方式

②低温发热电缆地板辐射供暖

低温发热电缆地板辐射供暖与低温热水地板辐射供暖的不同之处在于加热元件，前者的加热元件为通电后能发热的电缆，由发热导线、绝缘层、接地屏蔽层和外护套等部分组成。

低温发热电缆地板辐射供暖系统由发热电缆和控制部分组成。发热电缆铺设于地面上，与驱动器之间采用冷线相连；接通电源后，通过驱动器驱动发热电缆发热。温度控制器安装在墙面上，也可以放置于远端控制装置内实现集中控制，通过铺设于地面以下的温度传感器（感温探头）探测温度，控制驱动器的连通和断开：当温度达到设定值后，温度控制器控制驱动器作业，断开发热电缆的电源，发热电缆停止工作；温度低于设定值时，发热电缆又开始工作。

低温发热电缆地板辐射供暖系统适用于住宅、宾馆、商场、医院、学校等居民及公共建筑供暖。对于电供暖，仅可用于无集中供热、用电成本较低（水电、核电）、对电力有"移峰填谷"作用或对环保要求较高地区的建筑。

③低温电热膜辐射供暖

低温电热膜辐射供暖是以电作为能源，将电热膜敷设于建筑的内表面（顶棚、墙面等）的一种供暖方式。由于电热膜工作时表面温度较低，辐射表面温度宜控制在28~30℃，属于低温辐射供暖的范围。常用的电热膜是通电后能够发热的一种半透明聚酯薄膜，是载流条、可导电特制油墨或金属丝等材料与绝缘聚酯膜的复合体。低温电热膜辐射供暖应布置于卧室、起居室、餐厅、书房等房间内，厨房、卫生间、浴室等不宜采用。低温电热膜辐射供暖集中了电供暖与辐射供暖的优点。

（2）中温辐射供暖末端

在辐射供暖系统中，有一种供暖形式是采用钢制辐射板作为散热设备，以辐射传热为主，使室内有足够的辐射强度，以达到供暖的目的。设置钢制辐射板的辐射供热系统通常也称为中温辐射供暖系统（其板面平均温度为80~200℃）。这种供暖系统主要应用于工业厂房，特别是用在高大的工业厂房中的效果更好，在一些大空间的民用建筑，如商场、体育馆、展览厅、车站等也有应用，亦可用于公共建筑和生产厂房的局部区域或局部工作地点。

（3）高温辐射供暖末端

高温辐射供暖按能源类型的不同可分为电红外线辐射供暖和燃气红外线辐射供暖。电红外线辐射供暖设备中应用较多的是石英管或石英灯辐射器。石英管红外线辐射器的辐射温度可达990℃，其中辐射热占总散热量的78%。

燃气红外线辐射供暖是利用可燃气体或液体，通过特殊的燃烧装置进行无焰燃烧，形成800~900℃的高温，在供暖空间或工作地点产生良好的热效应。燃气红外线辐射供暖适用于燃气丰富而价廉的地方，具有构造简单、辐射强度高、外形尺寸小、操作简便等优点。如果条件允许,高温辐射供暖可用于工业厂房或一些局部工作点的供暖,是一种应用较广泛、效果较好的供暖方式。但在使用时,应注意防火、防爆和通风换气。

(4) 辐射供暖的特点

节能和舒适是辐射供暖的显著特点。采用辐射供暖时,室内设计温度比常规的以对流为主的散热器供暖可以降低 1~3℃,仍然会得到同样的舒适性效果。同时,采用辐射供暖时,沿房间高度方向温度比较均匀,房间上部温度相对较低,可以减少无效的热损失。从生理卫生的角度看,人们长期停留的房间其地板表面温度不宜高于 28℃,而且由于辐射板表面积增大,因而在相同的供暖设计热负荷下,辐射散热表面的温度可大幅度降低,从而可采用较低温度的热媒,如地热水、供暖回水、太阳能或各种低温余热等低品位能源。因此,辐射供暖可节省供暖能耗。

采用辐射供暖时,提高了围护结构内表面的温度,减少了人体向围护结构内表面的辐射热量,特别是采用地面辐射供暖时,工作区温度较高,创造了一个对人体有利的热环境,热舒适性增加。另外,由于辐射供暖是以辐射散热为主,室内空气流动较小,避免了灰尘的飞扬,有利于室内环境清洁。

辐射板不占用房间有效使用面积和空间。一些辐射板安装在建筑结构内,不破坏建筑物的室内布局,舒适、美观。此外,辐射供暖还便于进行单户供热计量。辐射供暖除用于住宅和公用建筑外,还广泛用于空间高大的厂房、场馆和对洁净度有特殊要求的场合,如精密装配车间等。

由于辐射供暖的加热构件埋于地面覆盖层或混凝土的下面,属于隐蔽工程,同时构造层或埋管的水流通道(或管径)细且长,因此这种辐射供暖方式对热媒的参数、管材的质量、施工安装和验收的方法及运行和管理等都有严格的要求。不过塑料管材的推广使用和新型辐射散热设备的引进,为民用建筑低温辐射供暖的发展和高大空间建筑的高温、中温辐射供暖的应用创造了有利条件。

3) 暖风机

暖风机由通风机、电动机及空气加热器组成。由通风机提供循环动力,将空气吸入机组,经空气加热器加热后送入室内,以维持室内要求的温度。由于空气的热惰性小,车间内设置暖风机热风供暖时,还应设置一定的散热器供暖,以便在非工作时间可关闭部分或全部暖风机,并由散热器散热维持生产车间工艺所需的最低室内温度(不得低于 5℃,称为值班温度)。

根据风机类型的不同,暖风机可分为轴流式(小型暖风机)与离心式(大型暖风机)两种。根据其采用的热媒不同,暖风机又可分为蒸汽暖风机、热水暖风机、蒸汽—热水两用暖风机以及冷热水两用暖风机等。小型暖风机采用轴流风机，因而也称作轴流式暖风机，其特点是体积小、送风量和产热量大、金属耗热少、结构简单、安装方便、用途广，但其出风口送出的气流射程短，出口风速小。这种暖风机一般可悬挂或通过支架安装在墙或柱子上。热风经出风口处百叶板调节，可直接吹向工作区。大型暖风机采用离心风机，又叫离心式暖风机，特点是出风口送出的气流射程长，送风量大，出口风速大，一般用于集中输送大量热风的热风供暖系统。这种暖风机是用地脚螺栓固定在地面基础上。设计时注意，气流不应直接吹向工作区，而是使工作区处于气流的回流区。

9.3.2 制冷系统的室内末端形式

辐射末端与风机盘管可同时作为供热系统与制冷系统的室内末端，具体差异主要在于工质运行温度。分体式空调属于传统方式，多用于夏季供冷。分体式空调由压缩机、冷凝器、蒸发器、节流阀组成。一些新型的供冷末端如下：

1）辐射供冷

传统的空调方式会产生令人不舒适的吹风感，头痛、头晕、胸闷等空调病也不断出现。与此同时，建筑能耗居高不下，能源紧缺，环境问题、气候问题也愈加严重。人们对空调舒适性要求不断提高与节能减排之间的矛盾日益突出，传统空调已经不能满足人们的需要。辐射供冷空调系统作为一种低能耗、高舒适性的新型空调方式得到越来越广泛的研究和工程应用。

（1）辐射供冷的优点

①舒适性强。一般认为，舒适条件下人体产生的热量，大致以这个比例散发：对流散热30%、辐射散热45%、蒸发散热25%。辐射供冷在夏季降低围护结构表面温度，加强人体辐射散热份额，提高了舒适性。此外，辐射供冷没有吹冷风的感觉，不存在"空调病"以及使用分体式空调时室内机存在噪声的问题。对于穿普通鞋袜的人，地面温度20℃左右无不舒适感。辐射供冷解决了空调冷风吹向人体引起的身体不适，尤其是在人睡眠时。

②转移峰值耗电，提高电网效率。高温时段空调用电集中，耗电量大，对电网的安全稳定运行产生考验，而辐射供冷的峰值耗电量是全空气系统的27%左右，所以其调峰作用明显。特别考虑到吊顶或地板埋管式辐射供冷系统的强蓄冷作用，可以主要利用夜间低谷电力制冷，进一步增强转移峰值耗电的作用，在实行峰谷电价的地区，可大大节省运行费。

③提高节能性，减少环境污染。由于辐射供冷时所用冷媒温度高，所以为低温的地面水、地下水、太阳能、地热（冷）等自然冷热源的使用提供了

可能性，进一步提高了节能性。相比传统空调系统对制冷剂的需求，又能够减少环境污染。冬、夏两季共用一套室内系统推进了冷热一体化热泵装置的应用。对于采用顶板或地板埋管的辐射供冷系统来说，由于其蓄热性强，更便于同建筑物被动冷却、混合冷却之类的方法结合使用，一方面节省能耗，另一方面还可部分补足辐射供冷系统冷量低的弱点。

④提供了另一种末端系统形式。辐射供冷为目前冬季供暖、夏季供冷的居住建筑提供了又一种可能的末端系统形式，改变了原来只能选用风机盘管或小型集中送风系统的情况。特别是地板供冷结合新风机组送少量干燥的新风，既改善了室内卫生条件，提高了空调降温效果，又降低了室内露点温度，可以进一步降低供冷水温，从而满足气候较潮湿地区的空调降温需要。此外，其还有利于系统形式和布置方式的优化。空调送风系统，特别是采用全新风的空调系统，其风管截面大、占用建筑空间大，有时还与建筑的梁相碰，难于布置。采用地板供冷，有利于系统形式和布置方式进一步优化，减少建筑层高的增加幅度。一般认为，地板供暖或顶板供冷的舒适性好、对流传热强，但为了简化系统，也可用地板供冷或顶板供热，一般使用同一系统就能满足冬天采暖、夏天供冷的需求。

辐射供冷面临的主要问题是地面或围护结构内壁面结露。当供冷温度低于空气露点温度将会产生结露现象，破坏室内卫生条件，影响人体舒适健康。需要指出的是，辐射供冷像辐射供暖一样具有"自调节"功能。当室内辐射负荷加大，例如日照直射辐射量较大时，地板或者房间墙壁内表面温度升高，特别是不设外遮阴的窗户和玻璃幕墙的内表面升温更大，这将大幅度提高冷顶板或冷地板与房间围护结构其余表面的辐射换热量。由于辐射热交换量与表面绝对温度四次方之差成单调增减的函数关系，所以温差较大时供冷量的提高是可观的。

（2）辐射供冷的缺点

辐射供冷的缺点主要体现在，当表面温度低于空气露点温度时，会产生结露，影响室内卫生条件；由于露点温度限制，加上表面温度太低，会影响人的舒适感，所以限制了辐射供冷的供冷能力；在潮湿地区，室外空气进入室内会增大结露的可能性，因此要求门窗尽可能密闭，影响自然通风；不同时使用风系统时，室内空气流速太低，如果温度达不到要求，会增加闷热感。

2）风机盘管

风机盘管系统是制冷/供暖末端系统的一类，由热交换器、水管、过滤器、风扇、接水盘、排气阀、支架等组成。其工作原理是机组内不断地再循环所在房间的空气，使空气通过冷水（热水）盘管后被冷却（加热），以保持房间温度的恒定。风机盘管机组是外供冷水、热水、风机和盘管组成的机组，对房间直接送风，具有供冷、供热和同时供冷供热功能，送风量为 $250 \sim 2500 m^2/h$，出口静压小于100Pa。

9.3.3 新末端形式

结合可再生能源大力发展的趋势，目前也有部分与之结合的新技术在推广应用中，由于发展尚不成熟，此处仅作简要介绍。

1）直流电热膜

集中式与分布式光伏近几年发展势头强劲，而光伏产生的直流电总是需要先转换为交流电之后再使用，增加了其中的电力损耗。为解决这一问题，直流配电技术目前处于上升态势。直流电热膜采暖末端采用太阳能光伏48V直流电直驱发热碳纤维材料作为采暖末端，实现太阳能发电接近零损耗，满足办公建筑白天工作时段的采暖需求。

2）高强度低温辐射供冷

低温辐射供冷的主要矛盾在于，供冷温度低易导致结露问题，供冷温度高易产生供冷能力不足问题，即预防结露的同时如何提升辐射供冷能力。以广州大学研究人员提出一种解决方案为例（具体见本章参考文献[7]），该方案采用具有红外透明及导热热阻的透明隔热板，透明隔热板上表面为辐射供冷面，下表面为空气接触面。

3）建筑围护结构热激活的储能与冷暖供应一体化

围护结构具有良好的蓄热能力，将其与辐射供热/制冷相结合可以产生显著的节能效果。以西安小院零碳智慧住宅为例，其将辐射末端嵌入楼板，显著降低了建筑内壁面结露风险。小院零碳智慧住宅采用的是冷热水循环系统来控制室内温度。冷热水循环系统布设于住宅的围护结构中，系统动力使用房屋自主发电，夏季冷水循环，冬季热水循环，制冷采暖使用一套系统，无需安装空调、无需传统集中供暖，常年保持室内温度在20~26℃之间，没有空调的吹风口，也不会有空调暖气的干燥，自然环境下恒温恒湿，且不会对室外环境造成压力。

本章小结

要营造舒适节能的室内环境，需要因地制宜地选择节能技术，包括当地的可再生能源禀赋、可再生能源类型、与建筑用能特征相匹配的储能技术以及直接对室内热环境进行调控的末端形式。本章围绕上述内容，对建筑在可再生能源利用、储能技术、用能末端三个方面的新技术展开了讨论。

在建筑可再生能源利用方面，本章主要介绍的可再生能源形式包括太阳能、地热能、空气能、氢能。太阳能是地球上最重要、最丰富的自然资源，建筑主要通过光—热、光—电两类转化形式对太阳辐射能量实现利用，包括基于光—热转化过程的建筑太阳能利用设计和太阳能集热器，基于光—电转化过程的太阳能光伏，以及综合两类转化形式的太阳能光伏光热一体化组件。建筑中主要利用到的地热能为地表以下恒温带至200m深、温度低于25℃的浅层地热能，其利用形式主要为地源热泵系统，即以地热能作为热泵制冷/制热过程的冷热源。在空气能利用方面，主要是通过空气源热泵利用室外空气所蕴含的低品位冷热量，其受室外气候条件影响比较显著。对于建筑的氢能利用，主要是基于氢作为燃料时的热值高、产物清洁、能够大规模存储的特征，主要涉及制氢方式、燃料存储、利用方式等方面，对其研究尚处于起步阶段。

在建筑储能技术方面，本章主要围绕建筑储能的概念、分类、原理、形式和典型案例进行了阐述。建筑储能指在建筑或建筑群中，利用技术或设备来储存从不同能源来源产生的能量，以便在需要时使用，从而实现能源效率、经济性、可靠性和环境友好性等目标。其中，技术和设备包括电池、热水储存系统、相变材料、飞轮、超级电容器等；不同的能源来源指太阳能、风能、电网电力、地热能等。按照定义范畴区分，储能可分为建筑传统储能、建筑虚拟储能和建筑广义储能。按照储能介质划分，在建筑领域常用的储能介质主要有热能储存和电能储存，其中热能储存包含显热蓄热、相变蓄热、化学热蓄热。按照蓄能时长划分，可分为短期储存、中期储存和长期储存。

用能末端主要从供热/供冷的角度分为供热末端和供冷末端，是满足房间采暖、制冷需求时，将系统产生的冷热量通过不同介质和换热方式输送至室内的重要装置。末端向室内的热量传递方式主要为对流和辐射，供热系统末端的主要形式包括散热器、辐射供暖、暖风机等，制冷系统的室内末端包括风机盘管和辐射供冷两种主要形式。此外，本章对直流电热膜、高强度低温辐射供冷、建筑围护结构热激活的储能与冷暖供应一体化等新末端形式也进行了简要介绍。

思政小结

在我国全面建设社会主义现代化国家的新征程中，绿色发展是五大发展理念之一。建筑节能技术的发展与应用不仅深度契合了生态文明建设的战略要求，更是实现"碳达峰、碳中和"目标的重要途径。国家领导人在多个场合强调绿色低碳循环发展的必要性和紧迫性，明确指出要推进能源生产和消费革命，构建清洁低碳、安全高效的能源体系，提升建筑能效水平。建筑节能技术的发展对于优化能源结构，提高能源利用效率具有重要意义。它通过采用先进的设计理念、科学的建筑构造和技术手段，能够有效减少建筑在全生命周期内的能源消耗，降低温室气体排放，从而有力推动经济社会的可持续发展。同时，建筑节能技术的应用还有助于改善人居环境，提升居民生活质量，增进民生福祉。学习和推广建筑节能技术，是我国建筑业转型升级、高质量发展的必然选择，也是全社会共同参与生态文明建设的具体行动。广大建筑行业从业者应积极响应号召，深刻领会并践行新发展理念，努力提升自身在建筑节能技术方面的专业素养，以科技创新驱动产业升级，为建设美丽中国、实现中华民族永续发展贡献力量。

思考题

1. 试论述利用太阳能实现建筑节能的不同方式及其原理。
2. 选择我国一个地区，通过查找资料分析当地的可再生能源分布情况，并尝试提出多种建筑节能技术组合应用的可能方式。
3. 说明短期、中期、长期建筑储能的常见途径和不同的应用场景。
4. 论述辐射供暖/供冷末端的优缺点，分析如何在夏季防止辐射供冷末端表面结露的情况发生。

参考文献

[1] 李晨. 居住建筑空气源热泵供暖气候潜力等级划分与室外计算参数[D]. 西安：西安建筑科技大学，2021.

[2] 刘效辰，刘晓华，张涛，等. 建筑区域广义储能资源的刻画与设计方法[J]. 中国电机工程学报，2024：2171-2184, I0007.

[3] IRENA. Integrating Low-Temperature Renewables In District Energy Systems：Guidelines For Policy Makers[R]. Abu Dhabi：International Renewable Energy Agency，2021.

[4] 杨柳，刘加平. 黄土高原窑洞民居的传承与再生[J]. 建筑遗产，2021，22：22-31.

[5] 吴荣华，刘志斌，等. 热泵供热供冷工程[M]. 青岛：中国海洋大学出版社，2016.

[6] Zhang N, Wan H, Liang Y, et al. Principle and application of air-layer integrated radiant cooling unit under hot and humid climates[J]. Cell Reports Physical Science，2023，4（2）：101268.

[7] 王欢，吴会军，丁云飞，等. 红外透射率对建筑玻璃遮阳系数和空调能耗的影响[J]. 建筑热能通风空调，2011（3）：26-29.

第10章 建筑环境智能调控

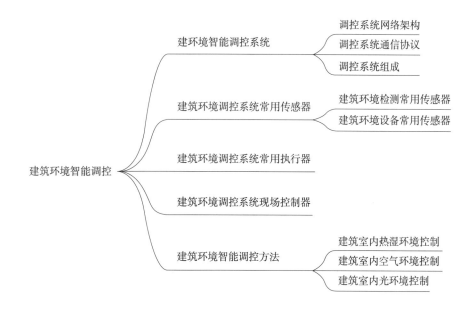

10.1 建筑环境智能调控系统

建筑智能化就是设法让建筑物具备一定的"智商",能像人一样"感知"建筑物内、外环境的变化并采取相应的"行动"。建筑智能化是指通过将 IT 技术(计算机、数据通信、自动控制技术)综合应用于各种建筑设备及其系统中,使得建筑物具有能对其内、外环境的变化作出适当反应的能力,以营造一个安全、舒适、高效、便利的建筑环境。建筑设备管理系统(Building Management System,BMS)由建筑设备监控系统和建筑能源管理系统组成(Building Energy Management System,BEMS)。BMS 采用计算机网络技术、自动控制技术和通信技术,对建筑内的暖通空调、给水排水、供配电、照明等机电设备进行集中监控和管理,为建筑提供室内宜居、能源节约、安全保障和环境保护等服务。建筑设备管理系统的组成如图 10-1 所示。建筑环境调控属于建筑设备监控系统范畴,是利用传感器技术、智能控制系统、人机交互技术、数据分析技术等,对建筑和建筑设备的自动检测与优化控制、信息资源的优化管理,提高建筑的舒适度、安全性和节能性。

教学视频 5

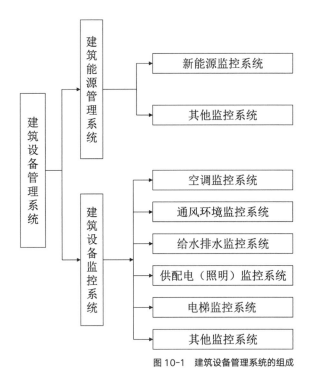

图 10-1 建筑设备管理系统的组成

10.1.1 调控系统网络架构

目前建筑环境调控系统的网络结构多采用"分散控制+集中监控"的集散型控制模式。网络集成系统和集散系统架构相同,但在内部嵌入了 Web 服务器,融合了 Web 的功能。在实际工程中具体采用哪种网络结构应视系统规模的大小以及所采用的产品而定,一般分为两层或三层网络架构。

1）两层网络架构

典型的集散控制系统两层网络架构如图 10-2 所示。上层网络与现场控制总线两层网络满足不同的设备通信需求，两层网络之间通过通信控制器连接。底层是现场层，位于该层的设备包括安装在现场的各种传感器、变送器、探测器、执行器、现场专用小型 DDC 等，现场控制总线具有实时性好、抗干扰能力强等特点，虽然通信速率不高，但完全能够满足底层现场控制设备之间通信的需求。上层网络多采用局域网络中比较成熟的以太网等技术构建。两层网络之间进行通信需要经过通信控制器实现协议转换、路由选择等功能。通信控制器的功能可以由专用的网桥、网关设备或工控机实现，是连接两层网络的纽带。

随着通信速率和可靠性的提高，以太网在 BMS 中开始应用于现场控制层。先后推出以太网控制器（内嵌 IP Router），并下挂其他现场控制总线设备构成，如图 10-3 所示。这种网络结构利用高速以太网分流现场控制总线的数据通信，具有结构简单、通信速率快、布线工作量小等优势。

2）三层网络架构

典型的集散控制系统三层网络架构如图 10-4 所示，这种网络结构在以太网等上层网络与现场控制总线之间增加了一层中间层控制网络，它在通信速率、抗干扰能力等方面的性能都介于以太网等上层网络与底层现场总线之间。通过这层网络实现大型通用功能现场控制设备之间的互联。

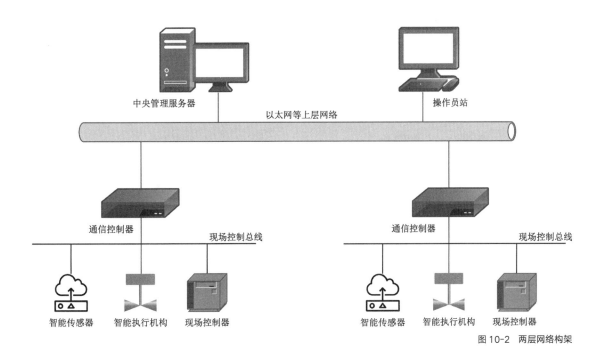

图 10-2 两层网络构架

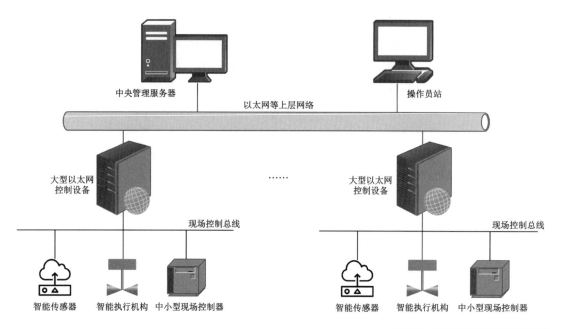

图 10-3　以太网为基础的两层网络架构

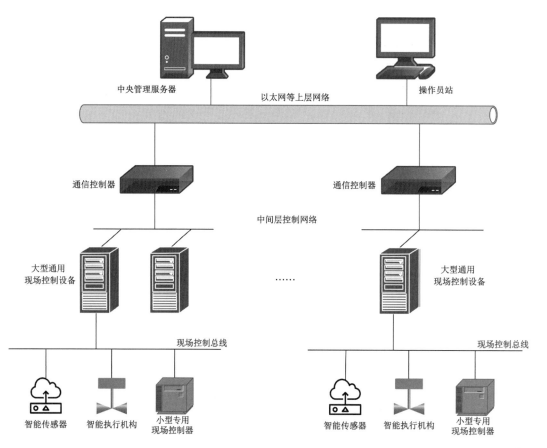

图 10-4　三层网络架构

10.1.2 调控系统通信协议

现场总线为开放式互联网络,具有总线通信功能。现场总线设备可以相互连接、相互通信,所有的技术标准是完全公开的,所有的制造商都必须遵循。在早期建筑设备自动化系统(BMS)中,厂家推出的系统架构大多基于各自的专有协议,如霍尼韦尔(Honeywell)的 C-bus 协议、西门子(Siemens)的 BLN 协议、江森自控的 Metasys N2 协议,不具备开放性和系统间的互操作,给系统的运行、维护和升级改造带来不便,也限制了系统的推广和发展。因此,用户、设备厂商、工程商、维保单位等都期盼不同厂家的产品能使用同一种标准通信语言,具有开放性并能实现互操作。在这样的背景下,开放性标准得到了重视,目前 LonWorks 技术和 BACnet 标准在 BMS 领域得到广泛的认可与应用。

LonWorks 协议由美国 Echelon 公司在 1990 年 12 月推出,它采用 ISO/OSI 参考模型的全部七层通信协议和面向对象的设计方法,通过网络变量把网络通信设计简化为参数设置。支持双绞线、同轴电缆、光缆和红外线等多种通信介质。采用 LonWorks 协议和神经元芯片的产品已广泛应用于楼宇自动化、家庭自动化、保安系统、办公设备、交通运输、工业过程控制等方向。

楼宇自动控制网络数据通信协议(Building Automation and Control Network,BACnet)是由美国供热、制冷空调工程师学会(ASHRAE)定义的通信协议,并成为美国国家标准协会(ANSI)和国际标准化组织(ISO)的标准。BACnet 是为计算机控制供暖、制冷、空调 HVAC 系统和其他建筑物设备系统定义的服务型协议。优点在于能降低维护系统所需成本,并且比一般的工业通信协议安装更为简易,而且提供了五种业界常用的标准协议,取消了不同厂商工作站之间的专有网关,将不同厂商、不同功能的产品集成在一个系统中,实现各厂商设备的互操作,从而实现整个楼宇控制系统的标准化和开放化。BACnet 比 LonWorks 具有更大量的数据通信能力。

10.1.3 调控系统组成

建筑环境智能调控系统硬件构成通常包括传感器、控制中枢、控制器、执行器等(图 10-5)。传感器用于现场参数检测,测试系统通过传感器感知环境信息,并将采集到的环境参数信号发送到控制中枢进行数据的汇总处理。控制中枢包括网关和终端设备。网关作为数据信息的汇总处理中枢,负责数据信号的汇总与传递:一方面接收传感器的数据信息,并将数据信息传递给终端设备;另一方面接收终端设备分析后的控制指令,并将指令发送给

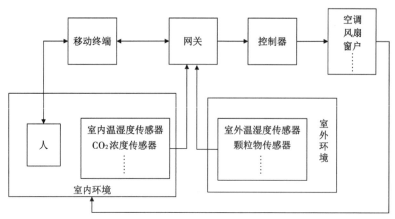

图 10-5 控制系统组成及信息流

控制器。控制器接收网关的控制指令，从而控制相关设备的工作状态。执行器是接收控制器发出的控制命令，并对被控对象施加调节作用的装置。

10.2 建筑环境调控系统常用传感器

传感器是一种检测装置，它能感受并检测到被测对象的物理量信息，并且能将信息按一定规律变换成电信号输出，满足信息的传输、处理、存储、显示、记录和控制等要求。

10.2.1 建筑环境检测常用传感器

1）温度传感器

选用热敏电阻、铂热电阻和镍热电阻作为测温元件，不同用途采用不同的温度传感器，如室内、室外温度传感器等。室内温度传感器采用侧面带有通气孔的 ABS 外壳封装或棒式结构，多选壁挂式垂直挂于墙上安装，为了能够准确地测量被控区域的温度，传感器应安装在室内墙壁上，避免安装在门后、外墙和空气不流通的隐蔽处，避免直接日晒或接近其他热源，室内温度传感器不防水。室内温度传感器如图 10-6 所示。室外温度传感器如图 10-7 所示，分为棒式或壁挂式，根据防护设施和安装位置确定，室外传感器本身要多一个多孔防风雨罩，测温范围为 $-50\sim70℃$。

2）湿度传感器

空气湿度检测的方法可以大体分为直接检测（吸湿法）和间接检测（干湿球法）。若利用某些盐类放在空气中，其含湿量与空气的相对湿度有关，而含湿量大小又引起本身电阻的变化，因此可以通过这种传感器将对空气相

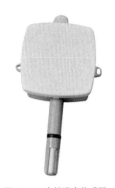

图 10-6　室内温度传感器　　　　图 10-7　室外温度传感器

对湿度的测量转换为对其电阻值的测量，这种直接检测空气相对湿度的方法称为吸湿法湿度测量。采用检测干球温度（空气中的温度）和湿球温度（湿纱布的温度）的方法，通过空气状态图确定空气的湿度参数，其检测精度一般为 5%~7%RH（Relative Humidity，相对湿度）。

湿度传感器安装在远离墙面出风口的位置，如无法避开，则间距不应小于 2m；不能安装在阳光直射、受其他辐射热影响的位置，远离有高振动或电磁场干扰的区域。如图 10-8 所示为湿度传感器。

3）照度传感器

照度传感器是一种用于测量光照强度的电子设备。它能够将环境中的光强度转化为电信号，并提供对光照水平的准确测量。照度传感器如图 10-9 所示。在室内，照度传感器的安装位置有两种：一种是直接安装在工作面上，但需要保证探头不被作业设备损伤，或者按照通常的做法安装在天花板上，朝向作业面；另一种安装位置是朝向采光窗，直接测量自然采光。照度传感器也可以安装在灯具内，成为灯具的一部分，还可以安装在远离所控制的灯具回路的天花板上。当照度传感器用于室外环境中时，在北半球则多朝

图 10-8　湿度传感器　　　　　　　　　　　　　　图 10-9　照度传感器

向北方，以免太阳光的直射，从而保证比较好的恒定照度。同时需要指出的是，由于室外照度传感器的灵敏度和可调节性比较低，所以不能与室内的照度传感器互换。

4）二氧化碳（CO_2）传感器

二氧化碳（CO_2）传感器能将空气中的 CO_2 气体浓度转变为电信号进行传输。控制器安装在室内安全场合，当 CO_2 浓度超出预设报警点时，系统发出声光报警，同时启动排风扇进行排风，疏散气流，手动复位。二氧化碳（CO_2）传感器主要应用在室内环境质量监控场所，如图 10-10 所示。二氧化碳（CO_2）传感器需要安装靠近进气或排气管道的位置或者是靠近窗户或门口的位置。可以优先选择墙装式的传感器，尽可能避免管装式传感器的使用，因为墙装式二氧化碳（CO_2）传感器可针对通风系统的有效性提供更加准确的 CO_2 信息。

5）颗粒物传感器

颗粒物传感器是利用散射原理对空气中的粉尘颗粒进行检测的传感器，具备体积小、检测精度高、重复性好、一致性好、实时响应等特点。颗粒物传感器具有可连续采集、抗干扰能力强、采用超静音风扇等优点。颗粒物传感器是空气质量监测传感器的一种，能够有效检测 PM2.5/PM10 等颗粒物浓度。颗粒物传感器如图 10-11 所示。在空气净化设备上安装颗粒物传感器，必须垂直安装。颗粒物传感器不能检测水蒸气，因此不要将其安装在浴室或空气加湿器附近的地方。

6）占用传感器

占用传感器能够探测室内占用情况，确保当室内有人时相应的电气设备（如空调和照明灯）接通，反之断开相应的设备。市场上的占用传感器目

图 10-10　二氧化碳（CO_2）传感器　　图 10-11　颗粒物传感器

图 10-12　超声波运动传感器

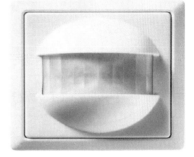
图 10-13　红外运动传感器

前分为两类，分别是超声波（US）运动传感器和红外（IR）运动传感器，如图 10-12 所示为超声波运动传感器，图 10-13 所示为红外运动传感器。

超声波运动传感器利用多普勒效应，将连续的高频声波充满整个房间。这种传感器的主要优点是灵敏度高，主要应用在办公室、小会议室中，但是这种传感器容易对空调电流的启动、走廊的活动以及无生命体的移动检测错误。红外运动传感器通过感受运动的红外热源，如工作的人员或其他散热物体，然后对空调或照明执行相应的开关作业。红外运动探测不会对空调的启动产生错误判断，是比较可靠的运动传感器。但是在远距离的情况下，灵敏度较低，因此主要被应用在仓库、储藏室、车库中。根据这两种传感器的特点，也可以将两种传感器结合起来提供良好的检测性能，两者的结合使检测信号增强，一个弱的 IR 信号加上一个强的 US 信号足以接通相应的设备。

7）舒适传感器

舒适不是一个直接的可测量参数，基于 Fanger 方程（房格尔方程），考虑到居住人员的变化率、居住人员的衣服保温、干球温度、湿气含量、风速以及平均辐射温度六个参数，并用这六个参数的集合来估计一个"预测均权"（Predicted Mean Vote，PMV）。PMV 被认为能够作为绝大多数人舒适感觉的模型。PMV 的负值表示凉的感觉，而其正值表示暖的感觉。PMV 准则已经被作为一种国际标准，即 ISO7730（建筑热湿环境领域的标准）。舒适传感器如图 10-14 所示。该传感器检测被感觉的温度，其中包括空气温度、平均辐射温度以及空气速度，而处理器单元把这些被测参数转换为电信号。传感器是通过简化原有的 PMV 方程而得到的一种新的 PMV 方程，这种新的方程针对整个建筑而不是全体居住者。为了达到实时控制的目的，可以估算出一个房间内的舒适程度。

图 10-14　舒适传感器

舒适度传感器一般安装在红外感应范围内没有大型障碍物的位置，远离任何热源或冷源，不能将设备通气口朝下安装，且不能将设备安装在气流变化大的位置，如窗户、通气口、空调或风扇的正对面。

10.2.2 建筑环境设备常用传感器

1）风管式温度传感器

风管式温度传感器是一种能够检测风道内部温度的设备。传感元件通常采用热敏电阻、热电偶或半导体温度传感器等，其可以将温度变化转换为电信号输出给控制系统，实现对温度的监测和自动调节。风管式温度传感器安装时需避开蒸汽放空口及出风口处，应安装在风管的直管段。如图 10-15 所示是风管式温度传感器。

2）风管式湿度传感器

相对湿度的检测与温度相关，所以风管式湿度传感器输出相对湿度和温度参数。风管式湿度传感器通常安装在新风口处，用于新风湿度测量。如图 10-16 所示为风管式湿度传感器。

3）水管温度传感器

水管温度传感器通常由一个或多个传感器组成，可以直接安装在水管内部，以便准确测量水流的温度。这种传感器通常被用于工业、商业和住宅建筑中，以监测水温、控制加热或冷却系统，并且可以帮助节能和提高系统效率。

水管温度传感器的工作原理是利用传感器内部的敏感元件来检测周围水的温度变化。这些传感器通常是基于热敏电阻或半导体技术制造的，可以根据水温的变化改变电阻或输出电信号，从而提供准确的温度测量值。如图 10-17 所示是水管温度传感器。

4）风管 CO_2 传感器

风管 CO_2 传感器是一种用于检测风管内部 CO_2 浓度的装置。风管 CO_2

图 10-15　风管式温度传感器　　图 10-16　风管式湿度传感器　　图 10-17　水管温度传感器

传感器的工作原理是利用传感器内部的化学反应或光学技术来检测空气中 CO_2 的浓度。一般来说，这些传感器利用 CO_2 分子与特定化学物质或光信号之间的相互作用来产生电信号或光信号的变化，从而测量 CO_2 的含量。安装风管 CO_2 传感器需要将传感器直接安装在风管内部，并确保传感器与通风空气充分接触以获取准确的 CO_2 浓度读数。这种传感器通常具有高精度、快速响应和长期稳定性的特点，以确保在不同环境条件下的可靠性和准确性。使用风管 CO_2 传感器可以帮助监测室内空气中 CO_2 的浓度变化，并根据需要调整通风系统，以确保室内空气质量符合标准，提高室内环境的舒适性和健康性。如图 10-18 所示是风管 CO_2 传感器。

5）压差传感器

压差传感器有波纹管式和弹簧管式的区别，前者用于测量风道静压，后者用于测量水压和气压。在通风及空调系统中的气体压差检测中，要用到空气压差开关，用来进行空气过滤网、风机两侧气流状态的检测。压差传感器的工作原理是被测压力直接作用于传感器的膜片上，使膜片产生与水压成正比的微位移，从而使传感器的电容值发生变化，用电子线路检测这一变化，并转换输出一个标准测量信号。如图 10-19 所示是波纹管式压差传感器。

6）风压传感器

风压传感器是一种用于监测气体流动中压力变化的装置。它通常用于测量气体流动中的风压，如空气流动或燃气流动。风压传感器广泛应用于空调系统、通风系统等领域。它能够帮助监测气流是否正常、是否存在堵塞、是否超出正常范围等情况。当气体流动通过传感器时，气体会在传感器上施加压力。传感器会将这个压力变化转化为电信号，并通过输出信号来反映气体流动中的风压变化情况。如图 10-20 所示是风压传感器。

7）露点温度传感器

露点温度传感器也叫冷凝检测器，是一种专门测量空气中水蒸气含量的设备，一般安装于设备的出风口处。露点温度传感器的工作原理主要基

图 10-18　风管 CO_2 传感器

图 10-19　波纹管式压差传感器

图 10-20　风压传感器

图 10-21　露点温度传感器

于气体混合物的性质和水蒸气分压力。通常采用的传感器是通过一个玻璃或者陶瓷基质上的氧化铝表面来测量相对湿度（RH）。当空气中的水蒸气分压大于一定值时，水蒸气开始凝结成液态水或者形成露水，露点温度传感器会不断监测露点温度，当露点温度超出一定范围后，相关除湿设备就会自动启动或停止。如图 10-21 所示是露点温度传感器。

10.3 建筑环境调控系统常用执行器

执行器也叫执行机构。在控制系统中，执行器接收到来自控制器的控制信号，转换为对应的位置移动输出，通过调节机构调节流入或流出被控对象的物质量或能量，实现对温度、流量、液位、压力、空气湿度等物理量的控制。执行器可分为电动执行器、气动执行器以及液体执行器（动力能源形式不同）。建筑环境调控系统中多用电动执行器。

电动执行器输入信号有连续信号和断续信号。连续信号是 0~10V 的直流电压信号和 4~20mA 的直流电流信号，断续信号是离散的开关量信号。也可用电压为 24V 的 50Hz 的交流同步电动机驱动电动执行器。电动调节阀是一种流量调节机构，安装在管网管道中直接与被调节介质接触，对介质流量进行控制。电动调节阀分为电动机驱动和电磁驱动两种形式。

调节型电动阀由电动执行机构和阀门组成，电动执行机构根据控制信号的大小，驱动调节阀动作，实现对管道介质流量、压力、温度等参数的连续调节。调节阀必须有阀门定位器和手轮机构等辅助装置。阀门定位器利用反馈原理改善执行器性能，使执行器能按调节器的控制信号，实现准确定位。手轮机构用于直接操作调节阀，以便在停电、停气、调节器无输出或执行机构损坏而失灵的情况下仍能正常工作。建筑环境调控系统常用的电动阀包括以下几类。

1）电动蝶阀

电动蝶阀是用圆形蝶板作启闭元件并随阀杆转动来开启、关闭或调节流体通道的一种阀门。蝶阀的蝶板安装于管道的直径方向。在蝶阀阀体圆柱形通道内，圆盘形蝶板绕轴线旋转，旋转角度为 0°~90°。当蝶板旋转到 90° 时，阀门呈现全开状态，反之，阀门则呈全关状态。电动蝶阀采用一体化结构，通常由角行程电动执行机构和蝶阀整体通过机械连接共同组成。如图 10-22 所示是电动蝶阀实物图。

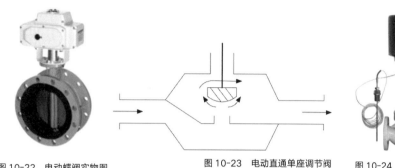

图 10-22　电动蝶阀实物图　　　图 10-23　电动直通单座调节阀　　图 10-24　电动直通单座调节阀实物图

2）电动直通单座调节阀

电动直通单座调节阀（简称两通阀）如图 10-23 所示，由直行程电动执行机构和直通单座阀两部分组成，以单相交流 220V 电源为动力，接受 0~10mA 或 4~20mA 直流信号，自动控制调节阀开度，达到对管道内流体的压力、流量、液位等工艺参数的连续调节。电动直通单座调节阀的特点是关闭严密、工作性能可靠、结构简单、造价低廉，但电动直通单座调节阀只有一个阀芯，不平衡力较大，阀杆的受力较大，因此对执行器工作力矩要求相对较高。电动直通单座调节阀仅适用于低压差的场合，主要适合于对关闭要求较严密及压差较小的场所，如对普通的空调机组、风机盘管、热交换器等设备的流量控制。电动直通单座调节阀实物图如图 10-24 所示。

3）电动直通双座调节阀

电动直通双座调节阀又称压力平衡阀，阀体内有两个阀座及两个阀芯，如图 10-25 所示。阀杆做上、下移动来改变阀芯与阀座的位置。从图中可以看出，流体从左侧进入，通过上、下阀芯再汇合在一起，由右侧流出。其特点是在关闭状态时，两个阀芯的受力可部分互相抵消，阀杆不平衡力很小，因此开、关阀时对执行机构的力矩要求较低。但从其结构中可以看出，它的关闭严密性不如电动直通单座调节阀，因为两个阀芯与两个阀座的距离不可能永远保持相等，即使制造时尽可能相等，在实际使用时，由于温度引起的阀杆和阀体的热胀冷缩不一致，或在使用一段时间后也会磨损。另外，由于结构原因，其造价相对较高。电动直通双座调节阀适用于控制压差较大、对关闭严密性要求相对较低的场所，比较典型的应用如空调冷冻水供回水管路上的压差旁通阀。电动直通双座调节阀实物图如图 10-26 所示。

4）电动三通调节阀

三通阀有三个出入口与管道相连，按作用方式分为三通混流阀（两入一出型）和三通分流阀（一入两出型）两种形式。三通阀的特点是基本上能保

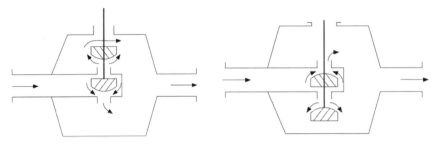

图 10-25　电动直通双座调节阀

持总水量的恒定。因此，适合于定水量系统。三通阀可以省掉一个二通阀和一个三通接管，因此得到广泛应用，常用于热交换器的旁通调节，也可用于简单的配比调节。如图 10-27 所示是三通分流阀，当出口水温发生变化，通过调节热交换器的旁通流量来控制其出口流体的温度。如图 10-28 所示是电动三通调节阀实物图。

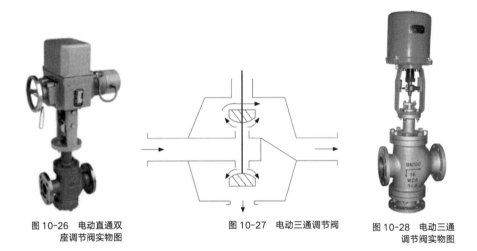

图 10-26　电动直通双座调节阀实物图　　图 10-27　电动三通调节阀　　图 10-28　电动三通调节阀实物图

5）防冻开关

用于冬季保护机组内盘管不被冻裂，可选用 1~7.5℃ 防冻开关，动作参数设在 5℃。当其所测值低到 5℃ 时，防冻开关作业，机组停止运行，同时开大热水阀以增加热水流量。如图 10-29 为防冻开关示意图。

6）电动风门

如图 10-30 所示是电动风门的结构。电动风门由电动执行机构和风门组成，分为调节型电动风门和开关型电动风门，是空调送风系统和建筑防排烟系统中常用的设备。风门由若干叶片组成，当叶片

图 10-29　防冻开关

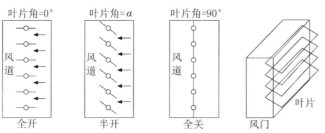

图 10-30　电动风门的结构　　　　　图 10-31　电动风门实物图

转动时改变流道的等效截面积，即改变了风门的阻力系数，其流过的风量也就相应地改变，从而达到调节风流量的目的。调节型电动风门采用连续调节电动执行器，通过调节风门的开启角度来控制风量的大小，可用来控制风的流量；开关型电动风门采用两位式电动执行器，实现对风阀开启、关闭及中间任意位置的定位。对开启和关闭时间有特殊要求的场合，可采用快速切断风门，动作可在 3~6s 内完成。如图 10-31 所示是电动风门实物图。

10.4　建筑环境调控系统现场控制器

直接数字控制器（Direct Digital Controller，DDC）采用数字计算机代替模拟控制器直接控制执行器，通过过程输入、输出通道对生产过程进行在线实时控制。DDC 由输入输出接口、CPU、存储器、通信接口等组成，如图 10-32 所示。DDC 特点是可实现多回路、多参数的控制，系统灵活性大、可靠性高，能实现各种从常规到先进的控制方式。建筑环境过程控制变量除开关量外需要大量模拟量（温度、压力、流量、液位、气体成分等），因此建筑设备监控系统主要使用 DDC 作为现场控制器。DDC 控制器既可以独立控制一个设备或一个系统，又可以通过通信功能相互间连接形成自控网络。在建筑物内，一个单独的风机盘管控制器、新风机组控制器、空调机组控制器、热泵控制器等就可以组成最基本的 DDC 系统。

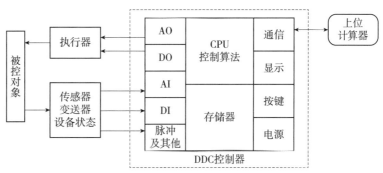

图 10-32　DDC 的基本组成

建筑物中的机电设备具有多而散的特点，为方便监控和管理，多采用"分散控制+集中监控"的集散型控制网络架构。将由传感器、变送器等现场检测仪表发送来的测量信号传送给 DDC，通过通信网络将不同数量的 DDC 与中央管理计算机连接起来，完成各种采集、控制、显示、操作和管理功能。DDC 分为专用控制器和通用控制器两大类，前者是为专用设备配置的控制器，后者可控制多种设备。空调控制器、灯光控制器等是专用控制器。通用 DDC 具有模块化的结构，实际工程应用时可选用不同模块进行 DDC 配置，结构灵活，功能随要求而定。很多建筑智能化控制厂家都推出了通用或专用 DDC，以下列举部分 DDC。

1）霍尼韦尔 Excel 500/600 控制器

Excel 500/600 控制器属于模块化控制器，支持 LonWorks、C-Bus 通信协议。可根据建筑管理需要自由设计监控系统，适用于如学校、酒店、写字楼等中等建筑。Excel 500/600 不仅可以监控加热、通风、空调等系统，还可以实现能源管理，包括优化启停、晚间净化以及最大负荷要求等。Excel 500 系列可自由编程，既可用作单机控制器，也可作为网络的一部分，通过 C-Bus 可连接最多 30 个控制器，还可以作为开放式 LonWorks 网络的一部分，外形如图 10-33 所示。

2）霍尼韦尔 ECC200 系列网络控制器

ECC200 系列网络控制器是一款紧凑的高性能嵌入式控制器，双核处理器。支持 BACnet IP 协议，分为环形、总线、星型拓扑结构。ECC200 系列边缘网络控制器可用于智能建筑中的暖通空调、照明、给水排水控制、变配电等子系统的设备管理与控制，适用于新建及改造的智能建筑应用场景，如商业综合体、办公楼、数据中心、公共设施、工业、酒店等，帮助用户实现对建筑智慧、安全且高效的管理。如图 10-34 所示为霍尼韦尔 ECC200 系列网络控制器。

图 10-33　Excel 500 控制器

图 10-34　ECC200 系列网络控制器

3）西门子 Desigo PXC 控制器

PXC 可编程模块化控制器是高性能直接数字控制器，支持 BACnet/IP、Ethernet TCP/IP 及 SIEMENS RS-485P2 PTP 通信协议。控制器可以独立运行或联网执行复杂的控制、监视和能源管理功能，而无需依赖于更高级的处理器。PXC MODULAR 系列可以控制 500 个点位。如图 10-35 所示为西门子 Desigo PXC 控制器。

4）同方泰德 Techcon 1009L-D 系列可编程控制器

Techcon 1009L-D 可编程控制器采用 LonTalk 通信协议，可应用于楼宇自动化控制，如空气处理机组、多区域控制、冷冻机、锅炉、水泵、冷却塔、屋顶单元等，也可用于照明控制。其可与智能传感器配套应用，用于室内温度测量、设定调整和占用超时等。此外，模块与传感器之间为开放的无线协议，通过添加无线接收器，可以连接各种各样的无线无源传感器或开关。如图 10-36 所示为同方泰德 Techcon 1009L-D 系列可编程控制器。

5）同方泰德 Techcon 509-MCU-SE 控制器

Techcon 509-MCU-SE 是 Techcon 系列中专为楼宇管理和城市热网控制而设计的，使用以太网或 Techcon CAN 网络技术的可自由编程控制器。模块化的设计使其可作为独立单元运行，也可作为网络的一部分。它非常适合于各种不同规模的楼宇和城市热网。该控制器的功能包括闭环控制、温度和时间控制以及报警处理等，可用于监控冷机、空调机组、风机盘管机组、通风扇和照明等。如图 10-37 所示为 Techcon 509-MCU-SE 控制器。

6）源控 BA5201 DDC 模块

此控制器具备种类丰富的 UI\DI\AI\UO\AO\DO 接口，可满足常见各类空调和新风机组控制的要求。控制器内部集成多种软件功能模块，通过相应

图 10-35　西门子 Desigo PXC 控制器

图 10-36　Techcon 1009L-D 系列可编程控制器

图 10-37　Techcon 509-MCU-SE 控制器

的图形化插件，可对其方便地进行配置。控制器内部集成了4个通用PID控制软件功能模块，与内部的软件功能模块配合，可对温度、湿度与风阀进行手动或自动调节。控制器内部集成有机组运行时间累计模块，可对某一开关量设备的运行时间进行累计。如图10-38所示为源控BA5201 DDC模块。

图10-38　源控BA5201 DDC模块

10.5 建筑环境智能调控方法

10.5.1　建筑室内热湿环境控制

建筑室内热湿环境是影响人体热舒适度最为重要的因素。建筑室内热湿环境形成的最主要的原因是各种外扰和内扰的影响。外扰主要包括室外气候参数，如空气温湿度、太阳辐射、风速、风向变化以及邻室的空气温湿度等，均可通过围护结构的传热、传湿、空气渗透使热、湿量进入室内，对室内热湿环境产生影响。内扰主要是室内设备、照明、人员等室内热、湿源引起的。采用控制手段消除各类扰动，使室内热湿参数稳定在期望值附近，是建筑智能热湿环境控制的核心内容。

建筑温湿环境智能调控就是采用智能化的技术，通过对可控的围护结构设施（比如门窗、遮阳板和百叶等）和暖通空调等建筑设备的控制，使建筑内温度、湿度达到设定值。可调节围护结构的控制原理如图10-39所示，图中执行器为各类可调节围护结构或设施，如外窗、内外遮阳装置、通风百叶等。为实现智能控制，引入如模糊控制、神经网络控制、专家控制、遗传算法学习控制等智能控制算法。通过对围护结构设施的调控实现室内温湿环境控制具有节约能耗的优点，但其受外界环境制约，可控性有限，因此更多是采取空气调节设备进行调控。

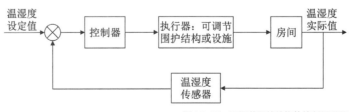

图10-39　可调节围护结构的控制原理图

以空调控制为例说明室内热环境的控制原理。将房间看作一个控制体，并认为房间内的空气状态已经进入稳态，被控物理量分别是室内空气温度与相对湿度。对于室内空气温度的控制通过送风与排风之间的能量差来实现；对室内空气相对湿度的控制则通过送风与排风差所承担的除湿能力来实现。以变风量空调控制系统为例，空调机房将控制处理后的风（空气）通过送风机送入各房间，分散在各房间的末端设备（如VAV、BOX）进行二次控制，如图10-40所示。

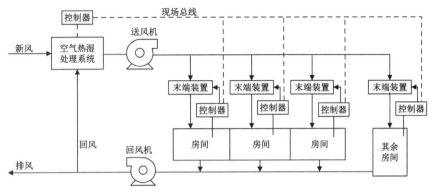

图10-40 变风量空调系统

10.5.2 建筑室内空气环境控制

空气中的污染物种类繁多，包括温室气体（如CO_2、CH_2O）、悬浮颗粒（如粉尘、烟雾）、挥发性有机化合物（如苯、碳氢化合物）以及有毒气体等。室内空气质量是影响室内人员舒适度的重要因素。智能空气环境控制是采用智能化技术，根据实时检测的室内空气质量和室内气流速度，经过分析处理，联动控制门窗、空调通风、空气净化设备的运行状态，从而使室内空气质量得到有效改善。影响室内空气环境的参数，如通风效力和CO_2、CH_2O、VOC浓度等都可以作为控制指标。空气质量参数控制原理如图10-41所示。

在大中型公共建筑中，很少有自然通风的条件，室内通风完全依靠机械通风系统完成，同时室内热湿环境的调节也需要通过暖通空调系统来完成，

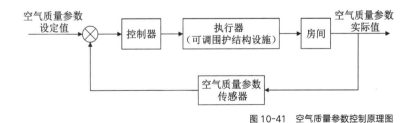

图10-41 空气质量参数控制原理图

因此在实际中会形成耦合，控制算法较为复杂。以空调房间内 CO_2 浓度控制为例，房间设 CO_2 浓度控制器，通过比较室内 CO_2 浓度与设定值之间的差异，控制末端新风阀门，调节新风量，从而达到控制室内 CO_2 浓度的目的。CO_2 浓度控制系统结构如图 10-42 所示。同时为了防止总送风管内静压过高，在总送风管上设置静压控制器控制风机转速。不但能减少新风冷负荷，而且风机的能耗也会下降。送、排风系统根据各区域新风和室内 CO_2 浓度来设定送、排风机的定时启动/停，以达到保证新风量的同时又节能的目的。

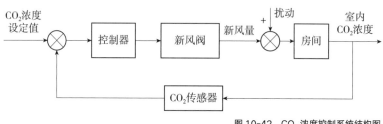

图 10-42　CO_2 浓度控制系统结构图

10.5.3　建筑室内光环境控制

建筑光环境智能调控是以高效、舒适、环保为目标，以智能化技术为手段，通过建筑智能化系统实现感知、推理、判断和决策的综合能力，并实现人、建筑、环境的相互协调。室内光环境的智能控制可以通过对自然采光控制和人工照明控制相结合的方式来进行，控制策略遵循优先引入天然光，结合人工照明加以补偿的原则。建筑光环境智能调控的主要原理是利用检测装置实时监测室内外主要功能区的照度、室内照度均匀度、色温、眩光等指标，经控制器处理分析，判断室内平均照度、照度均匀度、色温、眩光等是否达到设定值，并结合外界太阳高度角情况，联动控制遮阳设施（遮阳板、百叶窗）、人工照明的开启程度和反光板的角度。

以室内照度控制为例，天然光引入的照度控制是将室内光环境的照度水平作为控制系统被控参数，根据建筑功能确定照度标准值作为控制系统的输入设定值，并将室内实时照度作为反馈，与设定值对比。白昼期间优先引入天然光，通过控制反光板、遮阳板和百叶窗帘等改变天然采光量，若仍不能满足室内照度水平标准值，则需要根据照度传感器的检测数据，通过灯具调光控制进行人工照明补偿，光环境控制系统结构如图 10-43 所示。夜晚将天然光引入遮光装置，防止室内光照射到室外，造成不必要的浪费，因此要求此时百叶窗帘完全平铺打开，再根据需要控制人工照明。

基于传感器检测的光环境智能控制系统，由于传感器数量所限，对建筑物内光环境特征及变化检测无法做到全覆盖，因此只能做到粗略判断和控制，不能够实现实时精确的检测控制。随着智能技术的发展，基于图像处理

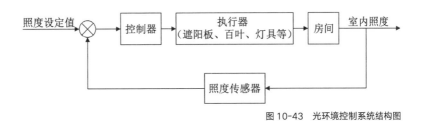

图 10-43　光环境控制系统结构图

的光环境控制应运而生。基于图像处理的光环境控制系统是通过硬件系统先采集和传输图像，经过相应的算法对现场照度进行检测的同时可识别出现场图像中的人体数量和位置，从而实现光环境精确度和判断率更高的控制。该光环境控制系统主要由图像采集单元、图像显示单元、图像主处理器、执行机构及被控灯具组成。图像采集光环境控制原理如图 10-44 所示。它克服了以往光环境控制系统中无法对现场人体作出数量和位置精确判断的缺点，同时可以使用监控系统或闭路电视系统的摄像头进行图像采集，减少了硬件系统的消耗。它在光环境的控制上达到了更高的标准，完成了更多的人性化设计，节省了照明设备电力能源的消耗。

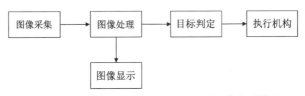

图 10-44　图像采集光环境控制原理

思政小结

建筑环境调控是利用传感器技术、智能控制技术、人机交互技术、数据分析技术等，实现建筑环境和建筑环境设备状态的自动检测、优化控制与信息资源管理，提高建筑的舒适度、安全性和节能性。本章从建筑环境智能调控系统构成、环境调控常用控制器、传感器和执行器，以及智能调控方法等方面介绍了建筑环境智能调控系统的基础概念、系统构成和建筑环境调控原理及控制方法。使学生初步了解借助建筑设备进行建筑环境调控的基本思想及控制方法。

在我国城镇化建设进程中，建筑环境智能调控作为推动城市可持续发展的重要手段备受关注。随着科技不断进步，智能调控技术在建筑环境管理中的应用逐渐成熟，为改善城市生态环境、提高资源利用效率、优化居住者生活品质提供了重要支撑。《"十四五"建筑业发展规划》强调加快智能建造与新型建筑工业化协同发展，智能调控在此中扮演关键角色。它能够精准监测和管理建筑能源消耗，提高能源利用效率，降低城市能源消耗的环境压力；

同时，通过实时监测和调节室内环境，保障居民生活质量，提升居住环境舒适度，促进居民身心健康。国家领导人在二十大报告中提出构建宜居、韧性、智慧城市的重要任务，智能调控是实现这一目标的关键技术之一。加强对智能调控技术的研发与应用，建立健全的智能调控系统，对于推动我国城市可持续发展、实现新型城镇化具有重要意义。为了促进建筑环境智能调控的高质量发展，我们需要加强科技创新，推动智能调控技术与实际建筑环境的深度融合；同时，建立健全的政策法规和标准体系，引导和规范智能调控技术的应用与发展。因此，青年学生应根据国家和行业的发展方向，结合专业知识，不断进取，努力奋斗，拓展思维视野，以国家和行业需求为指引，为建筑环境智能调控的发展贡献力量。

思考题

1. 建筑设备管理系统的组成和基本功能是什么？
2. 建筑环境智能调控系统的组成有哪些？
3. 建筑环境检测常用传感器有哪些？各自的特点是什么？
4. 直接数字控制器（DDC）在建筑环境智能调控系统中的典型应用是什么？列举出几个DDC。
5. 建筑光环境智能调控常见的实现方法有哪些？

参考文献

[1] 肖辉，沈晔. 建筑智能化系统及应用 [M]. 北京：机械工业出版社，2021.
[2] 江萍，王亚娟. 建筑设备自动化 [M]. 北京：中国建材工业出版社，2016.
[3] 张少军. 楼宇自动化与智能控制技术 [M]. 北京：中国电力出版社，2010.
[4] 段晨旭，谢秀颖. 建筑设备自动化系统工程 [M]. 北京：机械工业出版社，2016.
[5] 嘎斯曼（Gassmann O.），梅克斯纳（Meixner H.）. 智能建筑传感器 [M]. 陈详光，姜波，译. 北京：化学工业出版社，2005.
[6] 王娜. 建筑智能环境学 [M]. 北京：中国建筑工业出版社，2016.
[7] 张明扬. 基于热适应的绿色建筑环境智能控制系统研究 [D]. 广州：华南理工大学，2018.
[8] 许锦标，张振昭. 楼宇智能化技术 [M]. 北京：机械工业出版社，2016.
[9] 李慧. 建筑环境与能源系统控制 [M]. 北京：中国建筑工业出版社，2019.